SCHÄFFER
POESCHEL

Christian Belz, Matthias Huckemann, You-Cheong Lee
und Michael Weibel

Sales Excellence Development

Mit der zentralen Verkaufsabteilung zu Spitzenleistungen
im Vertrieb

2018
Schäffer-Poeschel Verlag Stuttgart

Bibliografische Information der Deutschen Nationalbibliothek.
Die Deutsche Nationalbibliothek verzeichnet diese Publikation in der Deutschen Nationalbibliografie; detaillierte bibliografische Daten sind im Internet über http://dnb.d-nb.de abrufbar.

Gedruckt auf chlorfrei gebleichtem, säurefreiem und alterungsbeständigem Papier.

Print: ISBN 978-3-7910-4084-4 Bestell-Nr. 10435-0001
ePDF: ISBN 978-3-7910-4074-5 Bestell-Nr. 10435-0150
ePub: ISBN 978-3-7910-4075-2 Bestell-Nr. 10435-0100

www.schaeffer-poeschel.de
service@schaeffer-poeschel.de

Umschlagentwurf: Goldener Westen, Berlin
Umschlaggestaltung: Kienle gestaltet, Stuttgart
Lektorat: Elke Schindler, Spabrücken
Satz: Karin Walker, CH-St.Gallen
Printed in Germany

März 2018

Schäffer-Poeschel Verlag Stuttgart
Ein Unternehmen der Haufe Group

Gebrauchsanleitung

Der Gepard gilt als schnellstes Landtier der Welt und dient in diesem Buch als Sinnbild für das anspruchsvolle Ziel der Sales Excellence.

Zunehmend entwickeln Unternehmen ihren Vertrieb länder- und spartenübergreifend. Dazu richten sie zentrale Stellen für Sales Development ein. Kernaufgabe der Verantwortlichen ist dabei, den Verkauf zentral zu professionalisieren und strategisch zu entwickeln. Allerdings sind Eingriffe im Verkauf auch immer kritisch, denn sie sollen das lokale Engagement nicht schmälern. Es geht um die richtigen Eingriffe, sonst wirkt das Ganze kontraproduktiv.

Unsere These: Unternehmen müssen die Funktion des Verkaufs durch die Zentrale stärken.

Hoffentlich erfreuen die Bilder von Dr. Reinhard Radke (Nieder-Olm) den Leser und lockern den Fachtext auf.

Immer mehr Unternehmen verstärken ihre zentralen Initiativen im Verkauf. Dazu werden verantwortliche Stellen für Sales Excellence, Sales Enabler oder Sales and Business Development eingerichtet.

Beispiele treffen wir in Unternehmen wie ABB, AXA, BASF, Bayer Crop Science, BEGO, B. Braun, Celesio, Festool, Gallus, Geberit, Jenoptik, Lienhard Office Group, Medela, SBB Cargo, Schott, Sick, Siemens, thyssenkrupp oder Zeiss an. Wichtige

Praxisfälle finden sich in Kapitel 2 und später im Text. Wir danken unseren Partnern aus der Praxis für ihre Beteiligung und die wertvollen Einblicke.

Unternehmen brauchen heute nicht nur eine Produktentwicklung, sondern ebenso eine Verkaufsentwicklung.

Manche Verantwortlichen für den Verkauf werden bereits als Chief Sales Officer (CSO) bezeichnet, um den steigenden Stellenwert des Verkaufs zu betonen. Die neuere Spezialisierung mit Sales Excellence Development ist nicht nur großen Konzernen vorbehalten, sondern wird auch von mittleren Unternehmen aufgegriffen. Im Kontext der zunehmenden Marktkomplexität sehen sie darin einen Zugang, um den Verkauf für verschiedene Sparten und viele Länder zu verbinden. Doch ist bereits die Verkaufsentwicklung für nur ein Land mit verschiedenen Gebieten, Kundengruppen und großen Sortimenten herausfordernd. Zentrale Einheiten wurden erst vor wenigen Jahren und teilweise komplett neu geschaffen.

In diesem Buch verwenden wir die Bezeichnung **Sales Excellence Development.** Leicht gehen uns inzwischen Superlative wie der Begriff »Excellence« über die Lippen, selbst wenn im Verkauf der Unternehmen noch manches im Argen liegt. Über solche Übertreibungen mag man schmunzeln. Hier wird aber damit ausgedrückt, dass der erforderliche Einsatz, um den Verkauf zu professionalisieren, immer wichtiger wird.

Der Anspruch von Sales Excellence Development ist eine übergreifende Professionalisierung des Verkaufs.

Aufgabe der Verkaufsentwickler ist, den Verkauf im Unternehmen gebiets-, kanal-, segment- und spartenübergreifend zu professionalisieren und zu standardisieren. In vielen Unternehmen ist der Vertrieb in der Regel dezentral gewachsen, jede Einheit geht spezifisch vor und die Unterschiede zwischen den schlechtesten und besten Einheiten sind enorm. Unternehmen vertrauen heute nicht mehr darauf, dass sich Niederlassungen lokal und voneinander losgelöst verbessern. Sie suchen nach gemeinsamen Lösungen, um Effektivität und Effizienz im Verkauf zu steigern.

Wenige Spezialisten sollen den Vertrieb in Richtung Sales Excellence entwickeln.

Auch der Aufgabenkreis der zuständigen Verkaufsmanager für Sparten oder der Manager für Regionen erweitert sich immer mehr. Sie führen nicht nur ihre Verkaufsmannschaft, sondern entwickeln neue Verkaufsmethoden und -konzepte, die auf Sales Analytics basieren, oder sie verfolgen spezifische Verkaufsinnovationen. Dazu brauchen sie auch Unterstützung.

Die neuen Einheiten für Sales Excellence Development in Unternehmen sind intern meist gut positioniert und arbeiten direkt mit dem Topmanagement zusammen. Häufig sind die Teams für Sales Development eher klein und entscheiden wenig selbst. Sie werden erstaunlich oft durch jüngere Betriebswirte geführt, die sich stärker durch Fähigkeiten in Konzeption und Projektmanagement auszeichnen als durch praktische Verkaufserfahrung. Die kleinen Teams moderieren den Fortschritt, indem sie die Verkaufsmannschaften für sich gewinnen, statt zu befehlen.

Sales Excellence Development als Brücke zwischen Management und Verkauf

Wichtig ist dabei aber nicht die Form der Organisation, sondern die zu bewältigende Aufgabe. Sie ließe sich durchaus auch von Linienvorgesetzten mit eigens dafür zusammengestellten Projektgruppen erfüllen. Oft werden solche Initiativen auch durch externe Verkaufsberater, Verkaufstrainer oder auf das Verkaufsmanagement spezialisierte Universitäten begleitet.

Kritisch für den Erfolg von Verantwortlichen für Sales Excellence Development sind die Verbindungen zu Strategie und Topmanagement (Top-down) sowie zur Verkaufsfront (Bottom-up). Denn sie schaffen die Brücke zwischen dem Management und den Personen mit Kundenkontakt. Fehlt eine Verankerung, scheitert ein Übergang kläglich.

Das Buch richtet sich an Verantwortliche in Verkaufsmanagement und -Development. Studierenden der Betriebswirtschaft und des Marketing zeigt es ein attraktives Berufsfeld, welches sich im Moment rasch entwickelt.

Für den Leser ist es nützlich, anhand der Kapitel 1 bis 5 einen Überblick zu gewinnen. Selektiv lassen sich dann die interessierenden Hebel in den Kapiteln 6 bis 15 vertiefen. Kapitel 16 befasst sich mit der länder- und bereichsübergreifenden Zentralisierung im Vertrieb und Kapitel 17 zeigt das mögliche Vorgehen oder die Road Map für Sales Excellence Development.

Wichtige Impulse durch Synergie von Forschung, Beratung und Praxis in Unternehmen

Dieses Werk ist erneut aus der Zusammenarbeit der Universität St.Gallen mit Mercuri International entstanden. Beteiligt hat sich auch das Center for Industrial Marketing. Damit verbinden wir gemeinsame Forschung und Entwicklung mit der Erfahrung in zahlreichen Unternehmensprojekten, welche die Partner begleiteten und begleiten. Wertvoll war auch der enge Austausch zu Prof. Dr. Christian Schmitz, Ruhr-Universität Bochum. Wir danken für die begleitete, empirische Erhebung und die fachlichen Hinweise. Am Institut für Marketing machte sich Maximilian Pahl mit den Literaturauswertungen und den statistischen Auswertungen sehr verdient um dieses Projekt. Auch unterstützte er die verschiedenen Fassungen des Manuskripts maßgeblich. Anna Lindenau, Deborah Soccal und Doris Maurer lektorierten intern das Buch kritisch. Dem Verlag Schäffer-Poeschel mit Stefan Brückner und Elke Schindler danken wir erneut für eine erfreuliche Zusammenarbeit. Besonders wertvoll sind die Anmerkungen vieler Führungskräfte, von denen wir in Praxisprojekten lernen oder welche unseren langen Fragebogen beantworteten. Für diese Unterstützung danken wir sehr herzlich.

Wir freuen uns, wenn die Leserin und der Leser aus diesem Buch wichtige Impulse gewinnen können und aufgreifen. Für Rückmeldungen sind wir dankbar.

St. Gallen und Meerbusch, im März 2018

Prof. Dr. Christian Belz, Institut für Marketing der Universität St. Gallen (christian.belz@unisg.ch)

Dr. Matthias Huckemann, Mercuri International (matthias.huckemann@mercuri.de)

Dr. You-Cheong Lee, Institut für Marketing der Universität St. Gallen (you-cheong.lee@unisg.ch)

Dr. Michael Weibel, Center for Industrial Marketing (michael.weibel@industrialmarketing.ch)

Inhalt

Seite

Verzeichnis der Abbildungen

Seite

Kurzer Einstieg

Excellence entspringt zwar dem verbreiteten Hang zu übertreiben, steht aber für das Bestreben, dass der Verkauf seine Aufgabe gut erfüllen soll.

Development bezeichnet die anwendungsorientierte (Weiter-) Entwicklung neuer Lösungen im Verkauf.

Sales Excellence Development steigert zentral und damit übergreifend die Leistungsfähigkeit des Verkaufs, um die festgelegte Unternehmensstrategie erfolgreich zu verwirklichen. Vertriebsführung und Vertriebsentwicklung identifizieren die notwendigen Hebel im Zeitablauf, um die Vertriebsleistung maßgeblich zu steigern. Im Sinne eines Research & Development im Vertrieb werden neue Vertriebslösungen für Erfolge bei Kunden entwickelt, erprobt und umgesetzt.

Sales Excellence Development konzentriert sich auf den eigenen Außendienst und nicht den indirekten Verkauf über Händler oder Vertretungen. Analogien sind aber möglich.

Einprägsam formuliert beispielsweise Festool (ein Produzent von hochwertigen Elektrowerkzeugen für höchste Ansprüche) die Aufgabe der zentralen Verkaufsentwicklung: »Sales Excellence ist das Programm zur dauerhaften Verbesserung der Vertriebsarbeit bei Festool. Sales Excellence ist unsere Verpflichtung als Premium Marke im Premium Preissegment« (Kalina Kümmerle, Manager Strategic Sales Projects, am 07. 04. 2017).

Unsere These: Der Vertrieb in Unternehmen wächst traditionell mehrheitlich aus eigener Initiative heraus und verbessert sich zufällig und in kleinen Schritten. Um zukunftsfähig zu bleiben, ist es vermehrt notwendig, neue und grundsätzliche Vertriebslösungen sorgfältig zu entwickeln, zu lancieren und umzusetzen. Dafür gilt es, neben der klassischen Vertriebsführung, spezielle Einheiten oder Teams für Sales Excellence Development einzurichten.

Die Problematik dieses Ansatzes besteht in der Praxis darin, dass Sales Excellence Development kein Thema des Verkaufs ausschließt. Mit jedem Hebel wird eine weitere Verkaufsdisziplin geöffnet. Wohl deshalb neigen Verantwortliche auch dazu, alles oder zu viel gleichzeitig aufgreifen zu wollen. Eine Selektion ist entscheidend.

Zudem bewegt sich Sales Excellence Development in dynamischen Märkten und Unternehmen. Was sich nicht schnell umsetzen lässt, wird rasch verworfen. Trotzdem ist die häufig gestellte Frage nach den Quick Wins im Sales Development oft falsch, denn Veränderungen im Verkauf betreffen das persönliche Verhalten von vielen Beteiligten und lassen sich nur langfristig erreichen.

Heute ist der Gepard fast nur noch in Afrika südlich der Sahara anzutreffen. In Asien gibt es winzige Restbestände, die am Rande der Ausrottung stehen.

1. Zentrale Verantwortliche für Sales Excellence Development

Dieses Buch stützt sich auf einen aufwendigen Mix von qualitativer und quantitativer Forschung. Es lohnt sich, das Thema Sales Excellence Development für Unternehmen zu untersuchen.

1.1 Empirisch gestützte Ergebnisse zu Sales Excellence Development

Die Aussagen und Vorschläge in diesem Buch stützen wir auf ein empirisches Vorgehen. Es lässt sich wie folgt charakterisieren:

Qualitative Forschung

Das Vorgehen: Bereits 2012 führten Christian Belz und You-Cheong Lee gemeinsam mit Mercuri International zum Thema ›Global Sale‹ intensive Expertengespräche mit 16 Unternehmen durch (Beispiele waren Bühler, Swiss Post, Mauser, Starrag, UBS und weitere) (vgl. Belz/Bußmann/Lee 2013). Ergänzt wurden diese Fachdiskussionen mit Workshops. Ergebnis waren ein umfassender Report und eine Struktur der Eingriffe im internationalen Vertrieb. Diese Forschung führten wir 2016 mit vertieften Unternehmensfällen und weiteren Gesprächen weiter, um das Thema konzeptionell zu durchdringen. In zwei Workshops mit Verantwortlichen für Sales Excellence Development am 21./22. Februar 2017 sowie am 7. April 2017 überprüften wir kritisch unsere Vorschläge mit den Praktikern. Damit war die Basis geschaffen, um eine fundierte, repräsentative Befragung zu entwickeln.

Quantitative Forschung

Befragung der Führungskräfte im Verkauf: Die Grundgesamtheit der Untersuchung umfasst Unternehmen aus verschiedenen Branchen der DACH-Region sowie ihre Führungskräfte, die den Verkauf maßgeblich mitgestalten.

Kernfragen an die Praxis

1. **Welche Ziele werden im Sales Excellence Development verfolgt?**
2. **Welche kritischen Faktoren tragen zum Erfolg des Sales Excellence Development bei?**
3. **Welche Akzente werden in der Führung gesetzt und wie ist das Sales Excellence Development in der Organisation positioniert?**
4. **Welche Hebel im Verkauf sind zentral, um den Erfolg des Unternehmens zu steigern?**

Die Stichprobe der Befragung lässt sich wie folgt charakterisieren:

Zusammenfassend beteiligten sich viele Führungskräfte aus dem Verkauf: Offensichtlich ist das Thema wichtig.

- **berücksichtigte Antworten:** 525 Fragebogen wurden zu mindestens 60% beantwortet und in die Auswertung eingeschlossen. Die teilweise unvollständige Beantwortung ist durch den Fragebogenaufbau bedingt, da die Befragten Auswahlmöglichkeiten hatten.
- **Branchenhintergrund:** 46,6% der Antworten stammen aus dem Wirtschaftssektor der Industriegüter, 20,8% aus dem Bereich der Dienstleistungen, 19,6% aus dem Bereich der Gebrauchsgüter und 13,1% aus dem Konsumgüterbereich.
- **Komplexität des Leistungsangebots:** Dabei vermarkten mit 55,2% mehr als die Hälfte der Befragten komplexe und Know-how-intensive Leistungen und nur 8,6% standardisierte und einfache Leistungen; 36,2% der befragten Unternehmen vereinen komplexe und einfache Leistungen in ihrem Leistungsangebot.
- **Unternehmensgröße:** Kleine bis große Unternehmen sind in der Stichprobe vertreten. So realisierten beispielsweise 24%

Ergebnisse von Befragungen bieten eine Referenz für eigene Bewertungen. Selten ist es ratsam, das Gleiche wie der Durchschnitt zu tun.

der beteiligten Unternehmen 2016 einen Umsatz zwischen einer und 50 Millionen Euro und 15% einen Umsatz über zwei Milliarden Euro (Median bei 150 Mio.). Rund 23% beschäftigen gesamthaft unter 200 Mitarbeitende und 21% mehr als 7.000 (Median 650). 34% der Unternehmen beschäftigen zwischen einem und 20 Verkäufern und 26% über 300 Verkäufer (Median 45).

- **Leistungsfähigkeit:** Die beteiligten Unternehmen zeichnen sich durch eine überdurchschnittliche Leistungsfähigkeit aus. So lag ihr Unternehmenswachstum in den letzten fünf Jahren mit 47,9% über dem Branchendurchschnitt (45,8%). Auch hinsichtlich der Rentabilität führen sie mit 48,5% im Vergleich zum Durchschnitt (45,8%).
- **Funktionen im Unternehmen:** Mit 29,6% beteiligten sich Verkaufsleiter, mit 20,8% Geschäftsführer und mit 14,4% Verantwortliche für Sales Excellence Development. Weitere Funktionen und Stellungen umfassten Spartenleiter, Marketingleiter und Key Account Manager. 49,3% dieser Personen schätzen sich als personenorientiert ein, während sich rund 19,3% als sachorientiert charakterisieren.
- **Internationalität der Unternehmen:** Sales Excellence Development betrifft bei den befragten Unternehmen zu 57,1% mehrere Länder und zu 60,6% mehrere Sparten. Verschiedene Kombinationen von einem bis mehreren Ländern und einer bis mehreren Sparten sind möglich.
- **Marktzugang:** Das durchschnittliche beteiligte Unternehmen betreut 33 Märkte, vier Sparten und etwas mehr als acht Kundensegmente.
- **Sprache:** Zwar setzten wir auch englische und französische Fragebogen ein, aber die Studie wird vorwiegend durch Teilnehmende aus Deutschland und der Schweiz dominiert. Ohnehin sind die Unternehmen meist international ausgerichtet und das Ursprungsland ist somit weniger wichtig.
- **Einschätzung der Relevanz:** Für 75,6% trifft der Fragebogen voll die relevanten Probleme und Lösungen für Sales Excellence Development. Für einige Beteiligte war die Befragung einfach zu umfangreich.

Die Ergebnisse werden jeweils gesamthaft ausgewertet und systematisch mit relevanten Unterschieden – beispielsweise zwischen personenorientierten und analytischen Managern oder kleinen und großen Unternehmen – ergänzt.

Befragung der Verkäufer: Flankierend untersuchten wir die Sicht der Verkäufer, um nicht nur den einseitigen Blick der Manager zu haben.

Kernfragen für Verkäufer

1. **Wie beurteilt der Verkauf neue Vorgaben, Standards und Methoden der Zentrale?**
2. **Welche nützlichen oder kontraproduktiven zentralen Regelungen werden im Verkauf des Unternehmens umgesetzt?**
3. **Wie werden aus Sicht des Verkaufs die zehn Hebel zur Professionalisierung des Verkaufs bewertet?**

An dieser kürzeren Umfrage beteiligten sich 227 Verkäufer (47% Verkäufer, 18% Verkaufsgruppenleiter und 13% Verkaufsspezialisten sowie 22% Verschiedene). Weil sich ein bestimmtes Unternehmen mit seinen Verkäufern beteiligte, stammen hier 33% der Antworten aus China. Die übrigen Gruppen verteilen sich über Frankreich, Australien, USA bis Brasilien, mit dem kleinsten Anteil aus Deutschland. Die Verkäuferbefragung ist also deutlich internationaler (und muss es auch sein, um die Strukturen im Vertrieb realistisch abzubilden). Tendenziell sind auch die befragten Verkäufer besonders erfolgreich. Rund 37% der befragten Verkäufer bewerten ihre Verkaufsleistung als durchschnittlich, 44% zählen sich zu den besten 50% und nur 16% sehen sich unter den besten 25%.

1.2 Sales Excellence Development ist ein aktueller Trend

»Im menschenbezogenen Verkauf ist Sales Excellence ein Schlüsselfaktor für den Unternehmenserfolg – eine zentrale Aufgabe, die niemals erledigt ist.«
(Aussage eines Praktikers)

Manche Beispiele von Unternehmen wurden einleitend genannt: Sie alle installierten eine zentrale Stelle für Sales Excellence Development erst vor kurzer Zeit. Weitere Belege für die Wichtigkeit des Themas sind:

- Gesamthaft haben sich 752 Führungskräfte und Verkäufer an der quantitativen Befragung beteiligt. Und auch die qualitativen Schritte des Forschungsprojekts fanden starken Anklang in der Praxis und bestärken dadurch ein überwältigendes Interesse am Thema.
- In unserer Untersuchung bezeichnen sich erst 14,4% der befragten Führungskräfte explizit als Verantwortliche für Sales Excellence Development.

- Die Befragten schätzen, dass das gesamthafte Unternehmenswachstum durch Sales Excellence Development jährlich um 5% und die Erträge jährlich um 3,6% gesteigert werden können. Diese Effekte sind also relevant, umso mehr, da es sich hier nur um Durchschnittsangaben handelt.

Herausforderungen

Folgende **Herausforderungen** stellen wir fest:

- Die Vorstellungen von Sales Excellence Development sind vielerorts noch recht offen bis diffus, aber die Erwartungen sind sehr hoch und schließen zahlreiche Schauplätze des Verkaufs ein. Benannte Verantwortliche fühlen sich teilweise alleine gelassen. Oft ist es ihre Aufgabe, die Ziele, Tätigkeiten oder Projekte selbst zu klären und sich eine gute Position im Unternehmen zu erarbeiten. Leicht kann eine solche Funktion auch zum Erfüllungsgehilfen des Verkaufsmanagements degradiert werden.
- Sales Excellence Development umfasst oft nur kleine Teams, die ihre Wirkung nur indirekt entfalten können. Sie sind nur erfolgreich, wenn sie gleichzeitig eng am Management auf C-Level und mittlerer Führungsebene sowie ebenso an der Verkaufsfront angebunden sind.
- Zentraler Einfluss wird in Niederlassungen und Verkaufseinheiten häufig kritisch beurteilt und abgelehnt. Maßnahmen bewegen sich im politischen Spielfeld zwischen zentral und dezentral, zwischen einheitlichen Vorgaben und eigenem Spielraum der Sparten und Länder. Ein Teil von Sales Excellence Development bedeutet immer Standardisierung und auch implizites Vorgehen muss explizit bestimmt werden.

Bei diesem neuen Thema ist es wichtig, zu erkennen, wie andere in diesem Bereich führende Unternehmen vorgehen. Im nächsten Kapitel stehen zur Illustration deshalb einige praktische Fälle im Vordergrund.

Ein Gepard erreicht eine Kopf-Rumpf-Länge von 150 cm, hinzu kommen 70 cm Schwanz. Die Schulterhöhe beträgt 80 cm. Trotz dieser stattlichen Größe bringt er es nur auf ein Gewicht von 60 kg.

2. Praxisfälle für Sales Excellence Development

Best Practices

Sales Excellence Development ist nicht nur ein Thema für Forscher, sondern wird vor allem aus der unternehmerischen Praxis getrieben. Manche führenden Unternehmen sind Schrittmacher für den Fortschritt. Von ihren Lösungen können wir lernen. Wir freuen uns, dass sich AXA, B. Braun, BEGO, Festool, Geberit, thyssenkrupp und Zeiss Microscopy an diesem Buch beteiligen. Die Unternehmen haben verschiedene Voraussetzungen in sehr verschiedenen Märkten und sie entwickeln eigenständige, erfolgreiche Lösungen im Vertrieb.

Abbildung 2.1 gibt den Überblick zu den Fällen.

Die Fälle zeigen mehrheitlich, wie die Unternehmen ihren Ansatz des Sales Excellence Development strukturieren. Anschließend werden wichtige Aufgaben für Sales Excellence vertieft und die Ergebnisse erörtert.

Unternehmen	Akzente der Vertriebsentwicklung
1 ZEISS Microscopy	• Industriegüter und High Tech; Mikroskopie • Zielgruppen Akademia und Industrie • Verkaufsentwicklung in Ländern mit verschiedenen Voraussetzungen • Aufgabenstruktur: Sales Process, Sales and Marketing Tools, Skill Management, Organizational Readiness • Organizational Readiness als Schwerpunkt
2 Festool	• Industriegüter; hochwertige Elektro- und Druckluftwerkzeuge, die von professionellen Handwerkern in den Bereichen Holz, Maler und Automotive verwendet werden • länderübergreifende Verkaufsentwicklung • Sales Force Management und Channel Management • Aufgabenstruktur: Sales Force Organisation, Enablement, Engagement und Impact • selektive Initiativen in jedem Bereich; Training als Schwerpunkt
3 Geberit	• Industriegüter; Sanitärtechnik • Großhandel und Installateure als Kunden • Vertriebsintegration von Geberit und Sanitec • schlanke Organisation • selektive Aufgaben für Sales Excellence Development • First Line Sales Manager als ein Schwerpunkt
4 B. Braun	• Gesundheitsmarkt; Sparte Hospital Care Deutschland • Spitäler und Ärzte als Kunden • Fokus auf die Umsetzung der Preisstrategie durch den Verkauf: vom Volumen- zum Ertrags-Drive
5 BEGO	• Zahngesundheit: konventionelle Zahntechnik, digitale Zahntechnik und hochmoderne Implantologie für Zahnärzte, Dentallabore und Dentalhändler • Beispiel der Vertriebsorganisation Deutschland • getrennter Außendienst für Wachstumsfelder • Integration von Main und Side Force mit Verkaufsprozessen und CRM • Verkaufsprozesse Messerouting, Neukundengewinnung und Ausbau Lieferanteil • Entwicklung der Organisationsstruktur 2007–2017
6 AXA	• Versicherungen • Partnerschaft mit Agenturen/Verkäufern und Kunden • Spannung zwischen Vertriebstransformation und Beharrungsvermögen • Digitalisierung und Omni-Channel für Kunden • Aufgabenstruktur mit Vertriebskapazität, Schlagzahl, Schlagkraft, Führung und Performance • Schwerpunkte zu Verkaufsinteraktion, CRM, Training
7 thyssenkrupp	• technologiegetriebenes Projektgeschäft • Bereich Kunden und Märkte in der Matrixorganisation des Konzerns • Customer-Management-Excellence-Ansatz • Prozess für Sales Excellence: Themenwahl, Pilotprojekte, Modulentwicklung, Erprobung, Multiplikation • Akzent Kundenmanagement und Kundenintelligenz im Projektgeschäft

Abbildung 2.1: Unternehmensfälle im Überblick

2.1 Fall 1: ZEISS Microscopy – internationales Sales Excellence Development

Diesen Fall verfasste Peter Schäffer, er verantwortet die Sales-Excellence-Projekte für ZEISS Microscopy.

Vertriebssituation ZEISS Microscopy

Ausgangslage: Das ZEISS Microscopy Marktumfeld

Unterschiedliche Voraussetzungen in internationalen Märkten

Der globale Markt für Mikroskopie ist ein Investitionsgütermarkt mit hauptsächlich B2B-Käuferbeziehungen und lässt sich in geografische Regionen unterteilen, die regional jeweils unterschiedliches Käuferpotenzial aufweisen. Die vier Länder mit dem höchsten Beschaffungspotenzial sind die USA, China, Japan und Deutschland, gefolgt von ca. zehn Ländern mit mittlerem Einkaufspotenzial in Asien, Europa und Süd- und Nordamerika. Daneben existiert eine Vielzahl weiterer Länder, die ebenfalls am Markt teilnehmen, jedoch nur kleine und teilweise unbedeutende Anteile am weltweiten Absatz ausmachen. Die Marktbearbeitung durch den Vertrieb von ZEISS Microscopy (vgl. Abbildung 2.2) erfolgt durch ca. 20 eigene Vertriebsgesellschaften, die in nahezu allen bedeutenden Märkten vertreten sind. Die Vertriebsorganisationen sind regional über ein Regionen-Management gebündelt; die Regionen sind gegliedert in Nordamerika, Wirtschaftsraum Europa, Naher Osten und Afrika (EMEA) & Lateinamerika, Deutschland, Österreich, Schweiz (DACH) und Asien-Pazifik (APAC). Die einzelnen Länder arbeiten in der Regel mit lokalen Händlern als Multichannel-Vertrieb zusammen. Zusätzlich existieren für ausgewählte Länder eigene Händlerorganisationen, die in der Regel für ihr Land exklusive Vertriebsrechte besitzen.

Segmente ›Academia‹ und Industrie

Neben der regionalen Struktur lässt sich der Markt unterteilen in einen ›Academia‹-Markt und einen Industriemarkt. Der **Academia-Markt** setzt sich zusammen aus nationalen und internationalen wissenschaftlichen Institutionen, Universitäten, Instituten und sonstigen Organisationen, deren Finanzierung ausschließlich oder zumindest in hohem Maße durch die öffentliche Hand erfolgt. Er weist dadurch grundsätzlich ein stabiles Kaufverhalten auf, jedoch können politische Gegebenheiten einzelner Länder oder Regionen einen erheblichen Einfluss auf das jeweilige Investitionsverhalten zur Folge haben. Investitionen werden getrieben durch zum Teil hoch individuelle Forschungsvorhaben, in der Regel aus dem naturwissenschaftlichen und dem biologischen bzw. medizinischen Forschungsumfeld. Notwendige Einschränkungen der öffentlichen Mittel haben besonders bei größeren Institutionen zur Ausbildung lokaler, sogenannter Imaging Centers geführt, in denen Beschaffungsmittel verschiedener Gruppierungen gebündelt werden und die als Dienstleistungszentren ein breites Spektrum mikroskopischer Lösungen für ihre internen Kunden anbieten. In der Regel weist der Academia-Markt langfristige Beschaffungszyklen auf, die sehr häufig durch Ausschreibungen gekennzeichnet sind. Der Academia-Markt wächst im Durchschnitt schwach im niedrigen einstelligen Bereich, wobei einzelne Länder politisch verursachte Schwächen aufweisen.

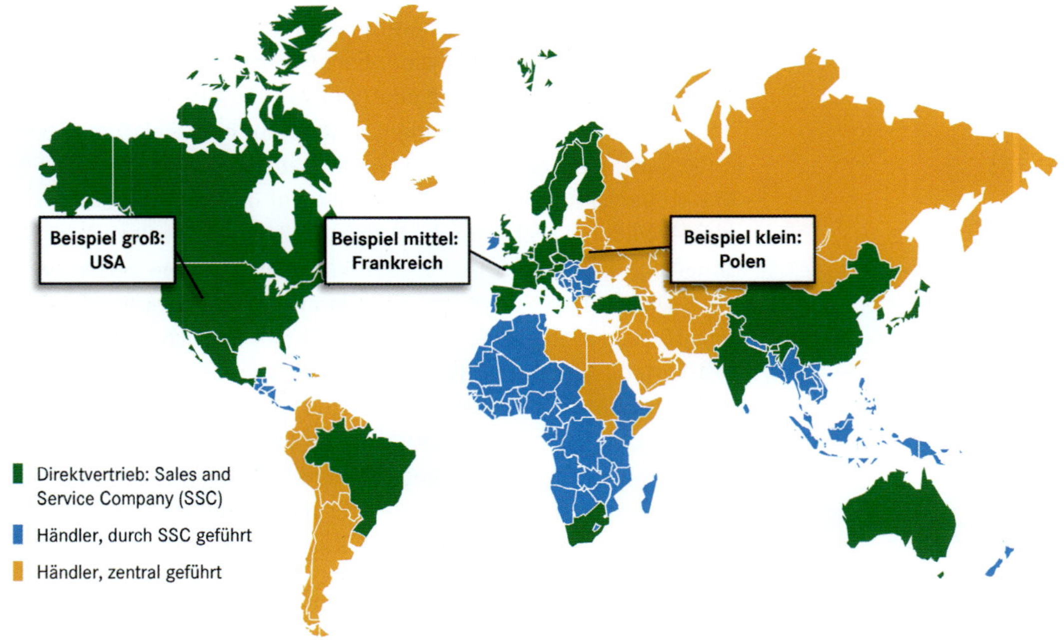

Abbildung 2.2: Regionale Vertriebsstruktur mit unterschiedlichen Ländergrößen (interne Quelle 2017)

Teilsegmente Industrie

Der **Industriemarkt** wird getrieben durch Investitionen in Forschung und Entwicklung sowie durch Investitionen in Prozessüberwachung, Qualitätskontrolle und ähnliche produktionsnahe Anwendungsfelder. Die gesamtwirtschaftliche Lage bestimmt entscheidend das Investitionsverhalten, weshalb der Industriemarkt spezifischen Schwankungen unterliegen kann. Während Beschaffungen im F&E-Umfeld ebenfalls längerfristiger Natur sein können, erfolgen produktionsnahe Investitionen häufig in kurzfristigen Zeiträumen, wobei von Kundenseite häufig sehr detaillierte Vorgaben bezüglich der organisatorischen Abläufe im Rahmen der Beschaffung gemacht werden. Die jeweiligen Projekte werden zum größten Teil nicht öffentlich bekannt gemacht und erfordern deshalb große Kundennähe und ein intimeres Kundenverständnis seitens der beteiligten Verkaufsorganisationen. Wesentliche Kundensegmente sind unter anderem Industrieunternehmen aus den Bereichen Automotive, Elektronik und Halbleiter, Luft- und Raumfahrt, Öl- und Gaserzeugung, Bergbau, Fertigungswesen, Feinmechanik und Optik sowie Medizintechnik, Pharmazie und Implantatherstellung. Der Industriemarkt wächst im mittleren bis oberen einstelligen Bereich, das Wachstum wird von einer allgemein guten Konjunktur begünstigt, wobei einzelne, meist Schwellenländer, ein überdurchschnittliches Wachstum aufweisen.

Wettbewerber

Aus Sicht der **Wettbewerber** lässt sich der Markt strukturieren nach Technologien und Applikationsfeldern. **Technologisch** trägt die Lichtmikroskopie ca. zwei Drittel, die Elektronenmikroskopie ca. ein Drittel zu den Gesamtinvestitionen bei. Einen sehr kleinen Anteil nehmen weitere Technologien ein, wie Röntgen- oder Ultraschallmikroskopie, wobei der Röntgenmikroskopie ein starkes Wachstumspotenzial zukommt, das durch neue Fertigungsverfahren derzeit an Bedeutung gewinnt. Aus applikativer Sicht lässt sich der Markt unterteilen in Materialwissenschaft und Lebenswissenschaften (Life Sciences) sowie einen Markt für industrielle Anwendungen. In allen **Applikationsfeldern** kommen sowohl Licht- als auch Elektronenmikroskopie zur Anwendung, wenngleich in den Life Sciences die Lichtmikroskopie und in den Materialwissenschaften die Elektronenmikroskopie eine eher dominierende Rolle einnimmt. Der Gesamtmarkt verteilt sich im Verhältnis von ca. 1:2 auf die Segmente Industrie und Academia.

Im Lichtmikroskop- und im Elektronenmikroskop-Markt existieren jeweils fünf Hauptwettbewerber, von denen jeder entweder Elektronenmikroskopie oder Lichtmikroskopie anbietet. ZEISS ist der einzige Marktteilnehmer, der sowohl Licht- als auch Elektronenmikroskope im Portfolio führt und darüber hinaus auch in der Röntgen- und Ionenmikroskopie vertreten ist. Am Gesamtmarkt mit einem Volumen von ca. 4,2 Milliarden Euro hält ZEISS Microscopy einen Anteil von ca. 20% und ist damit Marktführer im Gesamtmarkt Mikroskopie.

Chancen und Herausforderungen für den Vertrieb von ZEISS Microscopy

Chancen

Übernahme und erweiterte Leistungen

Das ZEISS-Microscopy-Geschäft erfuhr in den zurückliegenden Jahren strategische Veränderungen mit hoher Relevanz für die Vertriebsorganisation. 2012 wurden die bis dahin getrennten Geschäftszweige Licht- und Elektronenmikroskopie unter dem Dach der ZEISS Microscopy vereinigt, 2014 wurde das Produktportfolio durch die Akquisition und vollständige Integration des in Pleasanton, USA, angesiedelten Start-up Xradia Ltd. um die Röntgenmikroskopie erweitert. Ziel dieser M&A-Aktivitäten war, durch das Angebot eines breiteren Lösungsportfolios aus einer Hand einen Mehrwert für Kunden zu bieten, der von Wettbewerbern mit nur einem Teil des Portfolios nicht ohne Weiteres kopiert werden kann.

Differenzierter Vertrieb für Academia und Industrie

Die bis dato nach Technologie getrennten Vertriebsorganisationen wurden vereinigt und 2012 zunächst in einem Life-Sciences- und Materials-Science-Vertrieb neu ausgerichtet. Nach der Integration der Röntgenmikroskopie erfolgte ab 2015 eine weitere Anpassung der Vertriebsstruktur mit dem Ziel der Schaffung eines je separaten Vertriebs für die Bereiche Academia- und Industrie. Diese Struktur war begründet durch die zum Teil erheblich unterschiedlichen Beschaffungsprozesse bei Academia und Industrie und den damit verbundenen unterschiedlichen Anforderungen seitens der Kunden an die Vertriebsmitarbeiter.

Mit der Aufspaltung der Vertriebsorganisationen sollte die sukzessive Einführung eines portfolioübergreifenden Vertriebs erfolgen, um eine Steigerung der Vertriebseffizienz und damit Kostenvorteile gegenüber den Hauptwettbewerbern zu erreichen. Darüber hinaus sollte die deutlich stärkere Fokussierung des Industrievertriebszweiges auf Neukundengewinnung und die damit verbundene Ausweitung des Geschäftes im Industrieumfeld zu zusätzlichen Wachstumsimpulsen führen. Im Bereich Academia baut die Umsetzung der Neuausrichtung auf einer starken Marktposition im Segment Life Sciences auf, die sich in einer überdurchschnittlichen Vertriebspräsenz in diesem Segment widerspiegelt.

Herausforderungen

Herausforderungen

Wesentliche Herausforderungen sowohl für das Vertriebsmanagement als auch für die Mitarbeiter bestanden und bestehen in den folgenden Punkten:

- Etablierung eines wirksamen mehrstufigen Vertriebs, bestehend aus einer ersten Linie von Account-Managern und einer zweiten Linie von Spezialisten zur technologischen und applikativen Vertriebsunterstützung
- Erweiterung der technologieübergreifenden Portfolio-Kompetenz sowie eine marktsegmentübergreifende Verbreiterung der Applikationskompetenz der Account Manager, insbesondere außerhalb des angestammten Marktsegments
- Neuordnung der Vertriebsregionen für Academia und Industrie unter Berücksichtigung regionaler und länderspezifischer Randbedingungen wie z. B. Umsatzpotenzial, Größe der Territorien und Kundendichte
- Verbesserung der Präsenz und Kundennähe im industriellen Umfeld durch einen fokussierten Ausbau des Industrievertriebs und eine intensivere und gezieltere Neukundenakquise
- weltweit vergleichbare Erfolgskontrolle der Vertriebsumstellung und der damit verbundenen Verbesserungen anhand verbindlicher Leistungskenngrößen

Die bereits erwähnten unterschiedlichen geografischen Größen in Kombination mit unterschiedlichen Geschäftsvolumina der lokalen Vertriebsorganisationen und die damit verbundenen unterschiedlichen Ausprägungen der Territorialstrukturen erfordern eine angepasste Implementierung der neuen Zielstruktur und die Fähigkeit, an den richtigen Stellen Kompromisse einzugehen, ohne die konzeptionellen Vorteile der Neuausrichtung damit aufs Spiel zu setzen.

Sales Excellence bei ZEISS Microscopy

Teil von Global Sales

Alle Sales-Excellence-Funktionen bei ZEISS Microscopy sind organisatorisch dem Bereich **Global Sales** zugeordnet und als getrennte Stabsstellen organisiert. Die fünf Sales-Excellence-Funktionen bearbeiten die folgenden Themen:

Sales-Prozesse

1. **Process Excellence:** Einführung des »ZEISS Sales Prozesses (ZSP)« sowie Sicherstellen des fortlaufenden Trainings der weltweiten Vertriebsorganisation. Sales Process Excellence hat zum Ziel, eine optimierte und auf die Bedürfnisse unserer Kunden fokussierte Vorgehensweise in der Vertriebsarbeit sicherzustellen. Neben der optimalen Bearbeitung von Vertriebsprojekten soll auch die konsistente Verwendung global einheitlicher Vertriebskennzahlen erreicht werden.

Training

2. **Training Excellence:** Implementierung und Pflege eines Trainingsportals, zur Verfügung stellen von Trainingsmaterialien, Organisation und Durchführung Web-basierter Schulungen, einschließlich Erfolgskontrolle für die betreffenden Trainings. Training Excellence unterstützt insbesondere den Vertrieb des erweiterten Produktportfolios. Neben vertriebsspezifischen Kursen wird auch Wissen vermittelt zu Microscopy-internen Abläufen, Strukturen und Prozessen.

Organizational Readiness

3. **Sales Excellence und Organizational Readiness:** Gegenstand des Programmes Sales Excellence und Organizational Readiness ist die Unterstützung der Vertriebsorganisation bei der Implementierung organisatorischer Veränderungen im Rahmen der Strategieumsetzung. Dazu gehört die Organisation und Durchführung von Vertriebs-Assessments, Identifikation von Schwachstellen, Umsetzung von Verbesserungsmaßnahmen und ›Best Practice Sharing‹. Im folgenden Abschnitt wird auf dieses Thema speziell eingegangen.

Industrievertrieb aufbauen und forcieren

4. **Aufbau Industrievertrieb:** Unterschiedliche Vertriebs- und Beschaffungsprozesse bei Academia und Industrie erfordern unterschiedliche Fähigkeiten der Vertriebsmitarbeiter. Ziel der Implementierung eines spezifischen Industrievertriebs ist die Verbesserung der Vertriebskompetenz im Industrieumfeld, verbunden mit einer stärkeren Fokussierung auf relevante Kunden und dadurch die Steigerung der Marktanteile im Industriegeschäft.
   Der Aufbau eines dedizierten Industrievertriebs in allen wichtigen Vertriebsgesellschaften innerhalb der Mikroskopie wird durch zusätzliche Maßnahmen seitens der Microscopy-Firmenzentrale unterstützt. Insbesondere handelt es sich dabei um die Unterstützung mit gezielten Marketingmaßnahmen, die zentrale Unterstützung der ›Hunter‹ bei der Lead-Generierung, sowie die Implementierung von Global Account Management.

CRM-System entwickeln und nutzen

5. **Customer Relationship Excellence:** Das weltweite Ausrollen eines globalen und über Bereichsgrenzen innerhalb von ZEISS standardisierten CRM-Systems ist die Hauptaufgabe von Customer Relationship Excellence. Ziel ist die weltweit standardisierte Abbildung eines Ende-zu-Ende-Prozesses im zentralen Kunden- und Informationsmanagementsystem, beginnend mit der Lead-Generierung über Akquise, Auftragsabwicklung, Servicedienstleistung zurück zur Lead-Generierung. Dazu gehören die Durchführung von Schulungen und Best Practice

Sharing genauso wie der Aufbau der notwendigen Datenstrukturen und die Erfassung und Auswertung der relevanten Kenngrößen.

Sales-Excellence am Beispiel »Sales Excellence & Organizational Readiness«

Zugrunde liegende Fragestellung

Kleine und mittlere Vertriebsgesellschaften

Die Umsetzung der Vertriebsthemen in der Praxis stellt vor allem für kleinere und mittlere Vertriebsgesellschaften eine nicht zu unterschätzende Herausforderung dar. Während die großen Vertriebsgesellschaften eine ausgeprägte Management-Struktur aufweisen, die es ermöglicht, konzeptionelle Fragestellungen im Land zu analysieren und Lösungen zu entwickeln, weisen die mittleren und kleinen Vertriebseinheiten fast immer ein sehr schlankes Vertriebsmanagement auf, das zudem sehr stark auf das operative Geschäft fokussiert sein muss, um die in der Regel sehr ambitionierten Verkaufsziele zu erreichen. Dadurch fehlt das Personal oder es fehlen zumindest die notwendigen freien Zeitbudgets, um konzeptionelle Fragestellungen im Team in der notwendigen Tiefe zu bearbeiten.

An dieser Stelle setzt das Programm »Sales Excellence & Organizational Readiness« an und bietet Hilfestellung bei der Strukturierung der Fragestellungen, der Analyse von Ist- und Zielsituation sowie der Ableitung von Maßnahmen zur Umsetzung der notwendigen Verbesserungsmaßnahmen. Dabei sind drei Leistungselemente herauszuheben:

Spezifisches Vorgehen

1. konzeptionelle Unterstützung bei der Themenstrukturierung und der Lösungsfindung
2. zusätzliche Ressourcen bei der Bearbeitung der resultierenden Aufgaben
3. Kontaktverbesserung zum Headquarter (HQ) bzw. zu den Fertigungsstandorten und dadurch u. a. Vermittlung zusätzlicher Kenntnisse und Erfahrungen sowie Effizienzverbesserung in der Zusammenarbeit.

Die Unterstützung erfolgt dabei durch ein kleines Kernteam von Mitarbeitern der Firmenzentrale von ZEISS Microscopy, bestehend aus dem Projektleiter, ein bis zwei Mitarbeitern aus dem übergeordneten regionalen Vertriebsteam bzw. dessen Management, dem Leiter der Vertriebsregion sowie bei Bedarf von Mitarbeitern aus Fachabteilungen.

Methodik und Vorgehensweise

Hypothesen als Basis für die Identifikation kritischer Themen

Die methodische Vorgehensweise fußt auf einem **hypothesen-basierten** Ansatz, der dazu dient, die relevanten Fragestellungen zu thematisieren und, darauf aufbauend, die für die jeweilige Vertriebsorganisation kritischen Themen zu identifizieren und bezüglich ihres Beitrags für den Vertriebserfolg einzuordnen. Abbildung 2.3 visualisiert die aus vier Elementen bestehende Vorgehensweise.

Vorbereitung

Nachdem durch die Vertriebsleitung die Entscheidung für ein Land getroffen wurde, wird in einem Web-basierten Briefing die lokale Vertriebsleitung im betreffenden Land über das Vorhaben informiert und die Vorgehensweise vorgestellt. Danach erfolgt eine Vorbereitungsphase, in der die Ländervertriebsleitung vor Ort optionale Themen vorschlagen und Schwerpunkte definieren kann. In dieser Phase werden außerdem alle im weiteren Verlauf benötigten Dokumente zusammengetragen, wie z. B. Qualifikationsmatrizen für die Mitarbeiter oder Ressourcenaufschlüsselungen nach Kunden- und Marktsegmenten.

Assessment Workshop

Den zweiten Teil bildet ein zweitägiger **Assessment-Workshop** mit Mitgliedern des lokalen Management-Teams und unterstützender Funktionen aus den lokalen oder regionalen Teams.

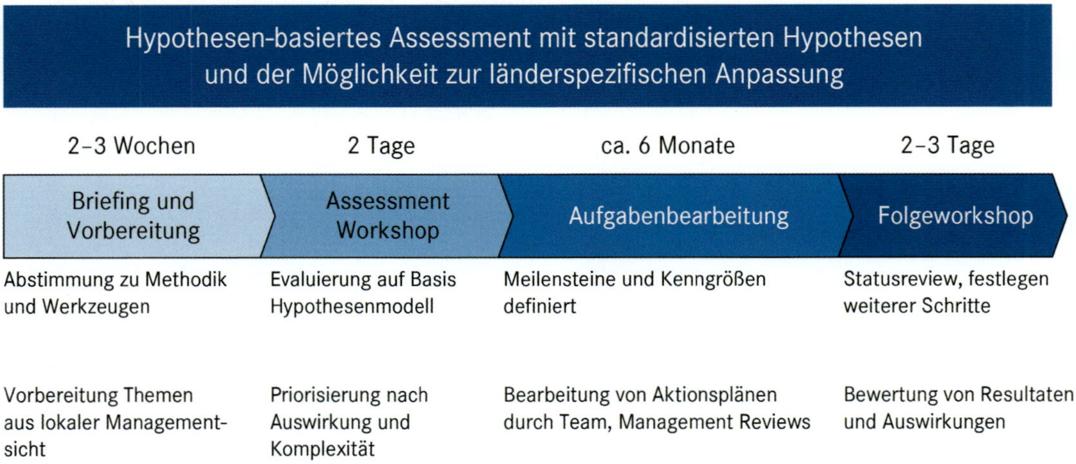

Abbildung 2.3: Ablaufplan Sales Excellence & Organizational Readiness (interne Quelle 2017)

Bewertung der Themen

Ausgehend von einem Hypothesenbaum werden Hindernisse ermittelt, deren Beseitigung der lokalen Organisation zu höherer Leistung oder mehr Effizienz verhelfen soll. Dabei werden die relevanten Themengebiete systematisch analysiert und auf mögliches Verbesserungspotenzial hin untersucht. Vorab wird zunächst auf einer wenig detaillierten Ebene eine Vorauswahl an besonders relevanten Themen getroffen, die im Anschluss daran sehr detailliert beleuchtet und kritisch hinterfragt werden. Die so identifizierten Verbesserungspotenziale werden im nächsten Schritt im Team bezüglich ihrer Auswirkung auf den Vertriebserfolg sowie hinsichtlich ihrer zu erwartenden Komplexität bei der Implementierung der notwendigen Verbesserungen bewertet (vgl. Abbildung 2.4). Mit einer Bewertung anhand beider Kriterien wird sichergestellt, dass neben Verbesserungen mit hohem Potenzial auch Verbesserungen mit weniger hohem Potenzial implementiert werden, wenn ihre Einführung relativ einfach erfolgen kann (Quick-Wins). Den Abschluss des Workshops bildet die Erstellung eines ersten Entwurfes einer Maßnahmenplanung, die im Nachgang weiter verfeinert und ausgearbeitet wird.

		Umsetzung		
		schwierig	mittel	leicht
Auswirkungen	hoch	+	++	+++
	mittel	0	+	++
	niedrig	–	0	+

Abbildung 2.4: Bewertung der Maßnahmen (interne Quelle 2017)

Follow-up durch Review-Meetings

Nach Abschluss des Workshops findet die weitere Detaillierung der Maßnahmenplanung statt sowie deren Nachverfolgung in regelmäßigen **Review-Meetings** im Kreis der Workshop-Teilnehmer. Zusätzlich zu den mindestens monatlich stattfindenden Review-Meetings werden das Ergebnis des Workshops sowie der erzielte Fortschritt in Lenkungskreisen berichtet.

Bearbeitete Themenkomplexe

Inhaltlich lassen sich die zu adressierenden Themen in vier unterschiedliche Themenfelder gliedern. Der erste Themenkomplex

Strategieumsetzung, Organisation, Vertriebskonzept

»Strategieumsetzung, Organisation, Vertriebskonzept« geht auf die organisatorischen Gegebenheiten ein und umfasst Fragen der Struktur der Vertriebsorganisation und des geplanten Umbaus in Academia- und Industrievertrieb. Rollendefinition und Rollenverständnis werden hinterfragt, Ist- und Zielstruktur werden verglichen und Barrieren bzw. Grenzen bei der Umsetzung strategischer Vorgaben identifiziert. Neben die eigene Organisation betreffenden Fragestellungen werden auch die Themen Händlervertrieb und die Zusammenarbeit zwischen Händlern und Direktvertrieb beleuchtet.

Sales Management & Leadership

Der zweite Themenkomplex **»Sales Management & Leadership«** befasst sich mit den eingesetzten Managementwerkzeugen, Fragen zum Mitarbeitermanagement, zu Zieldefinitionen einschließlich Mitarbeiterkompensation sowie zur Leistungsmessung und Bewertung. Ein besonders wesentlicher Aspekt ist das Zeitmanagement mit dem Ziel der Optimierung der Zeit, die Vertriebsmitarbeiter im Rahmen von Vertriebsprojekten mit Kunden verbringen. Außerdem wird in diesem Themengebiet die managementseitige Verpflichtung zur Umsetzung der strategischen Vorgaben anhand der geplanten Maßnahmen hinterfragt.

Fähigkeiten, Kompetenzen, Werkzeuge

Im dritten Themenkomplex **»Fähigkeiten, Kompetenzen, Werkzeuge«** wird untersucht, inwiefern die vorhandenen Hilfsmittel, einschließlich der verfügbaren Datenverarbeitungsprogramme, Anwendung finden. Dabei wird vor allem Wert darauf gelegt, zu erkennen, ob Lücken beim Verständnis bzw. der fachlich optimalen Anwendung der Hilfsmittel vorhanden sind, die entweder die Effizienz des Umgangs oder darüber hinaus die gesamte Akzeptanz der entsprechenden Hilfsmittel beeinträchtigen können. Neben Kenntnissen zu technischen Hilfsmitteln wird auch das notwendige Fach- und Produktwissen betrachtet, das zum erfolgreichen Verkaufen aller relevanten Komponenten des Produktportfolios erforderlich ist.

Interaktion und Schnittstellen

Den thematischen Abschluss bildet der vierte Themenkomplex **»Interaktion und Schnittstellen«**. Hierbei sind vor allem Schnittstellen zum Backoffice sowie zu regionalen und globalen Ansprechpartnern aus dem Bereich der Vertriebsunterstützung und dem Demobereich relevant, da diese nicht nur häufig involviert, sondern auch nicht immer frei von Interessen- und Ressourcenkonflikten sind. Weitere relevante Schnittstellen bestehen zum Service sowie zu den regionalen ›Second-level-Experts‹.

Projektverlauf und bisherige Ergebnisse

Seit Start des Programms wurden vier Vertriebsorganisationen in Europa sowie eine Organisation in Asien bearbeitet. Das Gesamtprojekt wurde mit Frankreich als Pilotland Ende November 2016 gestartet. Frankreich wurde gewählt, da es aufgrund seiner Größe und Territorialstruktur einen mittleren Komplexitätsgrad aufweist und damit komplex genug für eine sinnvolle Evaluierung des Sales-Excellence-Programms war, ohne das im konkreten Projekt noch relativ unerfahrene Team durch die Komplexität der Situation zu überfordern. Außerdem weist Frankreich bereits eine relativ ausgeprägte Managementstruktur auf, sodass die Umsetzung der Maßnahmen auf verschiedene Mitarbeiter verteilt werden konnte. Nach Frankreich folgten bereits im Januar 2017 Skandinavien, im April 2017 Südostasien und zuletzt im Juni 2017 die Tschechische Republik und Polen als weitere Teilprojekte (vgl. Abbildung 2.5).

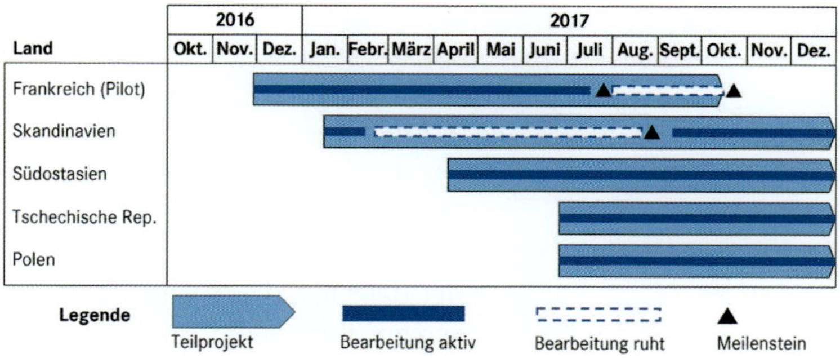

Abbildung 2.5: Projektübersicht (interne Quelle 2017)

Pilotprojekt Frankreich

Im **Pilotprojekt Frankreich** wurde nach acht Monaten ein Arbeitsstand erreicht, der es erlaubte, etwa die Hälfte der Projektthemen abzuschließen. Für die verbleibenden Themen wurde ein Dreimonatszeitraum vereinbart, in dem weitere Erfahrungen gesammelt werden sollten, bevor zwischen den Optionen Schließung des Projekts und Weiterführung der verbleibenden Themen entschieden wird. Das Teilprojekt Skandinavien musste kurze Zeit nach einem sehr ermutigenden und engagierten Start aus organisatorischen Gründen eingefroren werden, bevor im August 2017 die Weiterführung vorangetrieben werden konnte.

Wichtigste Teilergebnisse

Die Ergebnisse der Workshops zeigen teilweise eine Überlappung, insbesondere bei den Themengebieten »Werkzeuge«, »Schnittstellen« und »Organisation« (vgl. Abbildung 2.6).

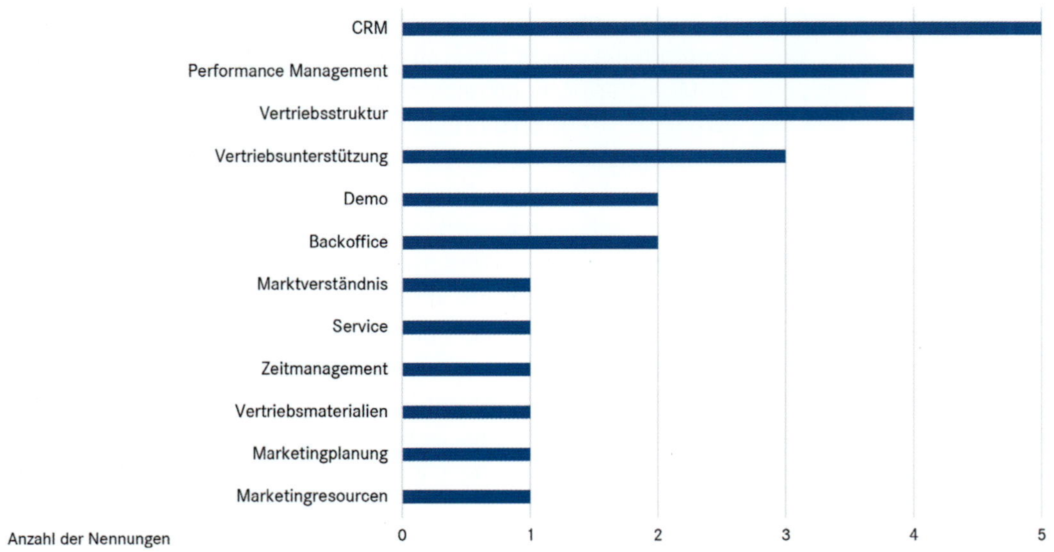

Abbildung 2.6: Identifizierter Handlungsbedarf (interne Quelle 2017)

CRM

Die weitergehende Bearbeitung der Themen zeigte, dass zwei der drei am häufigsten genannten Themen in Zusammenhang miteinander stehen. **CRM** und **Performance Management** betreffen Funktionalitäten im ZEISS-CRM-System, wobei ein Teil der Defizite auf Schulungslücken zurückzuführen ist. Daneben zeigten sich außerdem spezifische Defizite bei der Funktionalität des relativ neu ausgerollten CRM-Systems, die von den Vertriebsmitarbeitern als hinderlich wahrgenommen werden und damit die Akzeptanz des Werkzeuges CRM verringern.

Vertriebsstruktur

Ebenfalls eine hohe Bedeutung hat das Thema **Vertriebsstruktur,** wenngleich die Ausprägung der detaillierteren Fragestellungen erwartungsgemäß aufgrund der unterschiedlichen Ländergegebenheiten länderspezifische Schwerpunkte aufweist. Hierunter fallen Fragen der optimalen Gestaltung der Vertriebszweige Academia und Industrie sowie die Optimierung der Kenntnisprofile der Mitarbeiter im Hinblick auf das erweiterte Portfolio der Account Manager. Als weiteres Unterthema mit ebenfalls länderspezifisch unterschiedlichen Ausprägungen stellt sich die

Händlerkanal

Frage nach einer Optimierung des **Händlerkanals** im Hinblick sowohl auf territoriale Abdeckung als auch die optimale Zuordnung bestimmter Portfolioelemente zum Händlervertrieb.

Vertriebsunterstützung

Der an Position vier genannte Punkt **Vertriebsunterstützung** ist ebenfalls länderspezifisch ausgeprägt. Er weist jedoch auf ein generelles Verbesserungspotenzial hin. Dieses ist in der Zusammenarbeit zwischen den Account Managern und den Spezialisten aus dem Bereich Vertriebsunterstützung sowie dem Bereich Marketing zu finden. Die Ursache liegt in der noch nicht optimierten Kompetenz der Account Manager in Bezug auf das erweiterte Portfolio.

Demo und Backoffice

Mehrfach genannt wurden außerdem die Themen Demo und Backoffice. Im Hinblick auf **Demo** liegen die Verbesserungspotenziale nur teilweise in der Optimierung der Demobestände, da darüber hinaus die Optimierung der Abläufe, insbesondere bei Demos bei Kunden vor Ort zu einer wesentlichen Zeiteinsparung führen sollte. Die identifizierten Fragestellungen aus der Zusammenarbeit mit dem **Backoffice** weisen auf Verbesserungspotenziale bei den Prozessen hin, die die Zusammenarbeit zwischen Mitarbeitern im Feld und in den lokalen Vertriebsbüros sowie zwischen den lokalen Vertriebsbüros und den Vertriebsabteilungen der Fabriken regeln. Hier sind unter anderem die Unterstützung bei der Erstellung von Angeboten sowie die Kommunikation mit Kunden im Rahmen der Abwicklung administrativer Abläufe zu nennen. Weitere Themen sind größtenteils stark länderspezifisch ausgeprägt, weshalb sie an dieser Stelle nicht näher dargestellt werden.

Fortschritte bei der Bearbeitung der identifizierten Themen wurden insbesondere für folgende Punkte erzielt:

CRM und Performance Management

Für die Fragestellungen zu **CRM** und **Performance Management** konnten in direkter Zusammenarbeit zwischen einzelnen Ländern und Experten aus dem CRM-Team wichtige Verbesserungen durch gezielten Know-how-Transfer erzielt werden. Darüber hinaus ist ein Programm zu einem Training in Vorbereitung, das über eine grundsätzliche Schulung hinausgeht und die Vertriebsmitarbeiter noch besser in die Lage versetzen soll, CRM als Vertriebs- und Management-Werkzeug optimal einzusetzen. Verschiedene Verbesserungen an der Funktionalität wurden sowohl als Ergebnis des Projekts, als auch unabhängig davon initiiert und fließen in eine kontinuierliche Verbesserung der Software ein.

Mitarbeiter zuordnen

Die Optimierung der Vertriebsstrukturen erweist sich als ein mittel- bis längerfristiges Thema, zu dem im Rahmen des Organizational-Readiness-Projektes bisher nur eingeschränkte Beiträge geleistet werden konnten. Hier ist vor allem zu beachten, dass die Zuordnung der Mitarbeiter zu den neuen Vertriebszweigen zum großen Teil erst im Laufe 2017 erfolgte bzw. noch erfolgt und die Umsetzung erst nach erfolgreichen Trainingsmaßnahmen stattfinden kann. Es ist davon auszugehen, dass ein Nutzen des Projekts vor allem im gezielten Erfahrungsaustausch zwischen den beteiligten Ländern liegen wird.

Gezielter Erfahrungsaustausch

Während beim Thema Vertriebsunterstützung Fortschritte beim Pilotland Frankreich erzielt werden konnten, sind für die später gestarteten Länder noch keine konkreten Maßnahmen umgesetzt. Bei den eher administrativen Themen Demo und Backoffice wurden sowohl lokal in betroffenen Ländern als auch global Maßnahmen definiert, die sich teilweise in Umsetzung befinden. Besonders hohe Relevanz für die Verbesserung von Demoabläufen ist von der Einführung eines neuen Konzeptes zur administrativen Abwicklung von Produktdemonstrationen vor Ort zu erwarten.

Kritische Auseinandersetzung und weiteres Vorgehen

6 Monate Laufzeit erscheinen realistisch.

Nach einer etwa dreivierteljährigen Projektlaufzeit liegen Erfahrungen aus fünf Ländern vor, die unterschiedlich weit den vorgesehenen Projektzyklus durchlaufen haben. Während das Projekt mit dem Pilotland Frankreich relativ umfänglich bearbeitet wurde und einzelne Themen abgeschlossen werden konnten, liegen aus allen anderen Ländern nur Erfahrungen aus Teilen des Projektablaufs vor. Hier macht sich besonders bemerkbar, dass das ursprünglich an zweiter Stelle geplante Projekt nicht wie vorgesehen vorangetrieben werden konnte, sondern einer Pause von mehr als einem halben Jahr unterzogen werden musste. Es lässt sich aber aufgrund der bisherigen Erfahrungen bereits sagen, dass die geplante Laufzeit von ca. sechs Monaten für die Bearbeitung der Themen realistisch ist, sofern sich ein angemessen hoher Fokus auf der Projektarbeit erhalten lässt. An dieser Stelle muss kritisch angemerkt werden, dass sowohl aufseiten der Vertriebsgesellschaften als auch seitens der unterstützenden Funktionen aus dem Hauptquartier ein latentes Risiko besteht, kritische operative Themen vor mittelfristigen Verbesserungsprojekten zu priorisieren.

Hohes Engagement, konsequentere Lösungsfindung und verbesserter Erfahrungsaustausch

Positiv hervorzuheben sind die hohe Bereitschaft und das aktive Interesse aller beteiligten Vertriebsgesellschaften, die das Konzept der Assessments in Kombination mit einer Unterstützung bei der Lösung identifizierter Aufgaben zur Verbesserung von Defiziten bereitwillig aufgegriffen haben. Ebenfalls positiv bewertet werden kann, dass die Identifikation der Themen anhand eines Hypothesenmodells zu den relevanten Fragestellungen hinführt, auch wenn eine Reihe der insgesamt aufgestellten Hypothesen bisher nicht als relevant eingeschätzt wurde. Ein weiterer positiver Aspekt liegt in der expliziten Benennung und Sichtbarmachung der erkannten Defizite, die häufig auch ohne das vorliegende Projekt bereits erkannt wurden, aber ähnlich häufig nicht zu einer Problemlösung geführt wurden. Hier bietet das Projekt den Vorteil der konsequenteren Lösungsfindung und Nachverfolgung bei der Bearbeitung. Zuletzt ist positiv zu bewerten, dass das Projekt zu einer besseren Vernetzung einzelner Manager im Feld mit Spezialisten im Hauptquartier, z. B. aus den Expertengruppen aus dem CRM-Umfeld, geführt hat und so den Erfahrungsaustausch verbessert.

Prioritätskonflikte können den Projektfortschritt verlangsamen.

Bei der Ergebnisbewertung kann insgesamt festgestellt werden, dass der Projektfortschritt häufig nicht mit der ursprünglich geplanten Geschwindigkeit erfolgt. Dies liegt zum einen an der notwendigen, aber nicht immer gegebenen Fokussierung auf die Projektthemen im Spannungsfeld des operativen Tagesgeschäfts. Dieser Mangel ist sicher auch darauf zurückzuführen, dass die Aufwände sowohl zur Bearbeitung der Aufgaben als auch zum Management des Projektes bzw. der Teilprojekte neben substanziellen Aufgaben aus dem Tagesgeschäft zu erledigen sind und damit Prioritätskonflikte unvermeidlich sind, die häufig zugunsten operativ dringender Themen entschieden werden. Dies sollte jedoch nicht davon abhalten, die identifizierten Themen beharrlich zu bearbeiten und so die erforderlichen Verbesserungspotenziale zu heben.

FESTOOL

2.2 Fall 2: Sales Excellence@Festool – konzeptionell gestützte Trainingsinitiative

Diesen Fall verfasste Dr. You-Cheong Lee, gestützt auf intensive Gespräche und Präsentationen mit Herwig Mehrwald (Leitung weltweiter Vertrieb Festool) und Kalina Kümmerle (Programm-Managerin für das Thema Sales Excellence und dessen operative Umsetzung bei Festool).

Festool – Werkzeuge für höchste Ansprüche
Festool ist ein Premium-Hersteller für hochwertige Elektro- und Druckluftwerkzeuge, die von professionellen Handwerkern in den Bereichen Holz, Maler und Automotive eingesetzt werden. Seit der Gründung des Unternehmens im Jahr 1925 spiegelt sich das Qualitätsversprechen in mehr als 350 Patenten und über 80 Auszeichnungen wider. Das Familienunternehmen hat seinen Hauptsitz in Wendlingen (Deutschland) und beschäftigt weltweit rund 2.500 Mitarbeitende. Die Produkte werden überwiegend in Europa produziert und über ein Handelsnetzwerk vertrieben. Dieses wird international von rund 400 Außendienstmitarbeitern betreut. Das Sortiment ist in etwa 60 Ländern verfügbar und umfasst nicht nur qualitative hochwertige Elektro- und Druckluftwerkzeuge, die im Hochpreissegment angesiedelt sind, sondern auch damit verbundenes Zubehör und Verbrauchsmaterial sowie ein umfassendes Serviceangebot.

Ausgangslage

Veränderungen im Markt und bei Kunden stellen hohe Anforderungen

Das Marktumfeld, in dem Festool agiert, befindet sich seit einigen Jahren im Wandel. Ein zentraler Trend ist die wachsende Konsolidierung der Handelslandschaft, die mit einer sinkenden Loyalität der Handelspartner einhergeht und eine intensive Betreuung von Handelsketten und sogenannten Mega Dealern zur Folge hat. Eine weitere Herausforderung sind die wachsenden Ansprüche des Endkunden, die den Druck auf den Handel massiv erhöhen. Aufgrund des digitalen Beschaffungsverhaltens der jungen Handwerksgeneration ist der Handel einem enormen Preisdruck, bedingt durch die Preistransparenz im Online-Geschäft, ausgesetzt. Der Verkauf der Premiumprodukte von Festool erfordert, dass sich der Handel intensiv mit dem Sortiment auseinandersetzt, um den Mehrwert der Festool-Produkte gegenüber dem

Endkunden kommunizieren zu können. Eine weitere Herausforderung des indirekten Vertriebsmodells über den Handel ist, dass das Markenversprechen von Festool als Premiumanbieter oftmals nicht bis zum Endkunden transportiert wird. Beispielsweise erhalten Kunden oftmals keine Informationen über das umfassende Serviceangebot von Festool, obwohl dieses ein zusätzliches Differenzierungsmerkmal bietet und Festool damit einen Positionierungsvorteil gegenüber dem Wettbewerb haben könnte.

Hohe Ansprüche erfüllen

Sowohl der Handel als auch Kunden haben besonders hohe Anforderungen und Erwartungen an Festool als Premiummarke im Hochpreissegment. Um das Markenversprechen täglich erfüllen zu können, gewinnt daher die Rolle des Außendienstes als wichtiger Markenbotschafter an zentraler Bedeutung.

Organisation und Konzeption von Sales Excellence

Sales-Excellence-Programm seit 2013

Um den steigenden Anforderungen aufseiten des Handels und der Endkunden gerecht zu werden, etablierte Festool im Jahr 2013 ein Sales-Excellence-Programm, das einen langfristigen Aktionsplan zur kontinuierlichen Verbesserung der Vertriebsarbeit beschreibt. Primäres Ziel ist, nachhaltig einen Premiumvertrieb für Festool als Premiummarke zu etablieren. Dies soll durch die Umsetzung weltweit standardisierter Prozesse und Strukturen im Rahmen von Sales Excellence erreicht werden.

Dem internationalen Vertriebsleiter zugeordnete Stabsstelle

Das Programm Sales Excellence ist bei Festool organisatorisch dem internationalen Vertriebsleiter zugeordnet und wird maßgeblich von einer dafür verantwortlichen Stabsstelle (Sales Excellence Program Manager) koordiniert und gesteuert (vgl. Abbildung 2.7). Neben dem Sales Excellence Program Manager sind die Vertriebsleiter, die jeweils eine Ländergruppe (Cluster) verantworten, maßgeblich für den Erfolg des Programms verantwortlich. Sie definieren die Schwerpunktthemen mit und übernehmen eine zentrale Rolle bei der lokalen Einführung, Umsetzung und wenn nötig Adaption. Die in die Linienorganisation integrierte ›Kaskade‹ ermöglicht folglich eine schrittweise Top-down-Implementierung des Sales-Excellence-Programms (vgl. Abbildung 2.7).

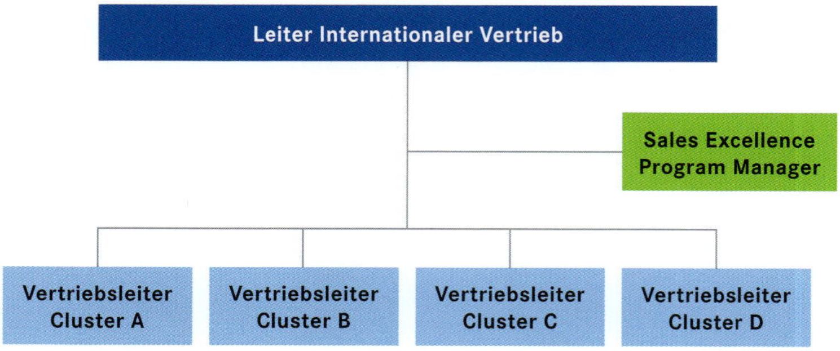

Abbildung 2.7: Organigramm des Vertriebs von Festool (interne Quelle 2017)

Dimensionen: Sales Force und Channels

Das Sales Excellence Framework von Festool

Das **Sales Excellence Framework** gliedert sich in die Dimensionen »Channel Management« und »Sales Force Management« (vgl. Abbildung 2.8). Ersteres dient der Optimierung und internationalen Standardisierung der Prozesse im Umgang mit dem Handel und konzentriert sich auf Themen wie Preis-und Konditionssystem, Logistikanforderungen der Händler und Händlerverträge. Der Fokus dieser Fallstudie richtet sich im Folgenden auf das Sales Force Management, das sämtliche strategischen Maßnahmen zur Optimierung des Vertriebserfolgs umfasst.

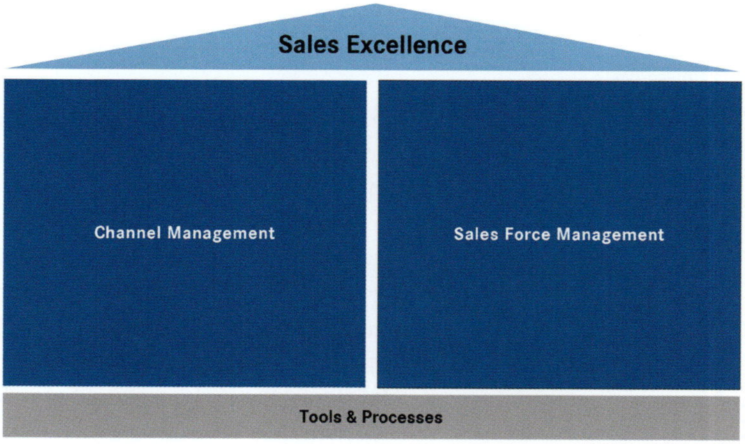

Abbildung 2.8: Sales Excellence Framework (interne Quelle 2017)

Vier Säulen begründen das Sales Force Management bei Festool (vgl. Abbildung 2.9): Sales Force Organization, Sales Force Enablement, Sales Force Engagement und Sales Force Impact.

Die definierten Maßnahmen richten sich sowohl an den Außendienst als auch an dessen Führungskräfte (First Line Manager und Second Line Manager).

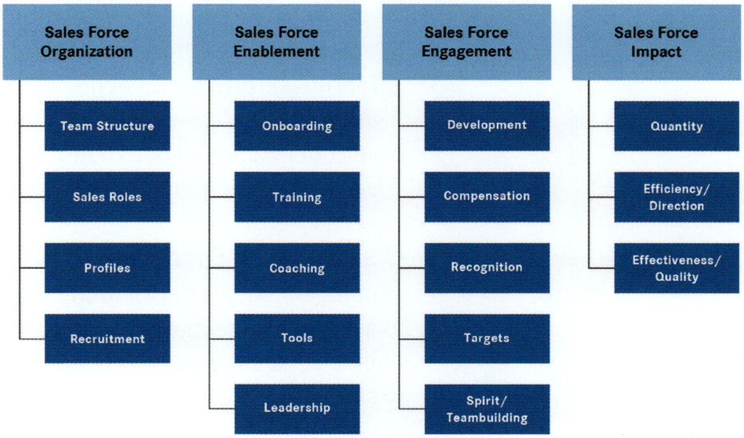

Abbildung 2.9: Sales Force Management (interne Quelle 2017)

Die Säulen lassen sich kurz wie folgt beschreiben:

Sales Force Organisation

- **Sales Force Organization:** Die erste Säule befasst sich mit der optimalen Zusammensetzung von Teamstrukturen, Vertriebsrollen und damit verbundenen Profilen, mit denen die Personalbeschaffung einhergeht. Ein Thema ist hier beispielsweise die optimale Führungsspanne, also die Anzahl der Außendienstmitarbeiter pro Führungskraft. Auch die Profile der Außendienstmitarbeiter sind für Festool von zentraler Bedeutung. Um den Bedürfnissen einzelner Kundensegmente Rechnung zu tragen, ergeben sich aus den Rollen erfolgskritische Anforderungen an die Profile im Außendienst: Ein Key Account Manager im Endkundensegment muss beispielsweise über eine kaufmännische Ausbildung verfügen, um den Mehrwert der Leistung kommunizieren zu können. Da Endkundenbetreuer für kleinere Kunden hauptsächlich Produktpräsentationen machen und sich mit Servicefällen auseinandersetzen, ist deren Profil hingegen durch eine technische Ausbildung geprägt, um die produkt- und anwendungsspezifischen Eigenschaften optimal erklären zu können.

Sales Force Enablement

- **Sales Force Enablement:** Diese Säule steht aktuell im Fokus der zentralen Sales-Excellence-Initiative und umfasst sämtliche Maßnahmen zur Führung und Befähigung des Verkaufs. Dazu gehören die Themen Onboarding, Training, Coaching, Tools und Leadership. Festool hat gemeinsam mit dem externen Beratungsunternehmen Mercuri International ein Trainingsprogramm für den Vertrieb und die Führungskräfte in den Vertriebsgesellschaften konzipiert. Um die Nachhaltigkeit der Trainings sicherzustellen, bildet Festool die Vertriebsführungskräfte als Coaches aus und diese entwickeln aktiv ihre Mitarbeiter weiter. Zur Steigerung des Verkaufserfolgs wird der Außendienst zudem in der standardisierten Nutzung von Tools, wie dem CRM-System und Tablets, geschult.

Sales Force Engagement

- **Sales Force Engagement:** Die dritte Säule beschäftigt sich maßgeblich mit der Bindung und Motivation der Vertriebsmitarbeiter. Hierzu gehört unter anderem das Thema **Vergütung.** Eine zentrale Fragestellung im Vertrieb ist die Zusammensetzung der Vergütung aus fixem und variablem Anteil sowie die Berücksichtigung von Team- und Einzelerfolgen. Im Hinblick auf die **Wertschätzung** der Mitarbeiter gewährt die Zentrale den Ländergesellschaften Freiräume in der Gestaltung der Initiativen, die Wertschätzung gegenüber Mitarbeitern bei Erreichen quantitativer und qualitativer Ziele zeigen sollen.

Sales Force Impact

- **Sales Force Impact:** Die vierte Säule spiegelt die marktgerichtete Seite von Sales Excellence bei Festool wieder. Zentrale Themen sind dabei, wie viel Zeit der Außendienst im Markt verbringt (›Quantity‹), welche Händler er besucht (›Efficiency/Direction‹) und wie er diesen Besuch möglichst erfolgreich durchführen kann (›Effectiveness‹).

Das Sales Force Management wird als kontinuierlicher Prozess zur Verbesserung der Effizienz und Effektivität im Vertrieb verstanden. Die Verwirklichung erfordert ein Change Management, das durch die schrittweise Umsetzung der vier zuvor definierten konzeptionellen Säulen ein nachhaltiges Bewusstsein für den Mehrwert des Programms in der Organisation schafft und wirksam zum Unternehmenserfolg beitragen soll. Im Fokus der sukzessiven Implementierung von Sales Excellence stehen aktuell mehrere Initiativen, die im folgenden Abschnitt näher beleuchtet werden sollen.

Selektive Umsetzung der Initiativen im Sales Force Management

Mit der Einführung des Sales-Excellence-Programms im Jahr 2013 wurden einzelne Dimensionen nach Wichtigkeit bzw. Dringlichkeit priorisiert und schrittweise in Zusammenarbeit mit den lokalen Vertriebsgesellschaften umgesetzt.

Optimierung der Aktivitäten im Außendienst

1. **Sales Force Impact:** Die erste Initiative, die im Rahmen des Sales-Excellence-Programms implementiert wurde, war die Definition eines **Aktivitäten-Niveaus,** sprich, wie viel Zeit die Außendienstmitarbeiter im Markt verbringen sollen (siehe Abbildung 2.10). Damit gelang Festool der Startschuss für einen erfolgskritischen Change in der Vertriebsarbeit. Um die Effizienz der Kundenbesuche zu steigern, entwickelte Festool eine Methodik zur potenzialbasierten Händlerklassifizierung. Diese dient als Grundlage zur Berechnung der optimalen Besuchshäufigkeit eines Händlers. Mithilfe der Händlerklassifizierung können einzelne Ländergesellschaften ihre Kapazitätsplanung im Außendienst optimieren und daran anlehnend die geografische Zuteilung des Außendienstes überarbeiten. Zur Erreichung der Zielvorgaben dient ein weltweit einheitliches CRM-System, in dem Kennzahlen transparent dargestellt werden und die Zielerreichung geprüft werden kann.

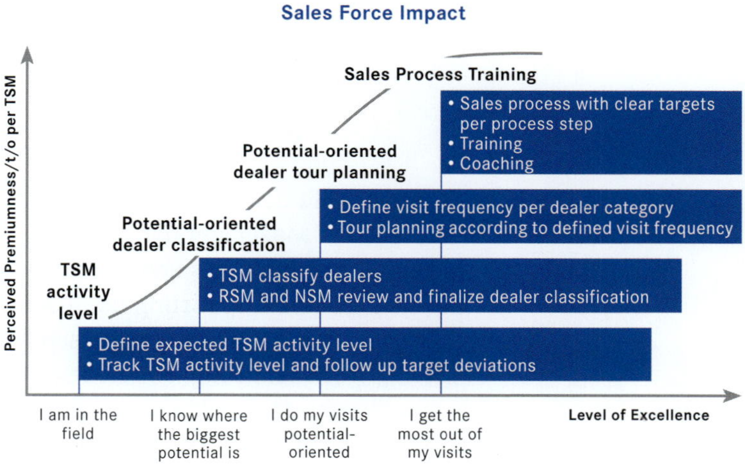

Abbildung 2.10: Sales Force Impact (interne Quelle 2017)

Neben den quantitativen und effizienzbasierten Zielen wurden mit der Einführung des Sales-Excellence-Programms auch qualitative Maßnahmen zur nachhaltigen Erreichung der Ziele definiert (›Effectiveness‹). Diese werden in den ersten drei Säulen des Sales Force Management Frameworks abgebildet, wobei aktuell Sales Force Enablement als wichtigstes Element im Vordergrund der zentralen Initiativen steht.

2. **Sales Force Enablement:** Zur Erreichung der qualitativen Ziele müssen gezielt Initiativen im Vertrieb konzipiert, priorisiert und schrittweise umgesetzt werden. Festool konzentriert sich aktuell auf die Säule ›Sales Force Enablement‹ mit dem Fokus auf Training, Coaching und Leadership.

Trainingsprogramm in 20 Ländern

Festool hat global ein standardisiertes Trainingsprogramm entlang des Festool-Vertriebsprozesses entwickelt und in 20 Ländern eingeführt. Ziel ist die einheitliche Schulung aller Mitarbeiter im Vertriebsaußendienst. Folgende Elemente stellen kritische Meilensteine im Trainingsprogramm dar:

Kritische Erfolgsvariablen für das Training

- **»Why-Frame« als Kampagne:** Um den Erfolg des Trainingsprogramms zu gewährleisten, galt es, Widerständen in den Ländergesellschaften proaktiv zu begegnen und das Bewusstsein für Trainings als langfristigem Lernprozess zu schaffen. Dafür wurde im Rahmen einer zentralen Kampagne ein »Why-Frame« eingeführt, das die Wertschätzung gegenüber den Außendienstmitarbeitern und die Wichtigkeit ihrer Arbeit zum Ausdruck bringen soll und zwei zentrale Botschaften umfasst:
  - Der Markt verändert sich und stellt den Außendienst vor komplexe Anforderungen. Daher braucht der Verkauf neues Werkzeug, um mit den Herausforderungen besser und einfacher umgehen zu können.
  - Mit der Einführung zentraler Trainings unterstützt das Management den Außendienst in der Rolle des Markenbotschafters und verhilft ihm zu langfristigem Erfolg.
- **Lokale Anpassung der Trainings:** Ein kritischer Erfolgsfaktor in der Umsetzung des Trainingsprogramms war die Berücksichtigung lokaler Gegebenheiten und kultureller Unterschiede. Dafür wurden die Trainings zu 80% standardisiert eingeführt und zu 20% an lokale Rahmenbedingung angepasst, die den organisatorischen und kulturellen Unterschieden in den Märkten Rechnung trugen. Auch die Übersetzung aller Trainingsmaterialien und die Durchführung aller Trainings in lokaler Sprache trugen dazu bei, den Erfolg der Trainings sicherzustellen.

- **Einbindung der Ländergesellschaften:** Um zu gewährleisten, dass in den Trainings relevante und wichtige Themen geschult werden, wurden die Führungskräfte aus den Ländergesellschaften bereits in die Konzeptionsphase der Trainings einbezogen.
- **Coaching zum Abschluss der Trainings:** Coachings sind ein zentraler Bestandteil des Trainingsprogrammes. Dabei evaluieren die Führungskräfte ihre Außendienstmitarbeiter im Rahmen gemeinsamer Händler- und Endkundenbesuche (Mitreisen), geben Feedback und definieren Maßnahmen zur Weiterentwicklung. Um dies umsetzen zu können, wurden die Führungskräfte im Rahmen der Sales Excellence Trainings als Coaches ausgebildet.
- **Erfolgsmessung und kontinuierliche Verbesserung:** Eine zentrale Herausforderung stellte die Erfolgsmessung der Trainings vor dem Hintergrund des indirekten Vertriebsmodells dar. Da die direkte Wirkung des Außendienstmitarbeiters auf den Umsatz mit dem Handel eingeschränkt ist, definierte Festool anhand des Kirkpatrick Modells (vgl. Abbildung 2.11) weiche KPIs zur Messung des Trainingserfolges, wie beispielsweise die Zufriedenheit der Teilnehmer mit dem Training oder die Ergebnisse von Wissenstests, die im Anschluss an die Trainings durchgeführt werden.

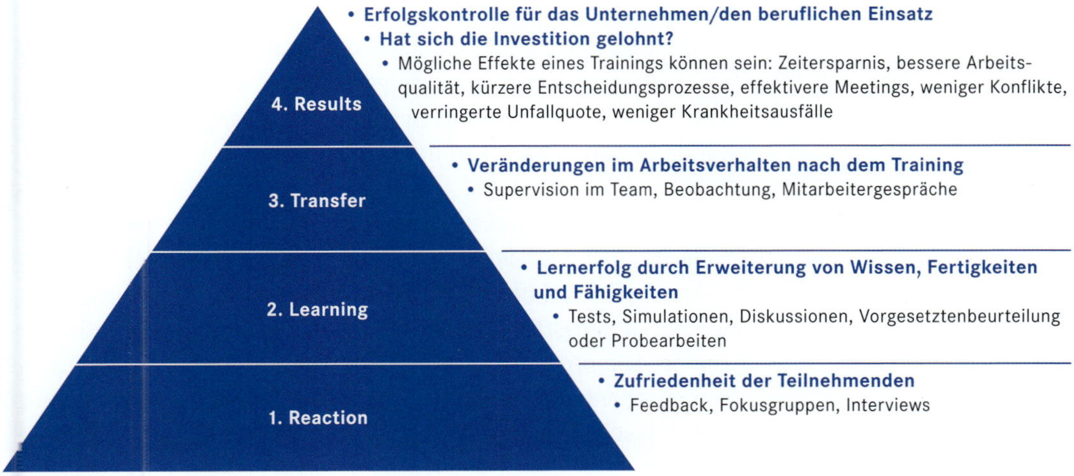

Abbildung 2.11: Erfolgskontrolle nach Kirkpatrick (interne Quelle 2017)

Folgerungen

Wichtig sind Beharrlichkeit und effektives Change Management.

Mit Sales Excellence hat Festool die ersten Meilensteine erreicht, um die Vertriebsarbeit zu standardisieren, zu professionalisieren und infolgedessen noch erfolgreicher zu machen. Sales Excellence als kontinuierliches Verbesserungsprogramm umzusetzen, ist anspruchsvoll, denn es erfordert ein hohes Maß an Geduld in der nachhaltigen Realisierung der Strategie, trotz sich rasch ändernder Marktbedingungen. Kritisch für den langfristigen Erfolg ist effektives Change Management. Innerhalb der letzten vier Jahre hat das Management von Festool verschiedene Hebel identifiziert, die eine nachhaltige Wirkung von Sales Excellence sicherstellen sollen.

Zielgerichtete Kommunikation ist der Schlüssel.

Eine zielgerichtete Kommunikation des Mehrwerts des Programms, wie beispielsweise im Rahmen des »Why-Frame« der Sales Excellence Trainings, ist von zentraler Bedeutung, um eine Top-down-Umsetzung der Strategie zu verfolgen. Die sukzessive Integration von Führungskräften und Außendienstmitarbeitern erfordert zudem, ein ›rechtes Maß an Geduld und Ungeduld‹ zu entwickeln. Das bedeutet, dass das Management neue Themen sorgfältig und mit genügend Zeit kommuniziert, sodass die Projekte in den Ländern wirksam umgesetzt und die Änderungen entsprechend adaptiert werden können.

Tests mit Pilot-Ländern

Auch aus Fehlern lernte das Management: Neue Themen werden erst an die Ländergesellschaften kommuniziert, wenn diese final entwickelt und in Zusammenarbeit mit Pilotländern getestet wurden. Sparsam, aber zielgerichtet zu kommunizieren, schafft mehr Glaubwürdigkeit und hilft auf lange Sicht, Widerstände in den Ländern zu überwinden.

Indirektes Vertriebsmodell

Auch wenn das indirekte Vertriebsmodell eine direkte Erfolgsmessung über z. B. den Umsatz einschränkt, ist das Management davon überzeugt, dass die Festool-Mitarbeiter durch Sales Excellence langfristig noch effizienter und wirkungsvoller arbeiten können. Die optimierten Arbeitsweisen führen neben gesteigerter Zufriedenheit und Motivation der Festool-Mitarbeiter auch zu Umsatzwachstum und gesteigerter Ertragskraft.

GEBERIT

2.3 Fall 3: Geberit – Integration des Vertriebs nach der Übernahme von Sanitec

Diesen Fall verfasste Christian Belz, gestützt auf mehrere Gespräche mit Tobias Beck (Leiter Business Development von Geberit) sowie auf Präsentationen und Firmendokumente.

Geberit für Sanitärtechnik
Die führende Geberit mit dem Hauptsitz in Jona, Schweiz, ist mit Produkten und Lösungen in der Sanitärtechnologie und der Keramik für Bäder tätig. Kunden sind Architekten und Haustechnik-Planer sowie Installateure, die über Großhändler beliefert werden. Wichtiger Teil des ›Pull Marketing‹ sind rund 100.000 Schulungen von Installateuren und Architekten pro Jahr in den weltweit 25 Trainingszentren. Für die Badkeramik und spezielle Produkte, wie etwa das Dusch-WC von Geberit, sind auch Bauherren und Endkunden bedeutend. Mit dem Einzelhandel und dem E-Business geht das Unternehmen bisher sehr zurückhaltend um. Die Marktstrukturen in der Bauwirtschaft unterscheiden sich je nach Land.

Das rentable und wachsende Unternehmen erreichte 2016 einen Umsatz von 2,8 Milliarden Schweizer Franken (CHF) und einen EBIT von CHF 686,5 Millionen; fortgesetzt mit soliden Ergebnissen im ersten Halbjahr 2017. Mit 11.500 Mitarbeitenden stützt sich Geberit auf 35 Produktionsstätten und ist in 42 Ländern mit einer eigenen Verkaufsorganisation und in 78 weiteren Ländern mit Vertretungen und selektiven Aufträgen aktiv.

Manche Bereiche von Geberit wären für eine Diskussion ergiebig, sie reichen von einer dedizierten Strategie der Nachhaltigkeit bis zum Innovationsmanagement. An dieser Stelle interessiert der Vertrieb.

Übernahme von Sanitec 2015

Mit einem Closing im Februar 2015 übernahm Geberit die international führende Sanitec und verdoppelte damit die Zahl der Mitarbeitenden. Während sich Geberit besonders auf Sanitärtechnik hinter der Wand konzentrierte, trägt Sanitec im neuen, vereinten Unternehmen ein umfassendes Sortiment von Sanitärkeramik (mit Marken, wie beispielsweise Kolo, Twyford oder Ifo/Idö) bei.

Abbildung 2.12 zeigt in groben Zügen, wo sich die beiden Unternehmen ergänzen.

	GEBERIT	Sanitec
Competences	• Sanitary technology	• Bathroom design
Products	• Plumbing products behind-the-wall	• Bathroom products in-front-of-the-wall
Customers	• Wholesaler, Installers and Planers	• Wholesaler, End-users, Architects and Retailers
Innovation	• Driving plumbing standards	• Driving bathroom trends
Brands	• Professional brands (B2B)	• End user brands (B2C)
	Leader in Sanitary Technology	Leader in Bathroom Ceramics

Abbildung 2.12: Ergänzung von Geberit und Sanitec (interne Quelle 2017)

Die bisherige Aussage der Marke von Geberit »Know-how installed« ergänzt das Unternehmen mit »Design meets Function«.

Die Integration von Geberit und Sanitec akzentuiert die Arbeit für Sales Excellence Development.

Die Ergänzung ist für das Gesamtunternehmen ebenso wie für den Vertrieb auch nach 2017 eine große Herausforderung. Nur wenn das Cross-Selling zwischen Geberit und Sanitec ausgezeichnet funktioniert, gelingt es, die angestrebten Synergien auszuschöpfen.

Sales Excellence Development bei Geberit

»Es steht nur einer am Grill«, meinte Tobias Beck.

Abbildung 2.13 zeigt die Struktur der Geberit. Geberit hat keine Matrixorganisation. Verglichen mit komplex organisierten Unternehmen begünstigt das eine klare Führung und hohe Flexibilität.

Die nachfolgenden Aussagen geben Hinweise zum Stil von Geberit und wirken gelebt; hier einige Beispiele:

- The magic formula is effectiveness.
- Do the right things right.
- It's all about implementation.
- schnelle Entscheide
- Fokus
- Einfachheit und Verständlichkeit
- Wir ›reporten‹ uns nicht zu Tode!

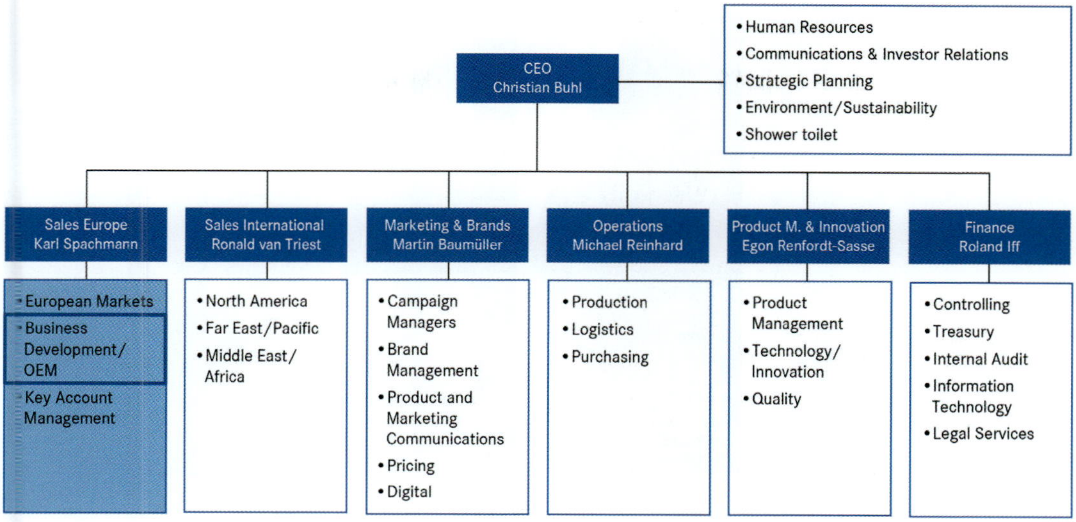

Abbildung 2.13: Schlanke Führungsstruktur von Geberit (interne Quelle 2017)

Knappe Ressourcen im Sales Excellence Development erzwingen eine effektive Zusammenarbeit.

Das Business Development/Sales Excellence (Tobias Beck) ist im wichtigsten Marktbereich Europa (90% des Umsatzes für 2016) integriert. Für besondere Themen liefert die Stelle auch für die weiteren Marktregionen wichtige Anstöße. Die Funktion besteht seit 2014. Sie ist knapp besetzt: ein Business Developer, der zudem noch das OEM-Geschäft, Industriegeschäft und CRM verantwortet. Diese ›One-man Show‹ bewirkt, dass sich Neuerungen im Vertrieb nur in engster Zusammenarbeit mit dem Vertriebsvorstand Europa (Karl Spachmann) und rund 20 Geschäftsführern der europäischen Vertriebsgesellschaften aufgreifen lassen. Es können dabei keine ›Luftschlösser‹ in der Zentrale entstehen. Die wichtigen Themen werden kritisch im Quartalstreffen mit den Geschäftsführern erörtert und ausgewählt. Abbildung 2.14 gibt den aktuellen Überblick zu den Themen und Projekten.

Weniger ist mehr. Neue Themen müssen durch die Länder auch umgesetzt werden können.

In Europa beschäftigt Geberit gesamthaft rund 100 First Line Sales Manager und 700 Verkäufer.

Dabei gilt es, in den Quartalstreffen und flankierenden Projektsitzungen, Monatsreports, Skype Meetings usw. die eingeleiteten Ansätze umzusetzen, zu verfolgen, zu vertiefen und rechtzeitig neue Themen gemeinsam aufzugreifen. Bedingung für die Wahl eines neuen Themas ist die Umsetzbarkeit in den Ländern. Deshalb werden jährlich höchstens ein bis zwei neue Ansätze aufgegriffen, obschon sie sich im zentralen und dezentralen Aufwand sowie generell im Umfang unterscheiden.

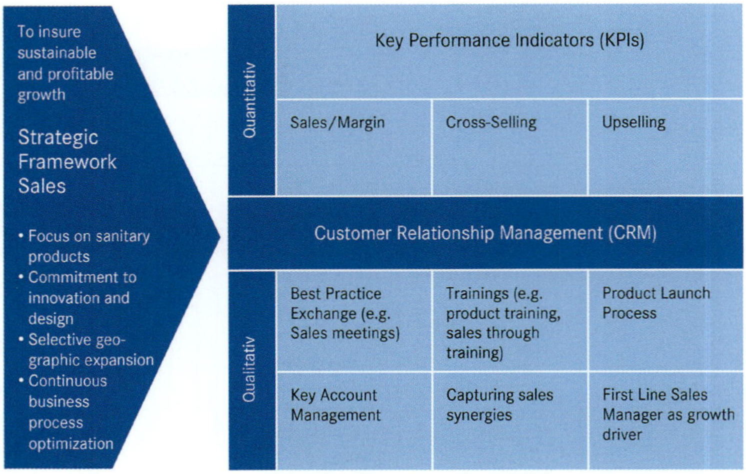

Abbildung 2.14: Sales Excellence Development 2017 (interne Quelle 2017)

Zu den in der Abbildung 2.14 aufgeführten Themen folgende kurze Hinweise:

Themen und Projekte im Überblick

- **Key Performance Indicators:** Die Messung der Vertriebs-Performance ist ›State of the Art‹ und auf wenige Kennzahlen fokussiert, aber nicht besonders erstaunlich. Das Schema zum Sales Cockpit von Geberit zeigt Abbildung 12.2 zum entsprechenden Hebel. Neben Umsatz und Marge sind für den Erfolg des Unternehmens die Entwicklung des Cross-Selling und des Upselling bedeutend. Insbesondere stagnierende oder schwach wachsende Märkte haben hier einen Schlüssel für ihr Wachstum. Cross-Selling spielt auch im qualitativen Bereich »Capturing sales synergies« die maßgebliche Rolle. Ziel ist, bei den bestehenden Kunden die Produkte der Sanitärtechnik und -keramik zusammen und optimal zu verankern.

- **Best Practice Exchange:** Diesen Austausch pflegen die Länderverantwortlichen und das Sales Management Europe an den erwähnten Quartalstreffen. Fortschritte bei bestehenden Ansätzen und neuen Themen sind der Inhalt.

- **Trainings:** Zielführende Schulungskonzepte und -inhalte werden gemeinsam mit den Ländern erarbeitet und umgesetzt. Selektiv arbeitet Geberit auch mit internationalen Trainern, wie beispielsweise Mercuri, zusammen. Neben Produktschulungen spielt zudem die Initiative »Sales Through« eine wichtige Rolle: Verkäufer sollen Handwerker befähigen, nicht nur auf Anfragen und Kundenwünsche zu warten, sondern insbesondere höherpreisige Produkte zu verkaufen. Im Bereich Sanitärtechnologie gehören vor allem Produkte wie Dusch-WC, Geruchsabsaugung oder pflegleichte Oberflächen für Duschen dazu. Im Bereich Sanitärkeramik betrifft das einen großen Teil der Produkte, weil sie für den Endkunden besonders wichtig sind und die Ästhetik im Bad prägen. Methodisch werden Kundentools, E-Learning, Blended Learning, Dokumentationen und persönliche Trainings kombiniert. Immerhin gilt es, 100 First Line Sales Manager und 700 Verkäufer zu entwickeln. Zudem ist die Vielfalt an nötigen Sprachen recht groß.

Wer führt die neuen Produkte ein? Wie werden sie professionell eingeführt?

- **Product Launch Process:** Grundsätzlich sind alle Länder verpflichtet, neue Produkte einzuführen. Abweichungen werden nach vorgegebenen Kriterien diskutiert und führen zu ›Lead Markets‹ für neue Produkte, ›Grey Zone Markets‹ und ›No Go Markets‹. Damit wird der üblichen Diskussion begegnet, weil Länder Produktinnovationen individuell beurteilen, andere Prioritäten erkennen oder verschieben. Der Einführungsprozess definiert die Vorbereitungs- und Einführungsschritte, welche durch die Länderverantwortlichen spezifisch vorgeschlagen und umgesetzt werden. Dabei beginnen die Vorbereitungen in der Regel ein Jahr bevor die neuen Produkte kommen. Auch diese Launches sind Teil der monatlichen Reports. Produktinnovationen reichen beispielsweise von neuen Bedienungselementen, neuen Lösungen für den ökonomischen Badumbau, neuen Spülsystemen, innovativen Dusch-WCs bis hin zu neuen Serien der Keramik.

- **International Key Account Management:** Key Account Management ist ein neues Thema, obschon große Kunden selbstverständlich bereits heute gut bearbeitet werden. Ziel ist dabei, bezogen auf die großen Kunden in den Ländern eine systematische Entwicklungsplanung zu erstellen. Rund 50% des Umsatzes werden mit Großkunden erwirtschaftet und die Beteiligten erkennen hier große Wachstumschancen.

Die Bereiche »First Line Sales Manager« und »Capturing sales synergies« vertiefen wir in der Folge. Ersteres wurde lanciert und die Synergien im Verkauf spielen naturgemäß seit dem Zusammenschluss mit Sanitec ab Anfang 2015 eine wichtige Rolle.

Konsens (gemeinsam festlegen) und Konsequenz (durchziehen)

Die Zentrale bearbeitet mit einem geeigneten Team die von Länderverantwortlichen und Geschäftsleitung priorisierten Themen. Angestrebt sind pragmatische Lösungen, die sich wirksam realisieren lassen. Bis zur Wahl der Themen und Projekte wird diskutiert, nachher konsequent umgesetzt. Typisch in der Präsentation von Karl Spachmann zu den Lösungen für First Line Sales Manager: »My expectation to you is full support as if it was your baby!«

Situative Differenzierung

Gemeinsam entwickelte Prinzipien und Werkzeuge legen das methodische Vorgehen fest, jedes Land bestimmt (je nach Entwicklungsstand und Situation) die eigenen Inhalte. Integriert sind alle bestehenden und neuen Themen und Geschäftsergebnisse im monatlichen Report eines jeden Landes.

Leiter von Verkaufsgruppen (First Line Sales Manager)

Auch das Thema der First Line Sales Manager bestimmten die Verantwortlichen der Ländereinheiten mit Sales Europe als Akzent (vgl. dazu auch allgemein Abbildung 8.2). Das Entwicklungsteam setzt sich aus dem Leiter Business Development/ Sales Excellence, drei Heads of Sales der Länder sowie einem Vertreter von Human Resources zusammen. Einbezogen wird als Verkaufsdienstleister auch Mercuri.

Die 100 First Line Sales Manager betreuen die insgesamt 700 Verkäufer. Damit sind die Leiter der Verkaufsgruppen der maßgebliche Ansatzpunkt, um die ganze Verkaufsmannschaft zu fordern und zu fördern. Wesentlicher Bezugspunkt ist dabei das angestrebte Verhalten der Verkäufer, wie in Abbildung 2.15 dargestellt.

Define number of visits, plan your year	• xy visits per VB-T year • xy are **systematic pull visits** - xy installers; number of visits based on **"9 field visit matrix",** on average twice p.a. - xy focus customers per year to develop/win with extra additional visits • xy are **project focus pull visits** - Specific installers are visited to win a specific project • 30 days per year remaining for other activities (events, trainings, fairs, etc.)
Set a few concrete goals	• **Systematic pull visits:** - Deepen our **relationship** with our customers - **Present core products** (new/existing); spend 1/3 of time on BAS & 2/3 on IFS/RLS - **Cross-sell**: convince installers to apply product XY in all their projects • **Project focus pull visits:** - **Win a specific project** and cross-sell with focus on product XY
Make sure you are prepared	• Conduct the needed **training** to know the relevant products to be able to advise them • **Prepare for the meeting**, e.g., know all the project the customer is likely to be involved • Have all the **required material** (product list, catalogues, etc.) with you • Speak about all **relevant products** • etc.

Abbildung 2.15: Angestrebtes Verhalten der Verkäufer (interne Quelle 2017)

Für das First Line Sales Management ergeben sich daraus die in Abbildung 2.16 dargestellten Anforderungen.

a Sales Management Process	Structured process from yearly planning down to customer visit
b Coaching Guidelines	How do we coach/guide our sales force
c Leadership	Coaching/Guide vs. own customers/region
d Regional Sales Meetings	How often, content

Abbildung 2.16: Fokus der Arbeit der First Line Sales Manager (interne Quelle 2017)

Alle Bereiche a) bis d) sind konkret definiert. Stichwortartig bedeutet beispielsweise Coaching guidelines: number of coaching days per sales rep, target, preparation, rules, feedback session, written agreement/change request after each coaching session, setting your own business agenda, follow-up etc.

Ist und Soll zu den Teilen der Initiative unterscheiden sich inhaltlich je nach Land, so ist beispielsweise der Stand von Deutschland und Ungarn in diesem Feld je verschieden und es sollen jeweils realistische Verbesserungen angegangen werden.

Wichtig sind pragmatische und anwendbare Schulungsinhalte und aktives Lernen.

Ein erstes Schulungsmodul von zwei Tagen wurde 2017 mit allen First Line Sales Managern international mit Mercuri durchgeführt. Inhalte waren beispielsweise Komponenten einer Verkaufsstrategie, Leistungsanalysen der Verkäufer, Vorbereitung gemeinsamer Kundenbesuche durch First Line Sales Manager und Verkäufer, Gestaltung von Coaching-Tagen, Führung von Verkaufs-Meetings bis hin zu perfekten Sales Pitches. Bewusst ist das Training nicht beendet, das Thema lässt sich damit nicht einfach abhaken.

Minimale und wichtigste Anforderungen sind »Field Coaching« und individuelle »performance review talks per sales rep«. Die Implementierung des professionellen First Line Sales Management ist zudem integriert im Management by Objectives für verschiedene Stufen und ebenso in den Teamzielen. Die Ergebnisse lassen sich erst ab 2018 wirklich aufzeigen, weil 2017 vor allem die Voraussetzungen geschaffen wurden.

Übrigens zeigen erste Ergebnisse, dass First Line Sales Manager erfolgreicher (und besser eingesetzt) sind, die ihre Verkäufer coachen und die Kunden kennen, aber nicht selbst Kunden betreuen. Natürlich sind dabei aber auch die Marktgröße und bestehende Kundenbeziehungen (etwa zu Großkunden) zu beachten.

Synergien zwischen Geberit und Sanitec ausschöpfen

Geberit und Sanitec wurden rasch und erfolgreich integriert. Nach dem Closing der Übernahme am 10. Februar 2015 startete sofort die Integrationsplanung, am 7. April 2015 wurde das neue Organisationsdesign vorgestellt, und das obere Management war besetzt und übernahm die Verantwortung. Im Sommer 2015 waren der Integrationsplan verfeinert und die Businesspläne der Synergien validiert, am 1. Januar 2016 war die neue Organisation inklusive der Länderniederlassungen installiert und die ersten Standorte wurden konsolidiert. Die Vertriebsniederlassungen der beiden Unternehmen wurden vereint und die Berater verkaufen das gesamte Produktportfolio von beiden Unternehmen. Für die Integration verwendete Karl Spachmann oft folgendes Bild: Für einen guten Milchkaffee werden Kaffee und Milch zusammen eingeschenkt. Daraus entsteht etwas Neues und Ganzes und weder Milch noch Kaffee lässt sich wieder separieren. Diese rasche Integration schuf Klarheit und Sicherheit, gerade weil sich mit diesem Vorgehen Geberit und Sanitec nicht mehr trennen lassen.

Abbildung 2.17 zeigt die Phasen der Integration für den Zeitraum von 2015 bis 2017–19 im Überblick.

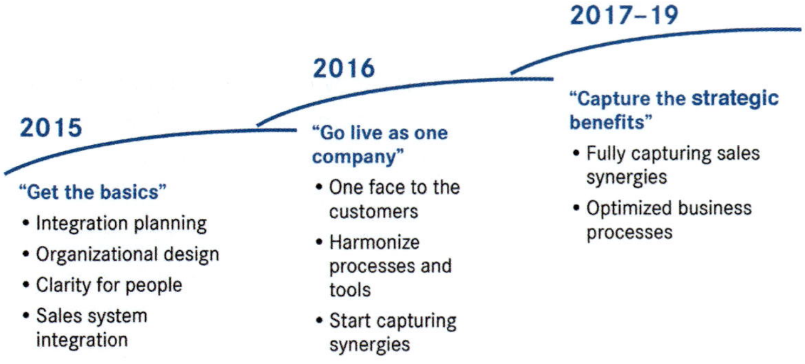

Abbildung 2.17: Rasche Integration von Geberit und Sanitec (interne Quelle 2017)

Die Hausaufgaben bei einer solchen Integration sind riesig. Wie gelingt es beispielsweise, die ganzen Artikelstämme der Unternehmen zu integrieren? Wie wird das CRM auf ein System umgestellt? Welche unterschiedlichen Produktionsvoraussetzungen von Sanitärtechnik und Keramik prägen Verkauf und Logistik? Der Katalog ließe sich leicht fortführen.

Spielregeln geben Sicherheit.

Natürlich erschraken die Verkäufer von Geberit und von Sanitec. Wie soll es ihnen möglich sein, ab sofort ein doppelt so großes Sortiment zu verkaufen, wobei die Hälfte dieses Sortiments völlig neu war? Ohne Zweifel ist und bleibt diese Herausforderung groß. Eine Hilfe waren die eingerichteten **Tandems** zwischen Verkäufern von Geberit und Sanitec, die sich gegenseitig direkt unterstützten. Ebenfalls hilfreich waren Zeitvorgaben für die Verkäufer, sie sollten ein Drittel der Gespräche dem neuen Sortiment widmen und zwei Drittel dem alten. Wichtig waren auch Schwerpunkte in den Sortimenten nach Kunden sowie ausgezeichnete Schulungen und Dokumentationen (inklusive E-learning und Blended Learning), die ein selektives und konkretes Vorgehen bei Kunden erlaubten.

»Synergien werden im Verkauf und nicht im Management gehoben.« (Karl Spachmann)

Zusammenfassend ist die Integration gelungen, aber nicht beendet. Die integrierte Geberit knüpfte unmittelbar an den addierten Umsätzen der bisherigen Unternehmen an und steigerte die Rendite. Kostensynergien wurde nur in einem geringen Umfang durch abgebautes Personal erreicht. Das gesamte Unternehmen ist auf Wachstum ausgerichtet. Beispielweise war der Organisations-Blueprint für Länder (vgl. dazu Abbildung 15.1 mit dem Organigramm für Länder) von vornherein auf Wachstum gerichtet.

Folgerungen

Geberit bewegt, statt nur aufwendig zu konzipieren.

Der Erfolg bestätigt das Vorgehen von Geberit in den aufgezeigten Themen. Das Sales Excellence Development ist eine ›Oneman Show‹. Der Verantwortliche kann erst etwas bewirken, wenn die Zusammenarbeit mit Sales Europe und mit den Länderverantwortlichen sehr eng ist. Kritisch für den Erfolg ist dabei, dass die Verantwortlichen die Anforderungen des Marktes umsetzen können und wollen. Der Arbeitsstil ist konzentriert, schnell, klar, pragmatisch und ergebnisorientiert.

Bereits die Länder Europas sind sehr verschieden. Deshalb ist es richtig, das Sales Excellence Development auf diese Marktregion zu richten. Prinzipien und Werkzeuge unterstützen in den gewählten Verkaufsthemen, sind aber auch eine Vorgabe. Für das spezifische Land werden aber spezifische Akzente gesetzt. Das erlaubt es, damit die vielfältigen Märkte gemeinsam zu entwickeln und sie doch gleichzeitig zu differenzieren.

Es bleiben wichtige Themen für die Zukunft. Aber: Weniger bewirkt mehr.

2.4 Fall 4: B. Braun Melsungen AG (Sparte Hospital Care Deutschland) – Umsetzung im Vertrieb

Diesen Fall verfasste Thorsten Krug, Vertriebsbereichsleiter und Großkundenmanager bei der B. Braun Melsungen AG.

B. Braun Melsungen AG im Gesundheitsmarkt
Die B. Braun Melsungen AG zählt zu den weltweit führenden Anbietern von Lösungen für den Gesundheitsmarkt und versorgt Anwender und Patienten mit Produkten und Produktsystemen für Anästhesie, Intensivmedizin, Kardiologie, extrakorporale Blutbehandlung oder Chirurgie sowie mit Dienstleistungen für Kliniken, niedergelassene Ärzte und den Homecare-Bereich. Das Sortiment des in 1893 am Firmenstandort in Melsungen gegründeten Unternehmens umfasst 5.000 Produkte, die zu 95 Prozent in eigener Fertigung hergestellt werden. Durch ergänzende Dienstleistungs- und Beratungsangebote ist B. Braun ein Systemanbieter, der in enger Partnerschaft mit den Kunden die jeweils beste Lösung für Patienten entwickelt. Der Umsatz des Unternehmens betrug in 2016 6,5 Milliarden Euro, die Mitarbeiterzahl beläuft sich auf 58.000.

Systemanbieter

In dieser Fallstudie werden der Strategiewechsel und die Umsetzung von Preisinitiativen über das Sales-Excellence-Programm der Sparte Hospital Care Deutschland erfasst.

Ausgangslage

Sales Excellence Development bedeutet, wichtige Initiativen auch umzusetzen.

In der Vergangenheit waren systematisch im Markt vorhandene Mengenpotenziale ausgeschöpft worden, etwa, um neue Produktionseinheiten auszulasten. Diese Volumenstrategie zog logischerweise Preisverluste nach sich. Der zunehmende Preisverfall bei gestiegenen Rohstoff- und Personalkosten, in Kombination mit einer durch Klinikkonzerne und Einkaufsverbünde rasant wachsenden Markt- und Preistransparenz zwang in 2009 zu einem einschneidenden Umdenken.

Paradigmenwechsel von Umsatzzielen zu mehr Profitabilität

So wurden der Gewinn und die Preisstabilität stärker in den Fokus gerückt und die Strategie »Profitables Wachstum« ausgerufen. Dem Topmanagement war aber von Anfang an bewusst, dass die Umsetzung durch den Vertrieb die wirkliche Herausforderung dieses Strategiewechsels darstellen würde. Die sehr erfahrene, stabile Vertriebsmannschaft wurde über viele Jahre in eine andere Richtung entwickelt und auf die Erreichung von Mengenzielen ausgerichtet: **»Absatz um jeden Preis«** war, vereinfacht ausgedrückt, das Motto. Es gab Ängste vor drohenden Kundenverlusten, wenn etwa für ausgewählte Produkte Preise erhöht und für Zugeständnisse klar definierte Gegenleistungen von Kunden eingefordert werden sollten. Der Paradigmenwechsel von Umsatzzielen zu mehr Profitabilität konnte somit nicht allein mit einfachen Vorgaben umgesetzt werden. Zumal die große Marktpräsenz von B. Braun und der durch Klinikkonzerne und Einkaufsverbünde geprägte sehr transparente Gesundheitsmarkt nur wenige Fehler erlaubten.

Konsequente Umsetzung als Kern

Vor diesem Hintergrund war es eminent wichtig, die Umsetzung professionell zu managen. Denn: Die wirkliche Herausforderung besteht nicht darin, preisstrategische Überlegungen zu analysieren und in komplexen, hyperanimierten PowerPoint-Präsentationen professionell zu gestalten, sondern darin, die Konzepte konsequent und dauerhaft umzusetzen, d. h. auf die Straße zu bringen. Auch inhaltlich sind Preisstrategien teilweise sehr stark auf die Sprach- und Gedankenwelt des Topmanagements ausgelegt. Hier hatten wir die Aufgabe, Inhalte zu ›erden‹; d. h. in die Sprach- und Gedankenwelt der Mitarbeiter zu ›übersetzen‹.

Hebel für profitables und nachhaltiges Wachstum

Ziel: professionelles Preismanagement

An dieser Stelle kam der Input der Preisstrategie-Berater. Dass sich die Effekte eines professionellen Preismanagements wesentlich stärker auf den Gewinn niederschlagen als etwa die von reduzierten Kosten oder gewachsenen Umsätzen, war hinlänglich bekannt. Dennoch wurden im Markt und auch bei B. Braun weiterhin optimistische Wachstumsziele propagiert, Preise teilweise aus dem Bauch heraus definiert, teure Service- und Mehrwertleistungen nicht berechnet oder Konditionen vereinbart und vom Lieferanten eingelöst, auch wenn Kunden ihren Teil der Verpflichtung nicht erbrachten. Um Gewinne und Zukunftsfähigkeit unseres Unternehmens nachhaltig sichern, wurde der zwingend erforderliche Wechsel eingeleitet, indem folgende Optionen realisiert werden sollten:

Preisstrategische Optionen

- **Preise** für ausgewählte Produkte marktgerecht zu definieren und zu erhöhen
- **Konditionen,** wie Rabatte oder Boni, präzise festzulegen und dann nur für vereinbarte Gegenleistungen des Kunden zu gewähren

- **Serviceleistungen,** die Kunden bisher nicht bezahlen, in den Fokus zu rücken und preislich zu bewerten
- messbare **Mehrwertleistungen** zu entwickeln und zu verkaufen

Alle genannten preisstrategischen Optionen sind praktische, realistische, kombinierbare Optionen, die in der ›Preistreppe‹ in Abbildung 2.18 im Überblick gezeigt werden.

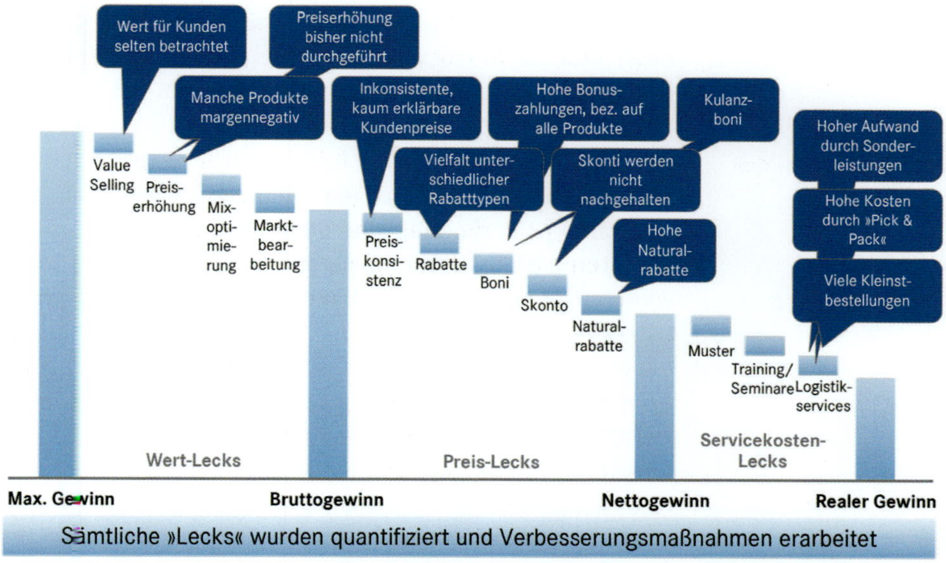

Abbildung 2.18: Preistreppe (interne Quelle 2017)

Herausforderung: Preis-Strategien im Vertrieb umsetzen

An dieser Stelle soll keinesfalls die Notwendigkeit von Preisstrategien in Abrede gestellt werden. Strategien sind der unabdingbare Ausgangspunkt! Sie schärfen das Bewusstsein für das Vorhandene, das Zukünftige und das Erforderliche. Die Analytik, die Ableitung von Ergebnissen, Zielformulierungen und Maßnahmen sind – bei allem gebotenen Respekt – in vielen Fällen kein Hexenwerk. Aber: Wie wird umgesetzt, wie werden Mitarbeiter für die vor ihnen liegende Herkulesaufgabe befähigt und sicher gemacht?

Königsdisziplin Preis im Vertrieb

Preiserhöhungen gelten als die Königsdisziplin im Vertrieb. Aber, können die Mitarbeiter dieser Aufgabe gerecht werden, sind sie ausgebildet, sind sie hierfür vorbereitet? In unserem Fall mussten wir die Frage eindeutig negativ beantwortet. Es war paradox, wir hatten eine sehr erfolgreiche Vertriebsmannschaft, aber selbst Topverkäufer, teilweise ein Vierteljahrhundert und länger im Unternehmen, hatten in den Wachstumsjahren mit Mengenzielen keine Berührungspunkte mit Preiserhöhungen bei Kunden!

Überhaupt stellt sich die Kardinalfrage: Warum nehmen Strategien (das WAS) so einen großen Raum in den Unternehmen ein, während die Umsetzung (das WIE) teilweise ein sehr stiefmütterliches Dasein fristet und vielfach massiv unterschätzt wird?

Auch in unserem Fall wurde sehr viel Zeit und Budget in die Entwicklung der preisstrategischen Initiativen gesteckt. Die Umsetzung jedoch, d. h. die Kommunikation an die Mitarbeiter und dann folgerichtig an die Kunden sollte anfangs mehr oder weniger nebenbei im Tagesgeschäft erfolgen. **»[...] Das machen die schon [...]«, »[...] das sind doch alles Topleute [...]«, war die interne Wahrnehmung!** Es erinnerte an den bekannten Satz von Franz Beckenbauer **»[...] geht's halt raus und spielt's Fußball [...].«**

Umsetzungslücke durch vernachlässigte Umsetzung

An dieser Stelle wurden die große Distanz und die Unterschiede zwischen dem Topmanagement - den Strategen - und den Mitarbeitern - den Umsetzern - offensichtlich: Man konnte sich nicht auf gemeinsame Ziele verständigen. Das Topmanagement hatte den strategischen Blick, sah die Chancen, die Möglichkeiten, dachte in Lösungen. Bei den Mitarbeitern hingegen drehte sich alles um ihre Alltagsarbeit, um Kunden, Verkaufsgebiete, drohende Gehaltseinbußen, die Risiken, die Unmöglichkeiten, die Probleme. Die beschriebenen Phänomene erklären die sogenannte **Umsetzungslücke!** Abbildung 2.19 veranschaulicht, wie sich Verkäufer fühlen, wenn sie Strategien umsetzen sollen!

Motivation und Training sind vonnöten.

Die Konsequenz: Die Vertriebsmitarbeiter müssen motiviert und begeistert werden, neue Wege zu gehen. Sie müssen - gerade bei Preisstrategien - betriebswirtschaftlich ausgebildet und trainiert werden. Darüber hinaus muss erkannt werden, dass Vorgaben, Planung, detaillierte Abläufe, Erfolgskennziffern und Berichtswesen zwingend erforderlich sind, um eine Strategie erfolgreich zum Laufen zu bringen.

Es wird in diesem Kontext oft ›weggeguckt‹, die Expertise von Mitarbeitern und Führungskräften wird häufig viel zu positiv eingeschätzt. Unser Management musste Demut vor den Herausforderungen der Umsetzung entwickeln, um ein Klima für Verän-

Nur ein involvierter Vertriebsmitarbeiter ist motiviert.

derungen zu schaffen. Dazu musste Budget bereitgestellt werden und die zu abgehobene Präsentationssprache der Berater ›geerdet‹ werden, damit den Mitarbeitern die Ängste genommen und Vorteile aufgezeigt werden konnten. Den Mitarbeiter muss man da abholen, wo er steht, man kann es auch in diesem Satz zusammenführen: Nur ein involvierter Vertriebsmitarbeiter ist ein motivierter Vertriebsmitarbeiter!

Abbildung 2.19: Die Umsetzungslücke (Huckemann/Krug 2013)

Erfolgreiche und nachhaltige Umsetzung der Preisstrategie bei B. Braun

Für den nachhaltigen Umsetzungserfolg war und ist es entscheidend, dass sich das Topmanagement nicht von kurzfristigen Interessen leiten und treiben lässt. Verlangt waren und werden vielmehr

- langer Atem statt schneller Gewinne
- Genauigkeit (Sorgfalt) vor Geschwindigkeit
- Kunden zu begleiten, statt sie zu überrollen
- Mitarbeiter in vielen kleinen Schritten mitzunehmen, sie bei den anstehenden Aufgaben zu unterstützen und zu motivieren, statt auf ihre vermeintliche jahrelange Erfahrung zu bauen
- eine verständliche, einfache Sprache zu nutzen und in appetitlichen Portionen in einem komplexen, reizüberfluteten Umfeld zu kommunizieren, statt Strategiefolien 1:1 zu übernehmen

Die Umsetzung erfolgte in fünf Schritten, so wie es die folgende Abbildung 2.20 darstellt.

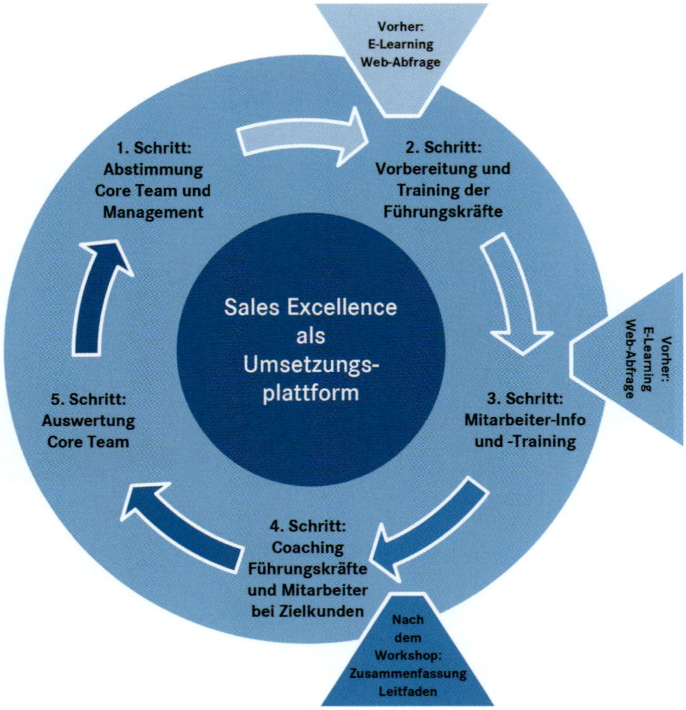

Abbildung 2.20: Die fünf Schritte des professionellen Umsetzungsmanagements (interne Unterlage Mercuri International und B. Braun 2017)

Die Schritte lassen sich wie folgt konkretisieren:

Abstimmung zwischen Kernteam und Management

1. **Core Team und Management bereiten sich vor:** Im ersten Schritt stimmte sich das sogenannte Core Team mit dem Management zu Zielen, Inhalten, Verkaufsprozess und Monitoring der jeweiligen Preisinitiative ab. Beim **Core Team** handelt es sich um eine koordinierende Instanz, die die Aktivitäten zwischen den Strategen und Umsetzern plant, kommuniziert und managt. Mitglieder sind Verkaufs- und Marketingleiter, Großkunden-Manager und der Innendienstleiter. Allesamt langjährige, erfahrene Führungskräfte, die in der Organisation etabliert und akzeptiert waren.

Führungskräfte trainieren

2. **Vorbereitung & Training der Führungskräfte:** Die Führungskräfte wurden mit dem zweiten Schritt in eigenen Veranstal-

tungen auf ihre Rollen vorbereitet und trainiert. Sie waren und sind die entscheidenden Impulsgeber der Umsetzung. Das gilt heute mehr denn je. Mitarbeiter suchen Orientierung und Personen im Unternehmen, die ihnen eine Richtung vorgeben. Nicht das Tagesgeschäft, sondern die Veränderungen verlangen Führung. Diese Aufgabe übernahm das Core Team gemeinsam mit Mercuri International, unserem Umsetzungsberater, der in der Lage ist, Trainings und Coachings praxisnah durchzuführen. Der anschließende Mitarbeiter-Workshop wurde durch die Führungskräfte komplett simuliert, um optimal vorbereitet zu sein. Erfahrungsgemäß erkennt man so sehr schnell mögliche Ungereimtheiten im entworfenen Konzept und stellt den reibungslosen Ablauf der nachfolgenden Veranstaltungen mit den Mitarbeitern sicher. Dies verhindert den ungewollten, demaskierenden ›Elchtest‹ vor Mitarbeitern, getreu dem Motto: »Die wissen doch selber nicht, wie es geht!« Weiterhin kann so ein einheitlicher Gesprächsleitfaden für die Kundengespräche erarbeitet werden. Die Kommunikation der Preisinitiativen durfte nicht länger ausschließlich der Intuition der Außendienstmitarbeiter überlassen werden! Es war schlichtweg zu riskant, dass ein Mitarbeiter eine Preiserhöhung beim Kundengespräch in Flensburg mit der Entwicklung des Dollarpreises erklärt, während gleichzeitig in Garmisch-Partenkirchen sein Kollege gestiegene Rohstoffkosten oder Kapazitätsengpässe als Gründe anführt. Die Argumentation musste transparent und nachvollziehbar sein, damit sie uns nicht zu einem späteren Zeitpunkt auf die Füße fällt.

Systematische Preisinitiative

Dieses Vorgehen schafft Sicherheit und beugt Ängsten der Mitarbeitenden vor. Gleichzeitig bietet auch eine abgestimmte, gemeinsam erarbeitete und plausible Argumentation dem Außendienstmitarbeiter immer noch genügend Raum, die eigene Persönlichkeit und das eigene Verhandlungsgeschick beim Kunden erfolgreich zu platzieren.

Mitarbeiter trainieren

3. **Mitarbeiterinformation & -training:** Im dritten Schritt wurden die Mitarbeiter einbezogen und intensiv trainiert. Sie erhielten die Möglichkeit, die Initiative einzuschätzen, Sorgen und Bedenken zu äußern und ein offenes, qualifiziertes Feedback zu geben. Führungskräfte und Mitglieder des Core Teams standen unmittelbar Rede und Antwort. Fragen, die nicht sofort beantwortet werden konnten, wurden im Nachgang der Veranstaltung geklärt und die Antworten kurzfristig an die Teilnehmer rückgemeldet. Offensichtlicher Veränderungsbedarf wurde unverzüglich für die noch folgenden Veranstaltun-

Gemeinsame Erarbeitung eines Gesprächsleitfadens als konkrete Arbeitshilfe

gen umgesetzt. Diese schnellen Reaktionen zeigten, dass die Einwände der Mitarbeiter sehr ernst genommen wurden, die schnelle Umsetzung stellte die Qualität und Aktualität der Inhalte sicher. Der erste Entwurf des Gesprächsleitfadens wurde von den Mitarbeitern überarbeitet und erweitert. Die Kommunikation im Rahmen der interaktiven Workshops bot den Vorteil, Motive und Hintergründe der Maßnahmen verständlich darzustellen. Damit konnte eine ›Frontalbeschallung‹ im Rahmen einer Vertriebstagung oder eventuell sogar eine Kommunikation via E-Mail vermieden werden. In individuellen Übungen (Rollenspielen) wurden mit konkreten Zielkunden – orientiert an den jeweiligen Meilensteinen – die Preisgespräche vorbereitet und trainiert. Dieser Teil nahm über 50% der verfügbaren Workshop-Zeit ein. Gesprächsleitfäden wurden gemeinsam erarbeitet. Sie bildeten die Basis für die spätere Umsetzung bei den ausgewählten Kunden.

Coaching

4. **Coaching der Führungskräfte und Mitarbeiter bei Zielkunden:** Nach den Workshops wurden die Mitarbeiter von ihren Führungskräften gecoacht. Wahlweise konnten sich die Führungskräfte vorher auch von externen Coaches begleiten lassen, das wiederum erhöhte die eigene Glaubwürdigkeit. Dieser vierte Schritt sichert die konsequente Umsetzung der gemeinsam erarbeiteten Qualitätsstandards für Preisgespräche bei Zielkunden. Die Erfahrungen wurden später anonymisiert ausgewertet und fließen in die Vorbereitung der nächsten Workshop-Runden ein. Ebenso wurden Web-basiert die Erwartungen, Erfahrungen und Einschätzungen der Teilnehmer abgefragt. Beides hilft, die Inhalte zielgerichtet anzupassen und während der Workshops Zeit für den Übungsteil zu gewinnen, um mit der kostspieligen Ressource Außendienst sorgfältig umzugehen.

Kontinuierlicher Prozess des Lernens und Verbesserns

5. **Auswertung im Core Team:** Nach den Workshops wertete das Core Team die Schritte 1 bis 4 aus, bereitete die nächste Workshop-Sequenz vor und stellt sie dem Management vor (Schritt 5). Danach wiederholten sich die Schritte 1 bis 4 im Rahmen von Folgeveranstaltungen.

Einige quantitative Eckpunkte zum Programm: 120 bis 140 Mitarbeitende aus Marketing, Sales und Innendienst waren im deutschen Markt involviert. Ein Modul umfasst in der Regel sechs bis sieben Veranstaltungen à zwei Tage und jedes Modul wurde mit maximal 20 Personen belegt, um einen intensiven

Trainingscharakter zu wahren. Im Gesprächstraining betrug die Gruppengröße maximal acht Personen. Die Lerneinheiten werden durch die Führungskräfte komoderiert. Bisher wurden elf Module durchgeführt.

Wichtige Ergebnisse und Erfahrungen

Der Eindruck, dass es sich hier um ein sehr aufwendiges Verfahren handelt, täuscht nicht.

»Die Straße des geringsten Widerstandes ist nur am Anfang asphaltiert.«
(Hans Kasper, deutscher Schriftsteller, 1916–1990)

Aber die Vorgehensweise war und ist erfolgreich, wir haben während des Sales-Excellence-Prozesses Überraschendes entdeckt, z. B., dass das bei Außendienstmitarbeitern ›verhasste‹ Gesprächstraining eine unverhoffte Renaissance erfuhr! Ganz schwierig gestaltete sich zu Beginn auch das ›Austeilen‹ und ›Einstecken‹ von Feedback im Rahmen der Trainings; die entsprechende Bereitschaft war zunächst nicht präsent und musste erst langsam reifen. Die (plötzliche und unerwartete) Akzeptanz von Gesprächstrainings, die Bereitschaft, eine Feedback-Kultur zuzulassen, Maßnahmen, die in ›guten‹ Zeiten als theoretischer Firlefanz empfunden wurden, war die Anerkennung der Angst und die Demut vor der Herausforderung, Preise und Konditionen zu verändern. Denn...

- das Einüben von Argumentationen für schwierige Preisverhandlungen macht sicher und nimmt den Mitarbeitern die Angst.
- niemand weiß mehr als wir alle zusammen. Gehen Sie in den Dialog mit denen, die es schlussendlich auch beim Kunden ›reißen‹ müssen! Seien Sie offen für Anregungen und Veränderungen, denn hierdurch entsteht auch ein großes Vertrauen in die Führung!
- wenn Sie Ihre Mitarbeiter ›mitnehmen‹ und Feedback einfordern, entsteht im Umkehrschluss eine Ergebnisverantwortung seitens der Mitarbeiter. Es gilt, das gemeinsam erarbeitete Ergebnis umzusetzen. ›Involvierte‹ Mitarbeiter sind positiver und loyaler als Mitarbeiter, denen einfach nur etwas ›vorgesetzt‹ wird, von dem sie ohnehin glaubten zu wissen, dass es schiefgehen wird
- neben den geschilderten Erkenntnissen und Erfahrungen zeigt Abbildung 2.21, dass auch konkrete messbare Ergebnisse

realisiert wurden. So wurden bei der Umsetzung im Markt im Nachgang des Sales-Excellence-Programms neben den Preiserhöhungen auch erhebliche Kosteneffekte im Servicebereich realisiert.

Beispiel: Servicekostenrealisierung 2013 vs. 2009

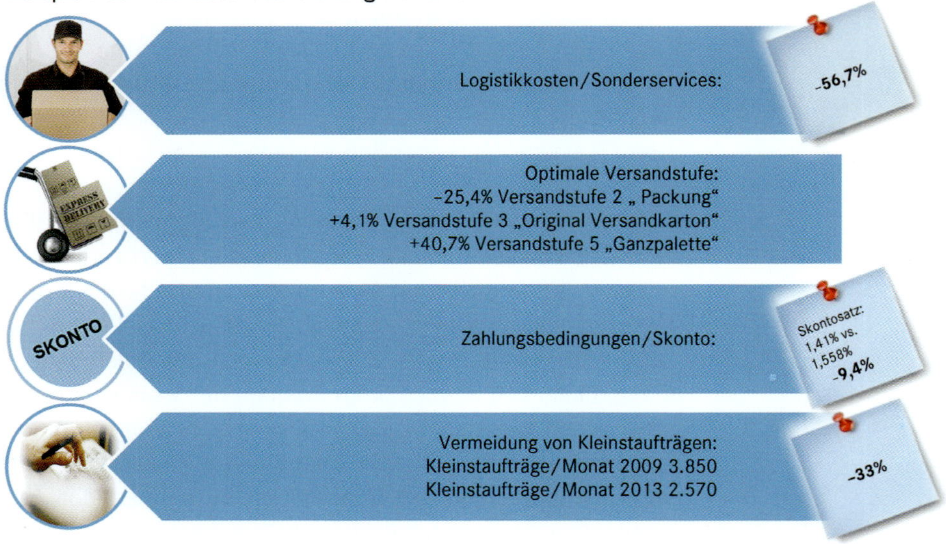

Abbildung 2.21: Beispiel - Ergebnisse in der Servicekostenrealisierung (interne Quelle 2017)

Steiniger Weg der Realisierung

Zusammenfassung: Dieser Weg wird kein leichter sein

Das Lied »Dieser Weg« von Xavier Naidoo begleitete die Fußball-Weltmeisterschaft 2006 in Deutschland und besingt den steinigen und schweren Weg bei der Realisierung von Vorhaben. Auch bei der Umsetzung von Strategien existiert keine Management-Wunderheilung, deshalb wird man sich an vielen Stellen »nicht mit vielen einig sein«.

Voraussetzungen für die Realisierung

Es gilt,

- die Organisation heranzuführen, gleichzeitig die Konkurrenz im Blick zu behalten und letztlich Kunden nicht zu verlieren.
- Sales Excellence intern zu organisieren, sozusagen aus der Mitte heraus, sehr operativ und in der Organisation verankert. Die Folge ist eine hohe Akzeptanz.
- Standhaftigkeit zu beweisen, nicht umzufallen, ›wenn der Wind aufbraust‹ und sich erhoffte Erfolge nur langsam oder schwer messbar einstellen.

- gerüstet zu sein für die Kleinarbeit.
- die Maxime Genauigkeit vor Geschwindigkeit zu beherzigen.
- sich intensiv mit seinem Markt, seinen Kunden und seinen Mitbewerbern auseinanderzusetzen.
- für die Kunden berechenbar, verlässlich, kommunikativ, nachhaltig und lösungsorientiert zu sein.
- offen für Feedback und konstruktive Kritik zu bleiben.
- als ›Speerspitze‹ eine motivierte, mündige und selbstbewusste Vertriebsmannschaft aufzubauen und als das Gesicht des Unternehmens im Markt und beim Kunden zu etablieren.

Bei der Umsetzung geht es um viele einzelne Entscheidungen und darum, Chancen und Risiken mit einem Höchstmaß an interner und externer Kommunikation zu bewerten. Es wird der Lieferant erfolgreich sein, der auf der einen Seite den Mut hat, Dinge zu verändern, und der auf der anderen Seite weniger (taktische) Fehler macht als seine Mitbewerber.

»Der Wert einer Idee liegt in ihrer Umsetzung.« (Thomas Alva Edison)

Bei B. Braun haben wir Sales Excellence Development nachhaltig in der Organisation verankert, es dient mittlerweile seit acht Jahren und elf Modulen in der Sparte Hospital Care als Umsetzungsplattform, um strategische Initiativen dauerhaft und nachhaltig zu implementieren. Seit 2016 haben wir Sales Excellence Development nun auch für die komplette deutsche Vertriebs- und Marketing-Mannschaft im Zuge der neu etablierten Marketing- und Vertriebsorganisation Deutschland etabliert. Das Programm läuft seit dem ersten Tag mit unserem Umsetzungsbegleiter, Mercuri International, verantwortlich entwickelt, konzipiert und implementiert durch den Geschäftsführer, Herrn Dr. Matthias Huckemann.

Zum Abschluss ein deutliches Votum für die Notwendigkeit eines professionellen und nachhaltigen Umsetzungsmanagements – transportiert über Sales Excellence: »Der Wert einer Idee liegt in ihrer Umsetzung!« (Thomas Alva Edison, US-amerikanischer Erfinder und Unternehmer, 1847–1931)

BEGO

2.5 Fall 5: BEGO – Wachstumsfelder mit einer separaten Außendienstorganisation erobern und integrieren

Diesen Beitrag verfassten Axel Klarmeyer, er verantwortet den globalen Geschäftsführungsbereich Vertrieb der BEGO, und Stephanie Mey, unter anderem bei BEGO verantwortlich für die Implementierung, den Ausbau und das Controlling von Vertriebsprozessen und deren Einbindung im CRM-System.

Die BEGO Medical GmbH, Bremen, ist ein familiengeführtes mittelständisches Unternehmen, das sich seit über 125 Jahren der Zahngesundheit der Menschen verschrieben hat. Zu diesem Zweck werden sowohl Dentalimplantate als auch prothetische Komponenten und Prozesse entwickelt und weltweit vertrieben. Zu den Zielgruppen der Unternehmen der BEGO-Gruppe gehören Zahnärzte (Implantate), Dentallabore und Dentalhändler (Prothetik).

Ausgangssituation und Herausforderungen für BEGO

Wachstumsfelder, z. B. durch Digitalisierung

In dynamischen Märkten wie der Medizintechnik eröffnen sich immer wieder Wachstumsfelder. Dies können artverwandte Segmente bereits bestehender Märkte sein, es kann sich aber auch um vollkommen neue Geschäftsfelder handeln. Häufig eröffnet gerade die Digitalisierung durch Automatisierung neue Chancen. Beispielsweise lassen sich bis dato manuell gefertigte Produkte mittels automatisierter Fertigungsverfahren effizienter und effektiver herstellen und einem breiteren Markt zugänglich machen. Die Vertriebsleitung bestehender Außendienststrukturen stellen diese neuen Wachstumsfelder allerdings regelmäßig vor knackige Herausforderungen! Kritisch sind beispielsweise folgende Fragen:

Kritische Fragen

- Wie soll das neue Wachstumsfeld bearbeitet werden, ohne den Fokus auf das Stammgeschäft zu beeinträchtigen?
- Richtige Bewertung – handelt es sich tatsächlich um ein Wachstumsfeld oder ›nur‹ um die Konversion des bestehenden Geschäfts in digitale Abläufe?
- Wie kann für dieses Wachstumsfeld eine Umgebung geschaffen werden, sodass die potenzielle Dynamik nicht durch das Stammgeschäft belastet wird?

Dieser Beitrag befasst sich besonders mit dem Markt Deutschland. Die aktuelle BEGO-Organisation beschäftigt bundesweit rund 25 Außendienstmitarbeiter im Bereich Prothetik. In den vergangenen zehn Jahren wurde das Marktumfeld durch die fortschreitende Digitalisierung geprägt. Trotzdem änderte sich die Zielgruppe (Dentallabore) für das Unternehmen nur unwesentlich. Vielmehr konnte unter Einsatz ausgefeilter Führungsinstrumente (u. a. intensives Coaching und Anpassung der Anforderungsprofile) eine erfolgreiche Konversion vom analogen zum digitalen Geschäft generiert und begleitet werden.

Sales Excellence Team seit 2011

Bereits im Jahr 2011 hat die BEGO-Organisation die Ansätze der Sales Excellence für sich entdeckt und zu diesem Zweck ein separates Sales Excellence Team installiert. Innerhalb dieses Teams, das sich aus Mitgliedern der Geschäftsführung, der Vertriebsleitung, des Marketing und des Vertriebsinnendienstes zusammensetzt, werden alle strategischen Initiativen für den Vertrieb verabschiedet, eingeleitet und begleitet.

Wachstumsfeld mit neuem Außendienst (bei gleichen Kunden) aufgreifen

Im Jahr 2012 eröffnete sich für BEGO durch die fortschreitende Digitalisierung der Zahnheilkunde mittels bildgebender Systeme und Automatisierungstechniken ein margenstarkes Wachstumsfeld mit Potenzial, das Portfolio von BEGO signifikant erweitern zu können. Das Sales Excellence Team inklusive Geschäftsführung beschloss, sich diesem Wachstumsfeld mittels eines gesonderten Außendienstes zu widmen (Side Force), der eng verzahnt mit dem bestehenden Außendienst (Main Force) zusammenarbeiten sollte. Damit sollte der erwarteten hohen Dynamik und dem nötigen neuen Fachwissen der Außendienstmitarbeiter Rechnung getragen werden. Die Zielgruppen beider Außendienstorganisationen waren deckungsgleich - gewerbliche Dentallabore. Analog zu der Struktur der Main Force wurde darüber hinaus eine Leitung der Side Force installiert, sodass in der Konsequenz zwei parallel agierende Strukturen geschaffen wurden.

Herausforderungen und Lösungen

Es liegt auf der Hand, dass die beschriebene Neuausrichtung erhebliche Potenziale für Konflikte bietet, zum Beispiel die Sorge der Main Force um einen Bedeutungsverlust, monetäre Vorbehalte zur Verteilung von variabler Vergütung oder eine unterschiedliche Ansprache der Kunden. Unsere Lösungsansätze, um diese Konflikte zu beheben, waren:

- Sales Excellence als Bindeglied und Moderator zwischen den Organisationen
- zeitlich begrenzte, doppelte variable Vergütung, dadurch große Akzeptanz und einen hohen Unterstützungsgrad seitens der Main Force

- klare Rollenverteilung in der Arbeit am Kunden durch transparente Vertriebsprozesse (besonders in der Neukunden-Gewinnung)

Bei der Implementierung von parallel agierenden Außendienst-Teams, die mit unterschiedlichen Schwerpunkten, aber alle mit Verkaufsauftrag zu denselben Kunden fahren, sind neben einer klaren Aufgabeneinteilung und sauber kommunizierter Organisationsstruktur vor allem zwei Punkte für den Erfolg im Tagesgeschäft wichtig:

Wichtig: Transparenz und Digitalisierung

1. Transparenz (durch Verkaufsprozesse)
   a. über Ziele und Maßnahmen
   b. über kundenbezogene Aktivitäten innerhalb der Außendienst-Teams
   c. über kundenbezogene Aktivitäten innerhalb der Gesamtorganisation

2. Digitalisierung (durch CRM-Software)
   a. Die oben genannten Ziele, Maßnahmen und Aktivitäten müssen jederzeit für alle Beteiligten schnell abrufbar sein.
   b. Die eigenen Aktivitäten müssen schnell und einfach in einem dafür passenden Tool eingegeben werden können.

Mehr Transparenz führt zu einer Öffnung der sogenannten Blackbox Vertrieb. »Die Input-Output-Relationen sind oft unklar und Vertriebserfolge wirken wie ein persönliches Gesamtkunstwerk, das sich nicht standardisieren und multiplizieren lässt.« (Mercuri International Deutschland 2017; interne Quelle).

Widerstände und Ängste in der Main Sales Force

Transparenz, Digitalisierung, Standardisierung – für den durchaus erfolgreichen Vertriebs-Außendienstmitarbeiter, der seit 20 Jahren im Markt agiert, klingt das verständlicherweise zunächst sperrig und sorgt für Vorbehalte. Darüber hinaus muss er sich noch mit seinem neuen Kollegen aus der Side Force arrangieren, der nun auch zu seinen Kunden fährt und auf Themen spezialisiert ist, in denen er selbst gedanklich vielleicht noch nicht angekommen ist. Damit einher geht die Sorge, bei den eigenen, seit Jahren betreuten Kunden als inkompetent dazustehen. Letztlich schwingt hier die Angst mit, in dieser neuen Vertriebsorganisation zu versagen und dem neuen System zum Opfer zu fallen.

Wie also setzt man die Themen effektiv und effizient, aber auch mit Behutsamkeit und Rücksicht auf die Mitarbeiter um? Und wer nimmt dabei welche Rolle oder Funktion ein? Als wir uns mit diesen Fragen in unserem Sales Excellence Team beschäftigten, haben sich drei Schwerpunkte herauskristallisiert:

Identifizierte Problembereiche

1. Wir hatten keine systemisch verankerten und transparenten Verkaufsprozesse.
2. Die Einführung von Verkaufsprozessen musste gesteuert und nachgehalten werden. Hierfür gab es keine Ressourcen in unserer Organisation.
3. Das bis dahin vorhandene CRM-System entsprach nicht unseren (neuen) Anforderungen.

Wie sich die Entwicklung von Verkaufsprozessen, die Implementierung der Prozesse in einem CRM-System sowie die Steuerung und Nachhaltung bei BEGO entwickelt haben bzw. immer noch entwickeln, war ein durchaus komplexer Vorgang. Wir versuchen, uns für den Leser auf das Wesentliche zu konzentrieren.

Entwicklung von Verkaufsprozessen

Fokussierung auf die Hauptprozesse

Welche Verkaufsprozesse gibt es? Hier galt es, sich auf die Hauptprozesse zu fokussieren, um zwar einerseits die ›Black Box‹ aufzulösen, aber andererseits die Mitarbeiter nicht mit der Bearbeitung von vielen kleinen Prozessen oder Schritten zu belasten. Das Ergebnis zeigt die Abbildung 2.22.

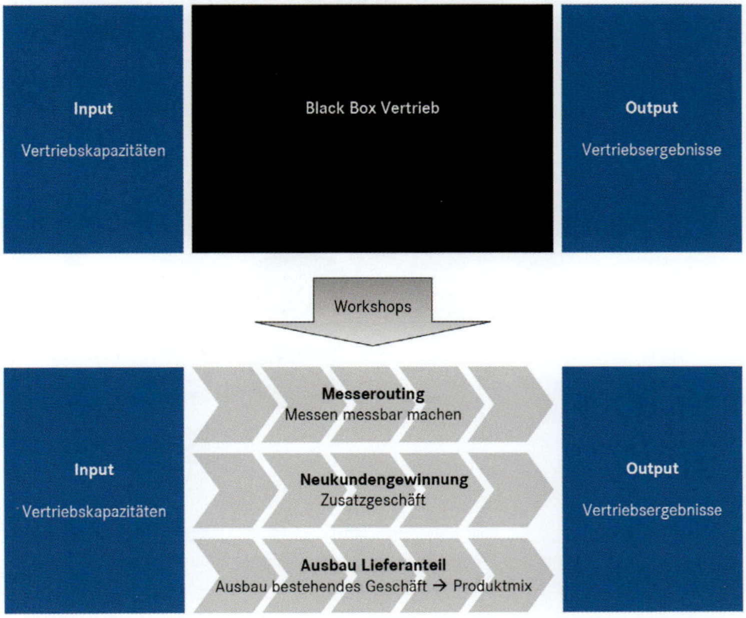

Abbildung 2.22: Auflösung der Vertriebs-Blackbox durch klare Prozesse (interne Quelle 2017)

Die dargestellte Entwicklung könnte den Eindruck erwecken, als sei sie schnell vollzogen und – seien wir ehrlich – sehr trivial und selbstverständlich. »Haben wir auch!« ruft nun der lesende Vertriebsmanager und klopft sich auf die Schulter. Herzlichen Glückwunsch! Dann haben Sie die in dem Schaubild erwähnten Workshops ohne nervenzerreibende Diskussionen und den immer wiederkehrenden Zwang zur Fokussierung quasi im Handumdrehen hinter sich gebracht und auch die einzelnen Prozess-Schritte schon definiert.

Definition einzelner Prozess-Schritte

Ebenfalls in Workshops, mit einem beteiligten Teil des Außendienst-Teams, wurde skizziert, wie ein Prozess inhaltlich aussieht. Das Ergebnis entsprach eher einem zeitgenössischen Kunstwerk als dem gewünschten transparenten Prozess. Die Ergebnisse zeigen die Abbildungen 2.23 bis 2.25.

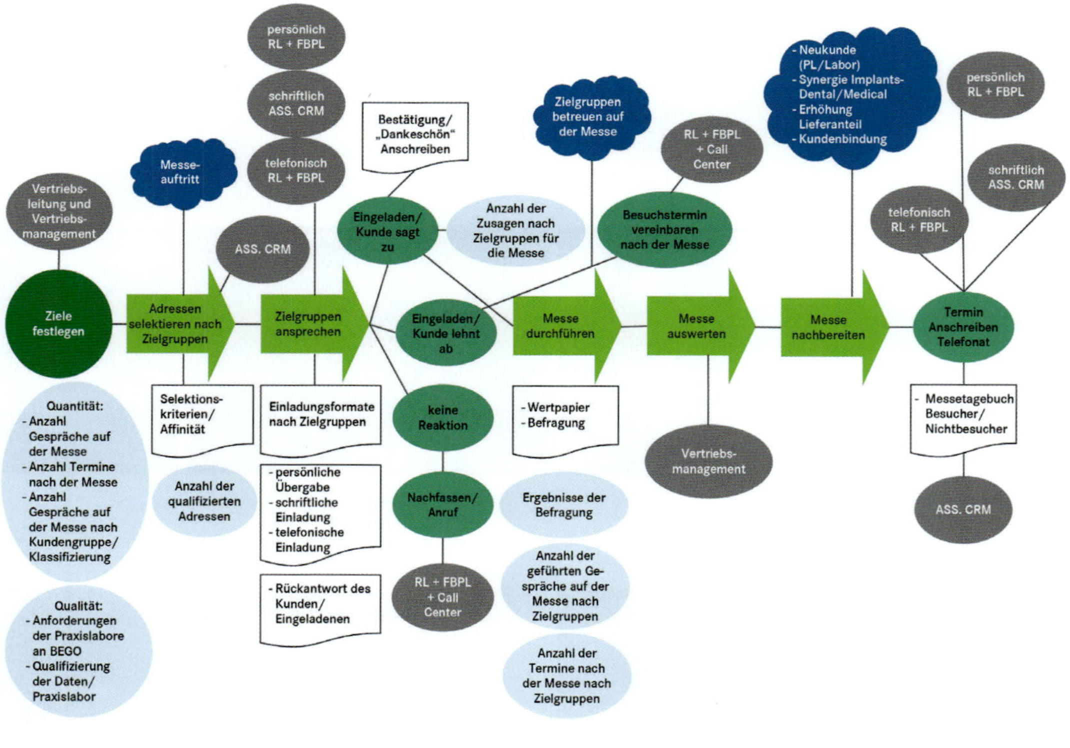

Abbildung 2.23: Ergebnis des Prozesses Messerouting I (interne Quelle 2017)

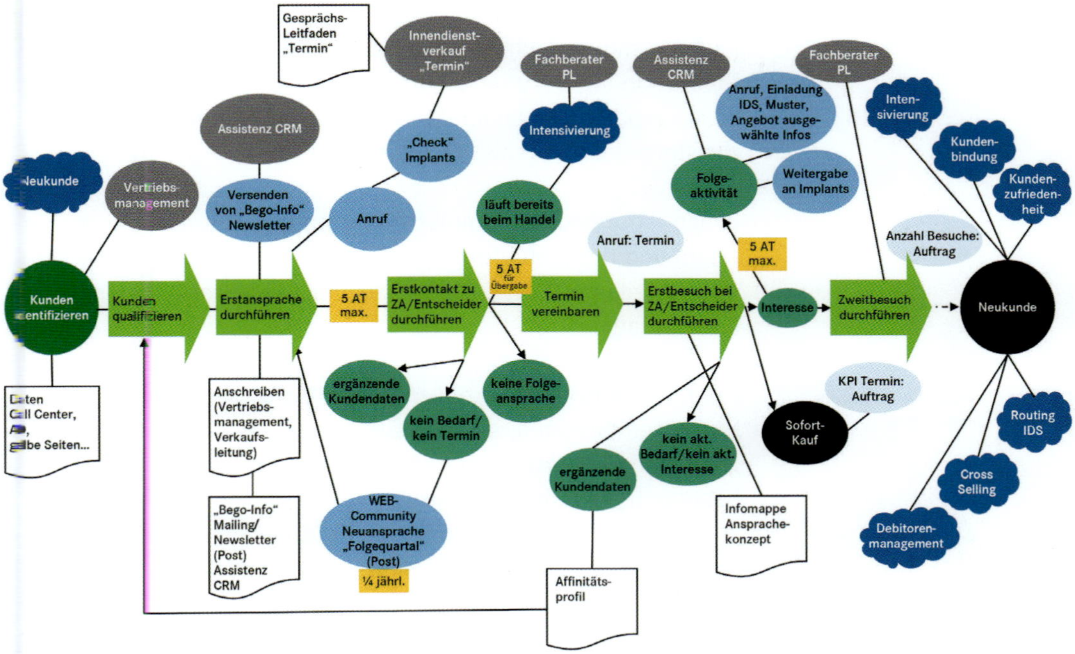

Abbildung 2.24: Ergebnis des Prozesses Neukundengewinnung I (interne Quelle 2017)

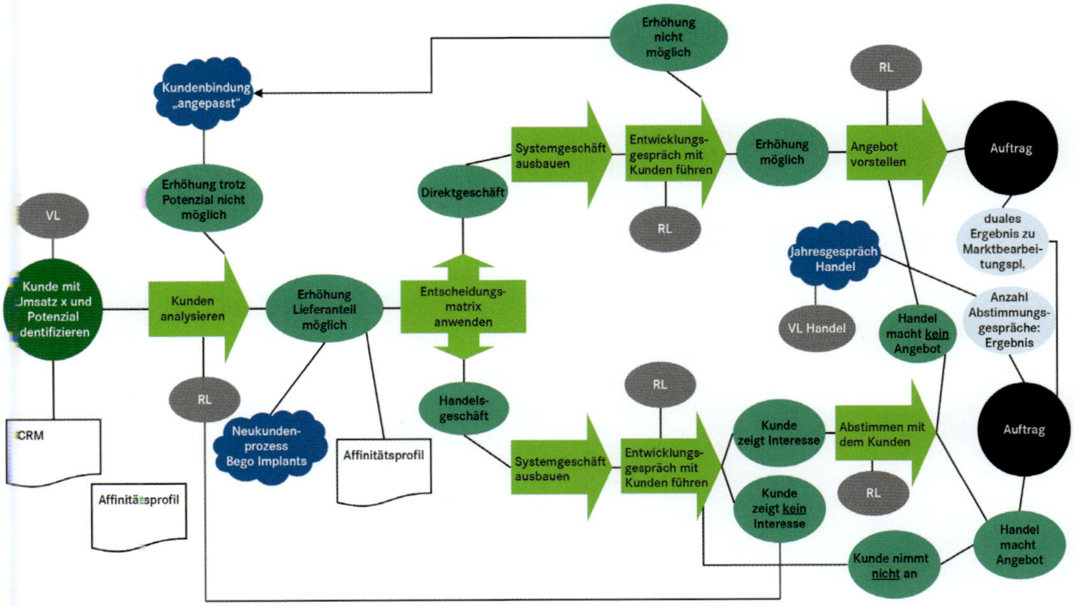

Abbildung 2.25: Ergebnis des Prozesses Ausbau Lieferanteil I (interne Quelle 2017)

Dabei blieb es natürlich nicht. Zum einen, weil wir trotz Transparenz und Digitalisierung nicht die Individualität der Mitarbeiter (auf der immer noch zum größten Teil der Erfolg des Vertriebs beruht!) in ihrem Tun einschränken wollten. Zum anderen, weil die Akzeptanz von neuen Methoden und Systemen exponentiell zur steigenden Komplexität derselben sinkt.

Einige Jahre nach der Implementierung der Prozesse, deren Revision und der Einführung eines neuen CRM-Systems sind wir mittlerweile bei folgenden Darstellungen in den Abbildung 2.26 bis 2.28 angelangt.

CRM ist die Basis für effektives Vertriebsmanagement.

Die Kunden bzw. potenziellen Kunden, die sich in den jeweiligen Prozessen bewegen, speisen sich zum einen aus den vorangegangenen Prozessen, zum anderen erfüllen sie beispielsweise bestimmte Kriterien, die die Vertriebsleitung zuvor für die Ansprache der Kunden innerhalb des Prozesses festgelegt hat. Auch die Außendienstmitarbeiter selbst können Kunden in bestimmte Prozesse ›schieben‹, um diese gezielt und zusammen mit ihren Kollegen aus der Side Force zu bearbeiten. Customer Relationship Management (CRM) ist die Basis-Voraussetzung um Organisationen mit Vertriebsmitarbeitern innerhalb von zuvor erarbeiteten Vertriebsprozessen effizient zu managen und zu führen. Alle Aktivitäten bezüglich der Kunden werden im CRM-System gespeichert. Die Mitarbeiter im Verkauf, die regionsübergreifend zu denselben Kunden fahren, sehen gegenseitig ihre Einträge und Aktivitäten, aber auch die von anderen benachbarten Organisationseinheiten, wie z. B. dem Vertriebs-Innendienst oder der Service-Hotline.

CRM und Workflows

Mit bestimmten Prozess-Stufen sind darüber hinaus im CRM automatische Workflows hinterlegt. Wenn beispielsweise vom Außendienstmitarbeiter in der Main Force ein bestimmtes Feld innerhalb einer Prozess-Stufe befüllt wird, generiert sich dadurch automatisch eine Aufgabe für den Mitarbeiter aus der Side Force oder einer anderen Organisationseinheit. Diese wird dem entsprechenden Mitarbeiter per E-Mail vom CRM zugestellt. Wenn die Aufgabe erledigt wurde, trägt der Mitarbeiter das Ergebnis ebenfalls im CRM ein und der Kollege, der die Aufgabe erstellt hatte, wird automatisch benachrichtigt.

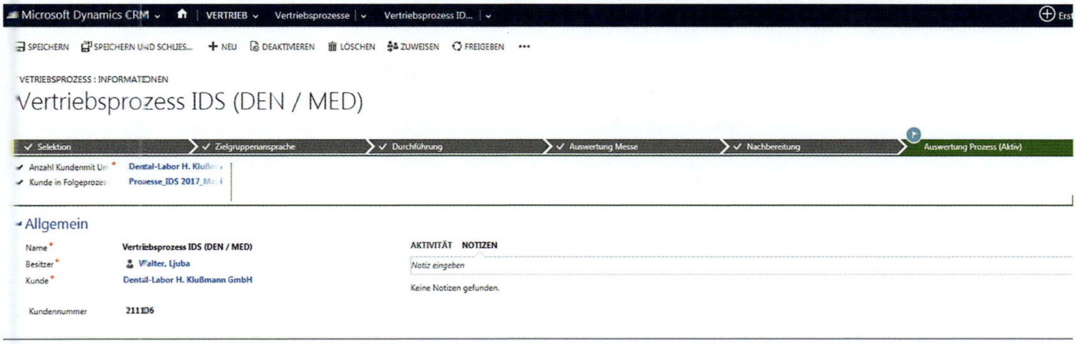

Abbildung 2.26: Ergebnis des Prozesses Messerouting II (interne Quelle 2017)

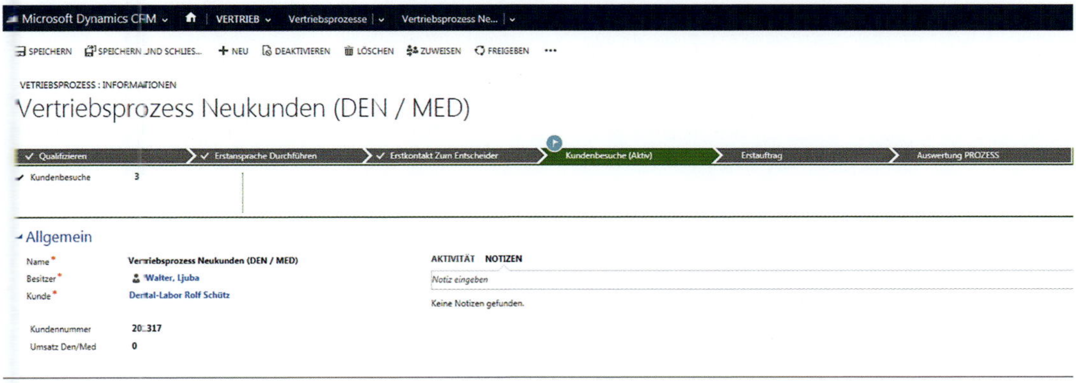

Abbildung 2.27: Ergebnis des Prozesses Neukundengewinnung II (interne Quelle 2017)

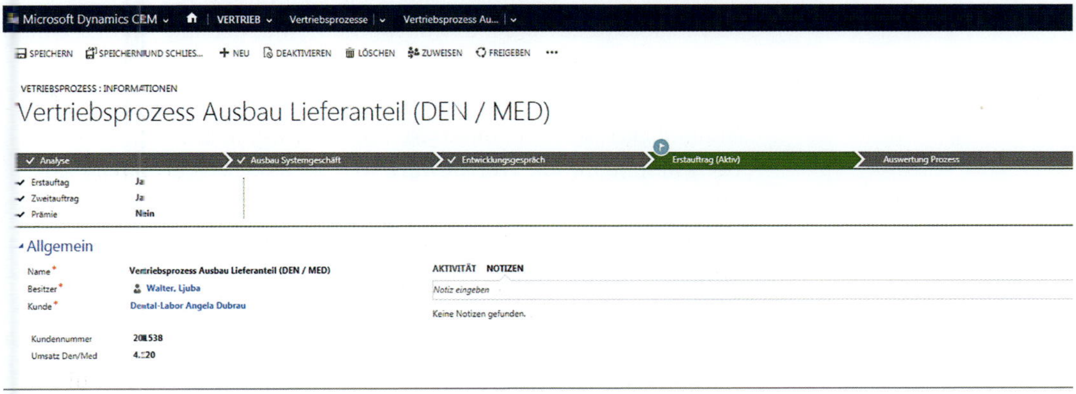

Abbildung 2.28: Ergebnis des Prozesses Ausbau Lieferanteil II (interne Quelle 2017)

Auswertung ermöglicht Optimierung der Prozesse.

Über die Auswertung der Prozesse erlangt die Vertriebsleitung Transparenz über erfolgreiche und optimierungsbedürftige Marketingaktionen, über die durchschnittliche Dauer und den Ressourcenaufwand vom Start eines Prozesses bis zum Ende und letztlich auch über das Zusammenspiel der agierenden Mitarbeiter. Dem Kunden wiederum zeigt sich das Bild eines gut aufgestellten Partners, der für jede Fragestellung die richtige Lösung (den richtigen Ansprechpartner) anbietet. Wenn Main Force und Side Force nicht aufeinander abgestimmt agieren, wird der Kunde dies sofort bemerken.

Persönliches Miteinander ist nach wie vor unverzichtbar.

Schöne neue Welt - und wo bleiben da die Kommunikation und das persönliche Miteinander? Eines ist gewiss - es geht weder ohne das eine noch das andere. Team Meetings, Abstimmungstelefonate und gemeinsame Kundenbesuche gehören immer noch zum Arbeitsalltag und sind unverzichtbar. Und wenn Verkaufsgebiete so übersichtlich wären, dass sich die Kollegen aus den Außendienst-Teams sowieso einmal am Tag an der Straßenkreuzung begegneten, könnte man wahrscheinlich einen guten Teil der Transparenz mittels Digitalisierung wieder durch das gute alte analoge Vorgehen ersetzen. Bei BEGO hat aber jeder Außendientmitarbeiter ein Reisegebiet mit durchschnittlich mehr als 1.000 Kundenadressen in einem Umkreis von mehreren hundert Kilometern.

Verändertes Kundenverhalten durch Digitalisierung

Nicht zu vergessen: Das Kaufverhalten der Kunden verändert sich. Die Digitalisierung ermöglicht es dem Kunden, sich vom Büro aus einen Überblick über Angebote, neue Technologien und Produkte zu verschaffen. Die Kaufentscheidung fällt zu einem nicht unerheblichen Teil zu einem Zeitpunkt, zu dem der Außendienstmitarbeiter noch nicht einmal an der Tür geklingelt hat. Schnelligkeit kann in einer Welt voller vergleichbarer Produkte der entscheidende Wettbewerbsvorteil sein. Wenn wir die Anstrengungen (und Kosten!) der Einführung von Verkaufsprozessen und einem neuen CRM-System am Ende auf uns genommen haben, um einen kleinen Moment (und zwar den entscheidenden) schneller zu sein als andere, dann ist es gut. Die Analyse der Verkaufsprozesse in den Jahren seit der Einführung zeigt, dass wir unsere Frequenz der Kundenkontakte um mehr als 18% steigern konnten.

Stufen der Organisation

Entwicklung der Vertriebsorganisation im Laufe der Jahre

Die Veränderungen im Vertrieb von BEGO zeigen auch die Schritte in der Organisation deutlich. Es ging dabei um:

- Aufbau und Integration von Wachstumsfeldern (Main Force & Side Force)
- Aufbau und Stärkung der Verantwortlichkeiten für Vertriebsprozesse im CRM
- Stärkung des Vertriebs als Unternehmenseinheit

In den Abbildungen 2.29 bis 2.33 zeigen die Organigramme 2007 bis 2017 die Anpassungen der Vertriebsorganisation an die Veränderungen

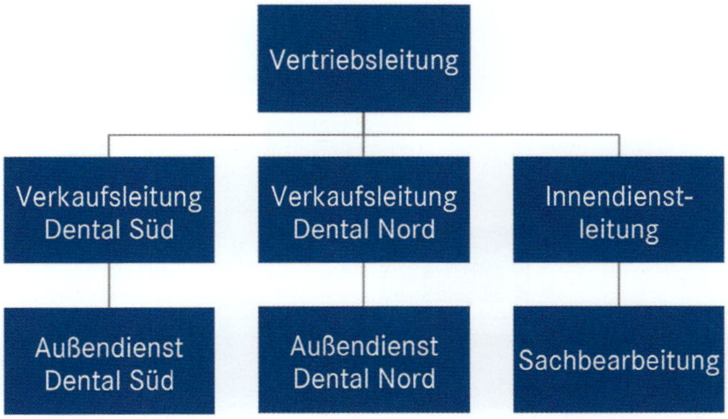

Abbildung 2.29: Organigramm des Vertriebs von BEGO national im Jahr 2007 (interne Quelle 2007)

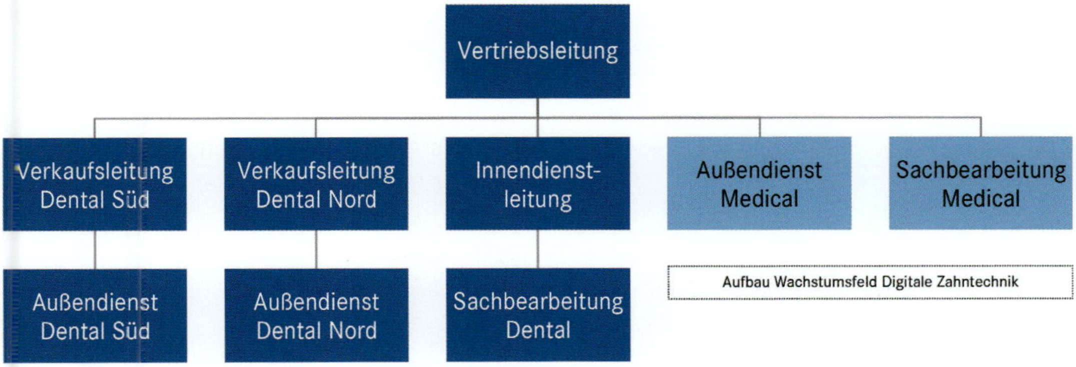

Abbildung 2.30: Organigramm des Vertriebs von BEGO national im Jahr 2009 (interne Quelle 2009)

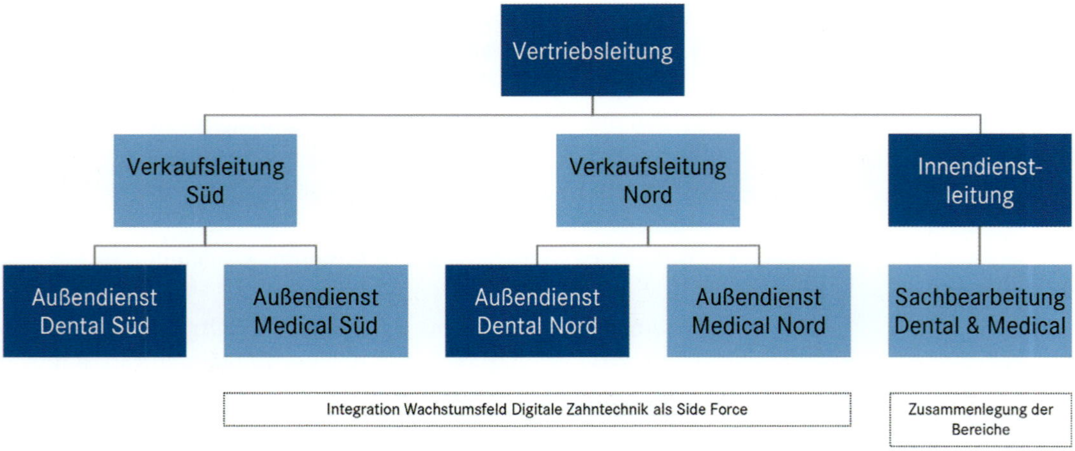

Abbildung 2.31: Organigramm des Vertriebs von BEGO national im Jahr 2011 (interne Quelle 2011)

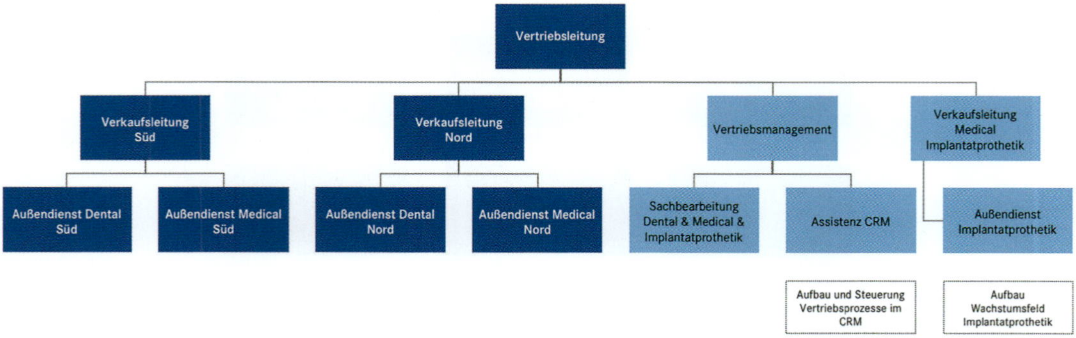

Abbildung 2.32: Organigramm des Vertriebs von BEGO national im Jahr 2013 (interne Quelle 2013)

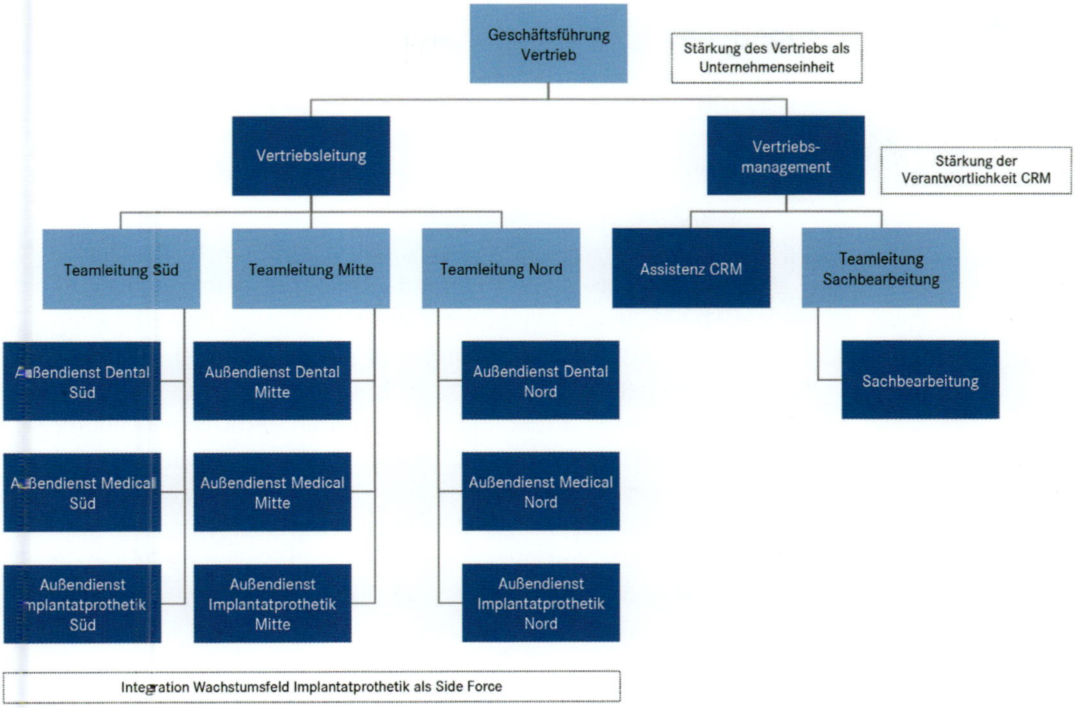

Abbildung 2.33: Organigramm des Vertriebs von BEGO national im Jahr 2017 (interne Quelle 2017)

Fazit

Erfolgreiche Erschließung des Wachstumsfeldes

Zum heutigen Zeitpunkt (2017) steuert das adressierte Wachstumsfeld der patienten-individuellen Implantatprothetik, bereits einen signifikanten zweistelligen Prozentanteil zum erwirtschafteten Ergebnis des Unternehmens bei. Es ist gelungen, diesem Wachstumsthema über eine gesonderte Außendienstorganisation und -führung einen unbelasteten und hochdynamischen Start zu ermöglichen. Innerhalb von fünf Jahren konnte durch den Einsatz einer dedizierten Side Force in diesem Segment ein Marktanteil von über 20% erreicht werden. Durch die Definition und Schaffung von transparenten Vertriebsprozessen, konnten Konflikte zwischen den Organisationen und damit einhergehende Reibungsverluste verhindert werden. Die rechtzeitige und sukzessive Integration der Side Force in die Hauptorganisation verstärkte und festigte das Wachstum und implementierte schließlich das ursprüngliche Wachstumsthema als festen Bestandteil in die vereinigte Main Force.

Management des Zusammenspiels

2.6 Fall 6: AXA – From Payer to Partner

Diesen Fall verfassten Herbert Goll (Leiter Transactional Business & Distribution Transformation, AXA Schweiz) und Barbara Mörgeli (Strategie Distribution, AXA Schweiz) von AXA Schweiz.

AXA für Versicherungen
Die AXA wurde 1875 gegründet und ist der führende Versicherer der Schweiz. Rund 4.000 Mitarbeitende bedienen 1,9 Millionen Kunden, die von einer lückenlosen Palette von Versicherungslösungen profitieren können. Der Vertrieb der AXA bildet das größte Agenturnetz der Schweizer Assekuranz ab. Rund 277 Agenturen und Generalagenturen mit über 2.600 Vertriebsmitarbeitenden verkaufen in getrennten Organisationen Nichtleben- sowie Leben- und Krankenkassen-Produkte über den persönlichen Agenturkanal. Darüber hinaus pflegt die AXA wertvolle Broker- und Kooperationsbeziehungen und hat einen etablierten Online- und Direktvertrieb.

Dieser Beitrag fokussiert auf den Eigenvertrieb (Außendienst, Online- und Direktvertrieb) der AXA. Dabei gilt es zu beachten, dass die Generalagenturen unternehmerische und rechtlich eigenständige Einheiten sind. Nur gemeinsame Lösungen sind deshalb erfolgreich.

Ausgangslage: Die ›Big 3‹ Herausforderungen im Vertrieb

Veränderungen des Markt und der Kundenbedürfnisse erfordern eine Transformation.

Für die AXA stellen einerseits externe Faktoren wie Veränderungen des Marktes und der Kundenbedürfnisse (getrieben durch das wirtschaftliche Umfeld und die Digitalisierung) große Herausforderungen dar und verlangen eine ganzheitliche Transformation. Andererseits fordern auch interne Faktoren wie gestiegene Anforderungen an Effizienz und Effektivität und realistische aber ambitiöse Wachstums- und Kostenziele das Unternehmen heraus. Für den Vertrieb der AXA sehen wir insbesondere drei Herausforderungen, die wir im Zuge unserer notwendigen Transformation und unserer Ziele angehen müssen:

Loslassen und erneuern

1. **Erfolge der Vergangenheit:** Das bestehende Vertriebsmodell der AXA wurde in der Vergangenheit erfolgreich weiterentwickelt und fortlaufend im Detail justiert. Darin integrierte, Erfolg versprechende Arbeitsweisen und Prozesse haben sich

etabliert. Dies hat jedoch dazu geführt, dass an bewährten Verkaufsprozessen und Vertriebspraktiken festgehalten wird und man sich stark daran orientiert. Neuen Methoden, Tools und Prozessen steht der Vertriebspartner daher oft skeptisch gegenüber und argumentiert häufig mit zusätzlichem Aufwand, mangelndem Reifegrad von Applikationen und Prozessen sowie in selteneren Fällen mit mangelnden persönlichen Fähigkeiten.

Digitalisierung vorantreiben

2. **Digitalisierungs-Gap:** Die AXA gilt innerhalb der Versicherungsbranche als Digital Champion. Schaut man sich allerdings in anderen Branchen wie Retail oder Banking um, so wird schnell klar, dass diese weiter fortgeschritten sind und Digitalisierung dort nicht nur ein Schlagwort ist, sondern Einzug gehalten hat in Arbeitsweisen, End-to-end-Prozesse und -Systeme sowie in die Denkhaltung der Unternehmungen. Als Beispiel können an dieser Stelle die sehr ausgereiften Portale von Banken genannt werden, die den Kunden nebst zahlreichen Self-Services unter anderem auch mobile Zahlungsmöglichkeiten anbieten. Die AXA beschäftigt sich heute bereits stark mit der Digitalisierung der Vertriebsprozesse und dem Aufbau der Fähigkeit, diese End-to-end digitalisieren zu können. Außerdem wird daran gearbeitet, redundante Tätigkeiten zu eliminieren. Der Grad der Automatisierung und Standardisierung im Vertrieb weist großes Potenzial auf.

Produktivität für Kunden

3. **Inside-Out:** Der Vertrieb hat sich in der Vergangenheit am Kunden und seinen Bedürfnissen orientiert, jedoch auch sehr viel Energie in interne Strukturen, Prozesse und Kompetenzordnungen investiert und somit eine gewisse Kanalrivalität gelebt und gepflegt. Dies hat in der Konsequenz dazu geführt, dass in den einzelnen Verkaufskanälen teilweise ein Silo-Denken entstanden ist, welches auch gewünscht und in der internen Rivalisierung zur Erreichung der Gesamtvertriebsziele genutzt wurde. Dies kann am Beispiel der Akzeptanz einer gemeinsamen Betreuung von ein und demselben Kunden durch Außendienst und Direktvertrieb, welche noch Verbesserungspotenzial hat, aufgezeigt werden.

Abbildung 2.34 zeigt diese Herausforderungen im Überblick.

1. Erfolge der Vergangenheit
- Erfolgreiche Weiterentwicklung und Justierung des Vertriebsmodells
- Skepsis gegenüber größeren Veränderungen

2. Digitalisierungs-Gap
- Trotz Digital-Champion-Position Aufholpotenzial vorhanden
- Potenzial für Standardisierung und Automatisierung

3. Inside-Out
- Interne Strukturen, Prozesse und Kompetenzordnungen
- Teilweises Silo-Denken in Kanälen und Kanalrivalitäten

Abbildung 2.34: Unsere ›Big 3‹ Herausforderungen im Vertrieb (interne Quelle 2017)

Bei der Bewältigung unserer ›Big 3‹ Herausforderungen wird oft diskutiert, wie viel Veränderung es wirklich braucht und wie stark sich Markt und Kunde in der Versicherungswelt tatsächlich verändern. Diese Frage führt zu spannenden, aber auch zu kontroversen Diskussionen, oft ohne konkretes Ergebnis.

Partnerschaft mit Kunden und Vertrieb

Wir sind überzeugt, dass der Grundstein für den Umgang mit veränderten Kundenbedürfnissen und Marktveränderungen eine echte **Partnerschaft** mit unseren Kunden und unseren Vertriebspartnern bedingt. Sie etabliert sich mit einem gemeinsamen Verständnis über die Ziele (Was) und die Zielerreichung (Wie) sowie klare Spielregeln der Zusammenarbeit.

Unser Ziel: From Payer to Partner

Unser Ziel ist, zu einem Partner zu werden, sowohl für unsere Kunden als auch für unsere Vertriebspartner. Sind wir in der Lage, dies zu erreichen, so spielt der Grad der (disruptiven) Veränderung eine zweitrangige Rolle.

Das Verhalten von Kunden hat sich geändert.

Um echte Partner für unsere Kunden sein zu können, müssen wir ihre Bedürfnisse und Erwartungen erkennen, verstehen und erfüllen. Während bis vor einigen Jahren noch Versicherungsberater im Verkaufsaußendienst die einzigen Ansprechpartner unserer Kunden waren, gibt es heute zahlreiche unterschiedliche Interaktionswege. Kunden verhalten sich bei ihrer Kanalwahl zunehmend hybrid: Sie nutzen traditionelle wie auch neue und digitale Kanäle (beispielsweise Distanzberatung, Homepage,

Vergleichsdienst oder Kundenportale) parallel und erwarten von ihren Versicherern die entsprechende Verfügbarkeit dieser Kanäle. Neben dem Bedürfnis nach der Nutzung unterschiedlicher Interaktionsmöglichkeiten, welche nahtlos miteinander verknüpft sind, möchten Kunden, dass sie während sämtlicher Schritte im Kaufprozess einfach und schnell mit dem Versicherer interagieren können.

Omni-Kanal als Anspruch

Die heutigen Kundenbedürfnisse zeigen klar auf: Wir müssen uns verändern, indem wir unseren heutigen Multi-Kanal-Vertriebsansatz in ein echtes **Omni-Kanal-Modell** weiterentwickeln. Unter Omni-Kanal-Modell verstehen wir die nahtlose Kundeninteraktion über alle Vertriebskanäle hinweg, mit dem Ziel, dass der Kunde auch während des Kaufprozesses die freie Kanalwahl hat und ohne Einschränkungen und Redundanzen den Kanal wechseln kann. Dabei sind End-to-end-digitalisierte, einfache und schnelle Prozesse und Angebote zentral.

Dieses Vorhaben kann nicht einfach durch eine organisatorische Einheit wie die klassische Vertriebsentwicklung erarbeitet und umgesetzt werden, sondern muss gemeinsam mit allen Vertriebspartnern und den Supporteinheiten vollzogen werden. Wir sind überzeugt, dass wir dafür auch mit all unseren Vertriebspartnern eine echte Partnerschaft eingehen müssen und eben nicht nur ›Payer‹ sein können und regelmäßig Provisionen und Boni auszahlen sowie die Zielerreichung monitoren.

Mittel zur Transformation und Chancen der Digitalisierung

Für das Management des Vertriebs bedeutet dies, den Vertriebspartnern alle nötigen Mittel zur Verfügung zu stellen, welche sie erfolgreich machen und sie in der Transformation unterstützen: intelligente (Verkaufs-)Prozesse zur effizienten Offert- und Vertragsausstellung, ein einfaches und durchgängiges CRM für das Management der Kundenbeziehungen, bedürfnisgerechte Angebote zur Aus- und Weiterbildung und zielorientierte Führungsinstrumente. Zentral ist es auch, den Vertriebspartnern die Chancen der Digitalisierung aufzuzeigen, diese für sie nutzbar machen und somit die Bereitschaft für Veränderungen zu fördern. Neben diesem mehr technischen und prozessualen Enabling ist es zudem entscheidend, dass sich die Vertriebskanäle untereinander als Partner im Dienste des Kunden verstehen und nicht als Rivalen zwischen Direktvertrieb und physischem Außendienst. Das Miteinander für die Kundeninteressen ist primär eine Frage der inneren Einstellung, die viel und stetige Change-Arbeit fordert.

Maßnahmen – Vertriebsstrategie 2020

Vertriebsstrategie 2020

Die offensichtliche Diskrepanz zwischen Kundenerwartungen und der heutigen Situation im Vertrieb sowie interne Anforderungen an Effizienz und Effektivität haben das Topmanagement der AXA und die Vertriebsleitung zur Einsicht gebracht, dass eine tief greifende Transformation notwendig ist.Dies wurde entsprechend in der **Vertriebsstrategie 2020** verankert.

Organisatorische Anpassungen

In einem nächsten Schritt wurde definiert, wie die Umsetzung zu vollziehen ist und welche organisatorischen Veränderungen dafür nötig sind. Die Vertriebsorganisation der AXA wurde im Zuge der Strategieumsetzung entsprechend angepasst, um der Transformation mehr Gewicht und Kraft zu verleihen. Deshalb wurde insbesondere die klassische Vertriebsentwicklung mit dem Direktvertrieb zum neuen Bereich »Transactional Business & Distribution Transformation« vereint. Dieser Bereich ist direkt dem Leiter Vertrieb unterstellt. Der Sektor verantwortet operativ das digitale Geschäft sowie die klassischen Entwicklungsdisziplinen wie Rekrutierung, Onboarding, Ausbildung, Change Management sowie Prozesse und Systeme. Strategisch gilt es, die Strategieumsetzung zu führen sowie die Verkaufs- und Kostenziele zu setzen und in der Erreichung zu unterstützen.

Verantwortung für Analyse, Enabling, Transformation

Der Auftrag eines Sales Excellence Development kann somit auch als Verantwortung für Analyse, Enabling und Transformation für unsere Vertriebspartner beschrieben werden – um obige Ziele zu erreichen. Gestärkt durch die operative Sales-Verantwortung für das digitale Geschäft. Dies geschah in der Überzeugung, dass die erfolgreiche Entwicklung des transaktionalen Geschäfts und somit des Omni-Kanal-Modells nur dann gelingt, wenn alle Vertriebskanäle auf Augenhöhe etabliert werden. Der Direkt- und Distanzvertrieb erhielt mit dieser Neuorganisation das richtige Gewicht im Unternehmen. Den gegründeten Bereich gilt es, in der Vertriebsorganisation stark zu verankern und zu integrieren, denn alleine kann er nichts umsetzen. Er braucht dazu die Unterstützung aller weiteren Vertriebsbereiche.

Direktvertrieb integrieren

Best Practices im Bereich Sales Excellence Development

In den letzten Jahren konnten wir im Zuge der Transformation einige Best Practices im Bereich Sales Excellence Development entwickeln. Mithilfe dieser Erfolgsstorys sind wir in der Lage, Teile der drei genannten Herausforderungen anzugehen. Abbildung 2.35 gibt einen Überblick zum Ansatz.

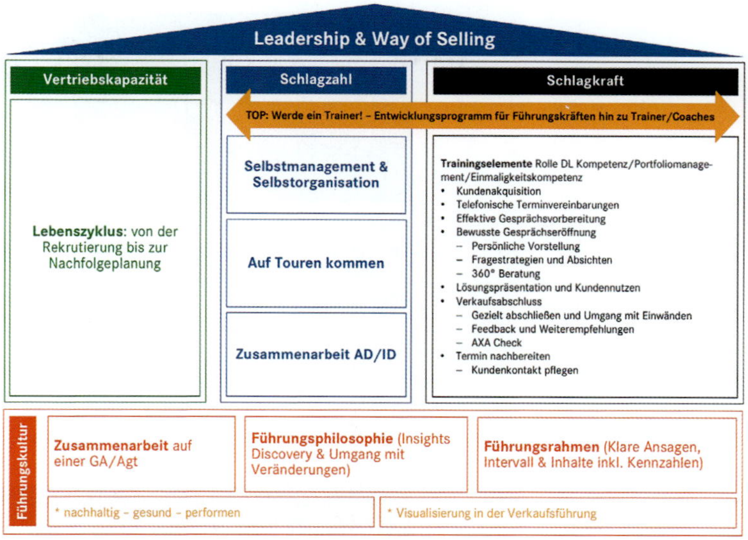

Abbildung 2.35: Best of Leadership and Way of Selling von AXA (BOLWOS) (interne Quelle 2017)

Der Anspruch: Kundenzentrierung und Kanalintegration

1. **Best of Leadership & Way of Selling Programm – auch in Zukunft erfolgreich im Vertrieb:** **Best of Leadership & Way of Selling** (BOLWOS) ist ein zentrales Programm für die Außendienstorganisation und wurde eingeführt, um die kontinuierliche Verbesserung der Beratung in einem herausfordernden Umfeld (veränderte Kundenbedürfnisse, Digitalisierung, regulatorische Vorschriften, Konkurrenz etc.) zu sichern.Es geht grundsätzlich darum, das mit- und voneinander Lernen im Vertrieb zu fördern. Grundlage dafür bildet das Leadership-Verständnis, bei dem gemeinsam an Ursachen und nicht nur an Wirkungen gearbeitet wird, bei dem vereinbart und nicht verordnet wird und bei dem die sehr strukturierte Beratung die Grundlage für die tägliche Arbeit bildet. Wenn wir weiterhin erfolgreich sein wollen und gleichzeitig die professionelle Beratung weiterentwickeln und stärken, brauchen wir die richtige Aufstellung, Philosophie, Kultur sowie die richtigen Mitarbeitenden mit den entsprechenden Fähigkeiten. Mit einem individuell auf die Bedürfnisse unserer Vertriebsmitarbeiter ausgelegten Programm befähigen wir sie, die anstehenden Veränderungen zu meistern. Die Projektziele und Maßnahmen zeigt Abbildung 2.36.

Projektziele	Maßnahmen
Steigerung Wertschöpfung im Verkauf, ausgerichtet auf die gegenwärtigen und künftigen Kundenbedürfnisse	• systematische Nutzung von Verkaufshilfsmitteln • Bewusstsein schärfen für Potenzial der Kunden sowie Aufwand/Ertrag-Optik schärfen (Omni-Kanal-Vertrieb) • Entwicklung des Außendienstes vom Produkt- zum 360°-Verkäufer • Cross-Selling- und Upselling-Potenziale nutzen
Beratungs- und Führungskompetenz stärken, fördern und nachhaltig gestalten	• Dienstleistungs- und Einmaligkeitskompetenz schaffen und fördern • Impulse setzen für High-Performer und somit künftigen Erfolg sichern • Sachmittel auf eine bedürfnisorientierte Kommunikation adaptieren • Multiplikatoren-Effekt aus Best Practices anstreben • Fokus erweitern auf Zusammenarbeit mit anderen Kanälen (Omni-Kanal-Vertrieb) • Kompetenz im Umgang mit Veränderungen generell und insbesondere mit der Vertriebsstrategie stärken
›Staffing‹ von Führungskräften und Mitarbeitenden	• Mitarbeiter mit hoher Selbstkompetenz finden und entwickeln • gezielte Talententwicklung • Best Practice bei Auswahl und Rekrutierung der Führungskräfte der Zukunft • Generationenwechsel proaktiv managen

Abbildung 2.36: Projektziele und Maßnahmen in Best Way of Leadership & Way of Selling (interne Quelle 2017)

Best Practices im Verkauf durch innovatives Training

Um diese Ziele zu erreichen, wurden in der gesamten Vertriebsorganisation **Best Practices im Verkauf** evaluiert. Diese bilden die Grundlage für die Lerninhalte des Programms, welche sich am Way of Selling, also dem Verkaufsprozess orientieren. Für jeden Schritt des Verkaufsprozesses gibt es eine sogenannte Tool Box (Nachschlagewerk) und zwei bis drei Learning Nuggets (Trainingseinheiten). Entlang des Train-the-Trainer-Ansatzes werden diese Lerninhalte schrittweise an die Vertriebsmitarbeiter vermittelt. Abbildung 2.37 zeigt das strukturierte Verkaufsgespräch im Überblick.

BOLWOS ist einzigartig.

Das Programm Best of Leadership & Way of Selling ist aus unserer Sicht aus den folgenden Gründen einzigartig:

- Die Lerninhalte werden nicht von der Zentrale vorgegeben, sondern leben von Best Practices der Vertriebsorganisation.
- Das Programm orientiert sich am Grundgedanken des Leadership.
- Die Führungskräfte können Leadership- und Vertriebs-Themen dank dem modularen Aufbau des Programms bedürfnisorientiert mitgestalten.

- Best of Leadership & Way of Selling ist zu einem festen Bestandteil der Vertriebskultur geworden und dadurch ist die Nachhaltigkeit gesichert.

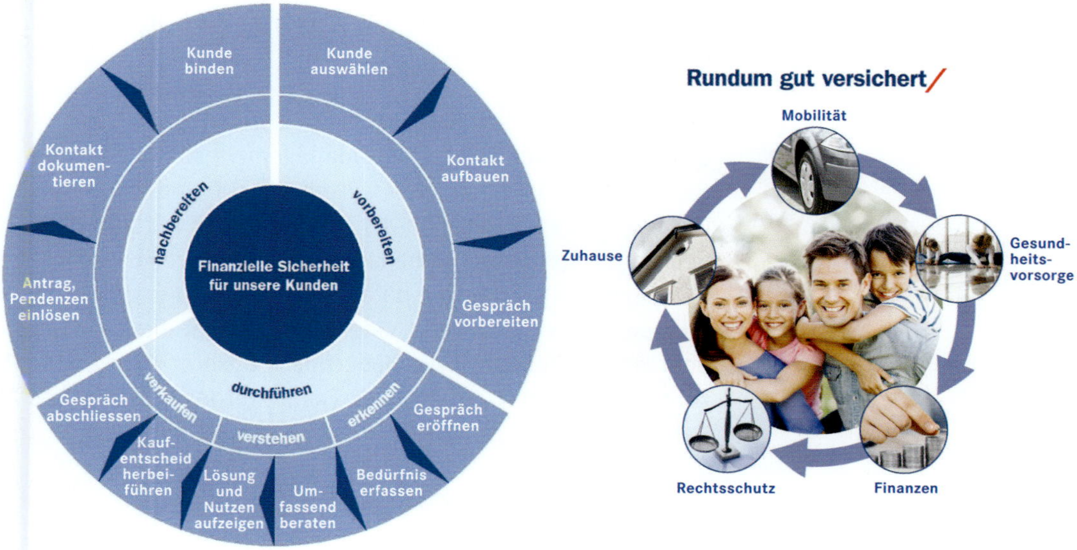

Abbildung 2.37: Strukturierte Beratung von AXA (interne Quelle 2017)

Effekt: deutliche Produktionssteigerungen

Der Effekt des Programms ist deutlich sichtbar. Wir konnten signifikante Produktionssteigerungen dank nachhaltiger Weiterentwicklung verzeichnen. Unter anderem die Neugeschäfte und Änderungen haben sich laufend gesteigert und korrelieren deutlich mit der Programmweiterentwicklung. Wir konnten die Produktivität unserer Außendienstmitarbeitenden seit 2014 um rund 40% verbessern.

CRM als Plattform

2. **CRM als Backbone und Basis – Schließung der Digitalisierungs-Gap:** Wir sind überzeugt, dass die Basis zur Schließung der Digitalisierungs-Gap ein umfassendes und an allen Touchpoints verfügbares CRM darstellt. Das CRM der AXA Winterthur gilt heute im Vergleich zu anderen AXA-Ländereinheiten und anderen Schweizer Versicherungsunternehmen als sehr fortschrittlich. Es existiert beispielsweise nur ein einziges CRM für sämtliche Kanäle und Bestandteile der Wertschöpfungskette (z. B. Kampagnen-Management, Vertriebsprozesse oder Schadensprozesse). Wir erkannten bereits früh, dass es entscheidend ist, Informationen über Kunden zentral an einem Ort zu verwalten, wenn wir unser Zielbild

des Omni-Kanal-Vertriebsmodells erfolgreich realisieren wollen. In diesem Modell sind mehrere Vertriebspartner an einer Interaktion mit dem Kunden beteiligt. Dies bedeutet, dass die Informationen über jegliche Interaktionen in unserem CRM erfasst werden und jederzeit für alle Vertriebspartner verfügbar sind. Nur damit können wir unsere Kunden umfassend beraten und betreuen.

Das CRM ist ein digitales Abbild des Kunden und wir nutzen es auch für unser Kampagnen-Management. Dank dem Feature ›Kundenkontakthistorie‹ wissen wir, wie und aus welchen Gründen unsere Kunden in der Vergangenheit mit uns interagierten. Unter anderem bauen wir unser Trigger-basiertes Kampagnen-Management darauf auf. Aufgrund sogenannter **Trigger,** wie beispielsweise einem Umzug oder einer Meldung über Heirat, wollen wir die Bedürfnisse unserer Kunden erkennen, verstehen und erfüllen. Dabei werden Kontakt- und Kanalpräferenzen gleichsam von ihnen selbst ausgelöst.

Wir verstehen unser CRM als klaren Wettbewerbsvorteil und investieren deshalb personell und finanziell intensiv in die weitere Entwicklung und Nutzung.

Zusammenspiel der Vertriebskanäle durch klare Omni-Kanal-Regeln

3. **Klare Regeln zur gemeinsamen Kundenbetreuung – Förderung des Outside-in-Denkens:** Die Etablierung des Omni-Kanal-Modells, bei dem der Kunde im Zentrum stehen soll, bedingt, dass die Kanalpräferenz des Kunden Priorität hat und Kundenkontakte über alle Kanäle hinweg personalisiert werden. Außerdem heißt Omni-Kanal-Vertrieb auch, dass Kunden künftig von mehreren Personen oder Kanälen und Einheiten betreut werden (Distanzberater, Außendienstmitarbeiter, Kundenportale usw.). Die gemeinsame Betreuung bedingt, dass für die Zusammenarbeit klare Regeln etabliert sind. Die bisherige Rivalität zwischen Kanälen oder das teilweise vorherrschende Silo-Denken müssen durch diese Regeln und entsprechende Konsequenzen kanalisiert und reduziert werden. Außendienstmitarbeitende sowie Distanzberater sind beispielsweise dazu angehalten, eine strukturierte Beratung anhand einer systematischen Agenda durchzuführen sowie sämtliche Kundeninformationen im CRM zu erfassen. Des Weiteren haben wir ein **Omni-Kanal-Regelwerk** etabliert, welches das Zusammenspiel der Vertriebskanäle regelt. Dieses betont im Wesentlichen, dass Kunden ihre bevorzugten Interaktionskanäle eigenständig und situativ fest-

legen können oder Direktvertrieb und Außendienst gleichberechtigte Partner sind. Ebenfalls zentral ist für uns das Commitment, welches wir unseren Vertriebspartnern für die Marktverantwortung zu den Kundenschnittstellen geben. Den Direktvertrieb etablieren wir nicht nur als zentrale Einheit, sondern integrieren ihn auch zunehmend in den verschiedenen Verkaufsgebieten, um die Akzeptanz weiter zu stärken und noch näher bei unseren Kunden zu sein.

Erst mit den erwähnten Voraussetzungen und Regeln lässt sich die dezentrale Marktbearbeitung stärken und unsere Kunden werden von funktionierenden Teams betreut. Kundenzentrierung und Kanalintegration sind die Ansprüche.

Schwächen und Verbesserungspotenziale: Konsequenzen-Management und stärkere Einbindung der First Line Manager in die Transformation

Betroffene zu Beteiligten machen

Unsere heutige Schwäche ist, auf den Punkt gebracht, das mangelnde Involvement aller Beteiligten. Insbesondere die First Line Sales Manager wollen wir stärker und verbindlich einbinden und auch intensiver mit Konsequenzen vorgehen, falls richtige Initiativen nicht konsequent umgesetzt werden. Noch zu oft versteckt sich das zentrale Sales Development hinter einer traditionellen Kommunikation über nötige Veränderungen. Zu häufig sind wir noch der Meinung, dass sich First Line Sales Manager mit einer Holschuld für Lösungen an die Zentrale wenden müssten. Auch reagieren wir manchmal mit Unverständnis, wenn Unklarheiten zu breit kommunizierten Zielen oder Initiativen entstehen. Darüber hinaus akzeptieren wir zu viele Ausnahmen – Ausnahmen für Top-Performer und Ausnahmen für verbindliche Prozesse. Immer in guter Absicht, aber leider am Ziel einer konsequenten Umsetzung vorbei.

Gemeinsam entwickeln und vereinbaren und dann konsequent umsetzen

Wir wollen den Weg der Transformation mit all unseren Vertriebspartnern zusammen beschreiten und die gemeinsamen Ziele partnerschaftlich angehen. Dies bedeutet auch große Veränderungen für all unsere Vertriebspartner: Projekte werden beispielsweise immer agiler durchgeführt und sind ständigen Veränderungen und entsprechenden Anpassungen ausgesetzt. Insbesondere im Außendienst verlangt dies ein umfassendes Change Management. Dazu gilt es, alle Betroffenen zu involvieren und die Transformation an der Schnittstelle zwischen Entwicklungsabteilung im Vertrieb und regionaler Außendienstleitung zu verankern. Die First Line Sales Manager haben hier eine Schlüsselrolle. Ihr

Commitment, ihre Einbindung und ihre Unterstützung sind für unsere Transformation zentral. Allerdings erkennen wir hier noch starken Aufholbedarf.

Analog sind die Herausforderungen, die vereinbarten Regeln im Omni-Kanal-Vertriebsmodell auch einzuhalten. Neben der Etablierung von Regeln sind Controlling und Konsequenzen-Management entscheidend.

Fazit: Capabilities gemeinsam mit unseren Partnern entlang der Kundenbedürfnisse weiterentwickeln

Fähigkeiten und Gemeinsamkeit

Wir befinden uns momentan mit unserer Vertriebstransformation in einer Phase, in der wir unsere Herausforderungen erkannt haben und daran sind, diese mithilfe unserer Vertriebsstrategie anzugehen. Wir haben erkannt, dass wir die Transformation nur dann schaffen, wenn wir die dafür nötigen Fähigkeiten aufbauen und entlang der Kundenbedürfnisse weiterentwickeln. Zentral ist dabei, dass wir mit unseren Vertriebspartnern gemeinsam reisen.

thyssenkrupp

2.7 Fall 7: Customer Management Excellence bei der thyssenkrupp AG – Steigerung der vertrieblichen Exzellenz im technologiegetriebenen Projektgeschäft

Diesen Beitrag verfassten Stephan Haus (Leiter Bereich Customers & Markets), Daniel Gäßler (Projektleiter Sales Excellence) und Sebastian Azza (verantwortlich für Customer Intelligence und Sales Analytics).

thyssenkrupp ist ein weltweit tätiges diversifiziertes Industrieunternehmen mit Hauptsitz in Essen. Die Konzernaktivitäten sind in den fünf Business Areas Components Technology, Elevator Technology, Industrial Solutions, Materials Services, Steel Europe unter dem Dach der der **thyssenkrupp AG** zusammengefasst. Die Business Areas untergliedern sich in Business Units und Operating Units, die selbstständig am Markt operieren.

In den Industriegeschäften entwickelt und fertigt der Konzern hochwertige Komponenten für die Automobilindustrie sowie den Maschinenbau und die Energiebranche. Außerdem produziert thyssenkrupp innovative Technologiegüter und Servicelösungen wie beispielsweise moderne Aufzugsysteme und elektrisch unterstützte Lenksysteme. Im Anlagenbau umfasst das Leistungsportfolio komplette Industrieanlagen (Engineering, Planung, Bau), ihre Instandhaltung durch ein weltweites Servicenetz sowie moderne Marinetechnik. In den Werkstoffgeschäften bietet thyssenkrupp kundenspezifische Werkstofflösungen, effiziente Werkstoffherstellung und -verarbeitung sowie Materialdienstleistungen. Im Geschäftsjahr 2016/17 hat der Konzern mit seinen mehr als 158.000 Mitarbeitenden einen Umsatz von rund 43 Milliarden Euro erwirtschaftet.

Sales Excellence bei thyssenkrupp

Der Bereich »Kunden & Märkte« ist eines der vier Handlungsfelder der strategischen Weiterentwicklung des Konzerns (vgl. Abbildung 2.38). Um den Kunden noch weiter in den Mittelpunkt des unternehmerischen Handelns zu stellen, erarbeitet thyssenkrupp für die aktuellen und zukünftigen Kunden- und Markterfordernisse passgenaue technologische und betriebswirtschaftliche Lösungen. Mit seinen Technologien, Werkstoffen, industriellen Verfahren und Dienstleistungen auf zahlreichen Gebieten, in Industrieländern ebenso wie in aufstrebenden Märkten, schafft der Konzern so Mehrwert und Wettbewerbsvorteile für seine Kunden.

THYSSENKRUPP – STRATEGISCHE WEITERENTWICKLUNG

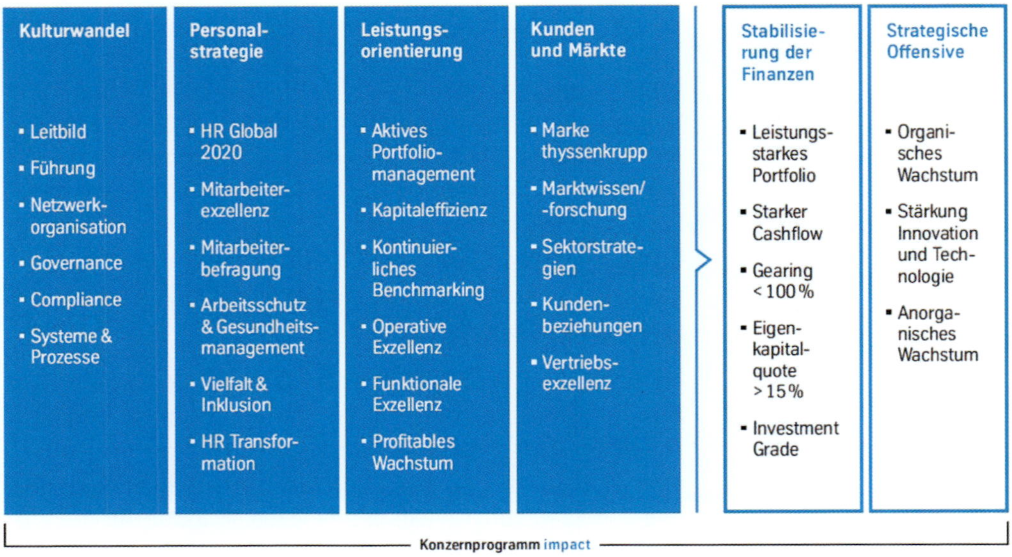

Abbildung 2.38: Strategische Weiterentwicklung des thyssenkrupp Konzerns (interne Quelle 2017)

Konzernweite Zusammenarbeit zu relevanten Vertriebsthemen

Exzellenz-Landkarte

Die Entwicklung von Sales Excellene ist ein fester Bestandteil des Handlungsfeldes Kunden & Märkte und somit ein zentrales Element der Weiterentwicklung des thyssenkrupp-Konzerns. In seiner **geschäftsübergreifenden Sales-Excellence-Initiative** treibt das Unternehmen durch Pilotprojekte eine konzernweite Zusammenarbeit zu vertriebsrelevanten Themen voran. Die Themen basieren auf einer gemeinschaftlich entwickelten **Exzellenz-Landkarte,** welche unter anderem Themenfelder wie Kundenmanagement (z. B. Key Account Management), Verkaufsstrategie (z. B. Pricing) und Vertriebsorganisation (z. B. Incentives & Performance Management) abdeckt.

Zentrale Lead-Einheit, agile Pilotprojekte, Erprobung, Multiplikation

Die projektbasierte Entwicklung dieser Themen erfolgt jeweils durch eine **zentrale Lead-Einheit,** die durch **agile Pilotprojekte** eine Grundstruktur für einzelne Module entwickelt und Ergebnisse direkt an konkreten Kunden und Projekten erprobt und implementiert. Im Nachgang an diese Pilotierungsphase werden die Methodologie, Tools und Prozesse nach der Durchführung von geschäftsmodellspezifischen Anpassungen in andere Einheiten übertragen und ausgerollt. Die Themenentwicklung sowie die anschließende Implementierung werden von dem Zentralbereich Customers & Markets der thyssenkrupp AG unterstützt. Eines der ersten Projekte dieser Initiative fokussierte sich auf das strategische Kundenmanagement in einer global agierenden Business Unit mit starkem Fokus auf das technologiegetriebene Projektgeschäft.

Ausgangssituation der Business Unit

Besseres Kundenmanagement durch Standardisierung von Prozessen und Tools sowie effektive Umsetzung

Vor Beginn des Projektes wurde die Effektivität und Effizienz des Vertriebs- und Kundenmanagements in der Business Unit durch die Einführung eines allgemein standardisierten Vertriebsprozesses, die Implementierung eines globalen CRM-Systems sowie die Definition klarer und einheitlicher Business Target Agreements bereits signifikant erhöht.

In der Praxis zeigte sich jedoch, dass die Möglichkeiten der bestehenden Tools nicht optimal genutzt wurden. Insbesondere im Bereich Kundenmanagement wurde von der Vertriebssteuerung frühzeitig erkannt, dass aufgrund fehlender Standardisierung von Prozessen und Tools sowie deren effektiver Umsetzung und Nutzung viele Potenziale unausgeschöpft blieben. Die wesentlichen Handlungsfelder umfassten (vgl. auch Abbildung 2.39):

a) eine zielführende, vom Projektgeschäft losgelöste, konsistente Kundensegmentierung zur Ausrichtung der Vertriebsaktivitäten
b) die Entwicklung übergreifender Strukturen im Account Management zur Entwicklung effektiver Strategien für die kommerzielle Entwicklung priorisierter Kunden
c) ein strukturiertes Management von Kundenintelligenz sowie die Bereitstellung entsprechender Tools zur Unterstützung und Aktivierung der Sales Community

Cross-funktionales Team

Für die schnelle Umsetzung der Projektinhalte wurde ein crossfunktionales Team aus dem übergeordneten Bereich Business Development & Sales, Vertriebsmitarbeitern der Business Unit sowie Mitarbeitern aus dem Zentralbereich Customers & Markets der thyssenkrupp AG eingesetzt. Ferner wurde das Projekt durch einen externen Partner pragmatisch unterstützt, um den Abgleich mit externen Best Practices sowie themenbasierte Expertenunterstützung sicherzustellen. Der Projektansatz folgte einem klassischen dreiphasigen Aufbau aus Analyse-, Design- und Pilotierungsphase, welcher die o. g. Themen über einen insgesamt viermonatigen Zeitraum agil entwickelte (vgl. Abbildung 2.39).

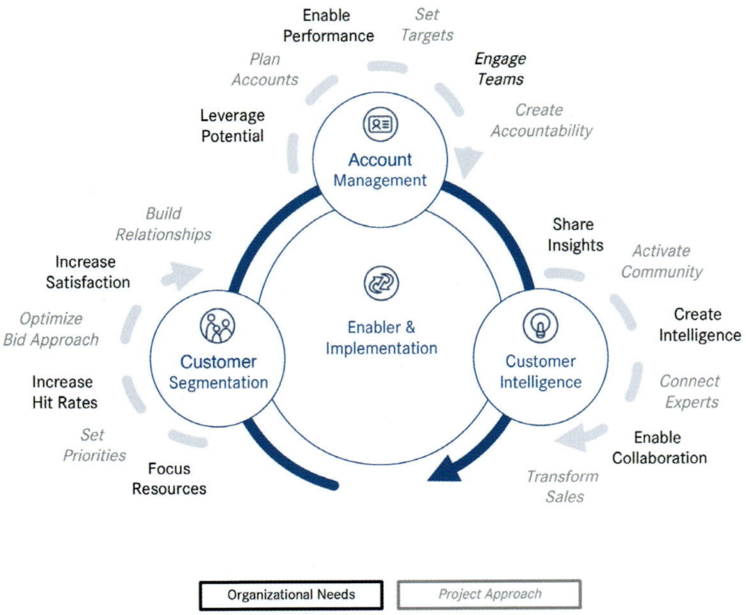

Abbildung 2.39: Customer-Management-Excellence-Ansatz (interne Quelle 2017)

Kundensegmentierung

Herausforderung konsistente Kundensegmentierung

Die Umsetzung einer konsistenten Kundensegmentierung im technologiegetriebenen Projektgeschäft gestaltet sich in der Praxis, aufgrund des stark transaktionalen Projektfokus mit langen Laufzeiten, nicht selten als schwierig. Eine mangelnde Segmentierung und Priorisierung von Kunden und entsprechenden Projektvorhaben führt daher regelmäßig zur Bindung von Personal in unproduktiven Angeboten und zu unnötig hohen Vertriebsverwaltungskosten. Oftmals limitiert die fehlende Lifecycle-Betrachtung von priorisierten Kunden zudem den Aufbau von langfristigen Partnerschaften und reduziert durch die fehlende frühzeitige Einbindung in gemeinsame Projektentwicklungen den bereichsspezifischen Vertriebserfolg.

Kriterien für Prioritäten und Segmente sowie deren Bearbeitung

Um dem entgegenzuwirken, hat das Sales-Excellence-Projektteam eine maßgeschneiderte, **mehrstufige Segmentierungslogik** entworfen. Diese kombiniert verschiedene Dimensionen, wie den historischen Order Intake mit dem Kunden, das zukünftige durch CAPEX und OPEX realisierbare Order-Intake-Potenzial, den kundenspezifischen Technologiefit sowie weitere Kriterien wie das strategische Partnerschafts- und Servicepotenzial. Im Anschluss an die Bildung der entsprechenden Segmente wurden segmentspezifische Customer-Care-Konzepte – also konkrete Implikationen für den Kundenangang und das Account Management – entwickelt. Somit wurde die Kundensegmentierung Ausgangspunkt und zentrales Steuerungsinstrument für alle kundenrelevanten Prozesse und Parameter, wie u. a. das Management- und Betreuungsmodell, Budget- und Ressourcenallokationen, Planungs- und Reportingsystematik, Produkt- und Servicevariablen sowie Preisbildung und Konditionen.

Bessere Steuerung durch Transparenz

Durch die mittels Segmentierung geschaffene erhöhte **Transparenz** über Prioritäten bei der Angebotsauswahl und -gestaltung konnte das Projektteam maßgeblich zur Steuerung interner und kundenbezogener Vertriebsaktivitäten beitragen. Das fokussiertere Angebots-Verhalten soll nicht nur Angebotskosten reduzieren, sondern mittelfristig auch Hit Rates und das damit verbundene kundenspezifische Wertschöpfungspotenzial steigern. Eine konsistente Priorisierung des Kunden- und Projektbestands erlaubt ferner die Bildung von dedizierten Account Teams, welche durch den Aufbau intensiver Partnerschaften zu selektierten Kunden die Möglichkeiten für gemeinsame Projektentwicklungen erhöhen sollen.

Klare personelle Verantwortlichkeiten

Da Segmentierung nicht als Selbstzweck verstanden werden darf, musste eine enge Verzahnung der Segmente mit entsprechenden Implikationen für das Account Management sichergestellt werden. Dies erforderte nicht nur die Definition klarer personeller Verantwortlichkeiten, sondern auch die Integration der Segmentierungslogik in bestehende Unternehmensprozesse wie die operative und strategische Planung. Erfolgskritisch war hierfür eine vollumfängliche Unterstützung durch IT-Systeme und -Tools zum Management von Kundenintelligenz sowie deren gegenseitige Integration.

Account Management

Account Management in der Matrix

Die Bedeutung klarer personeller Verantwortlichkeiten wurde beim Thema Kundensegmentierung bereits erläutert. In der Tat ist die Kundenverantwortung in komplexen Matrixorganisationen oftmals über verschiedene Regional- und Geschäftseinheiten verteilt und nur selten einer zentralen Koordination unterstellt.

Der daraus resultierende heterogene Ansatz in der Kundenansprache wird vielerorts durch das Fehlen zentraler Tools und Prozesse verstärkt. In letzter Konsequenz muss bei der operativen Geschäftsplanung so oftmals auf grobe marktbasierte Umsatzabschätzungen zurückgegriffen werden - eine vollumfängliche Planung, basierend auf übergreifenden Zielen pro Kunde, ist eher die Seltenheit.

Systematisches Kundenmanagement

Zur Einführung einer konsistenten, geschäftsübergreifenden Logik für das Account Management hat das Sales-Excellence-Projektteam einen **holistischen Prozess zur Account-Entwicklung** modelliert, welcher im Anschluss an die Segmentierung den Weg zur kommerziellen Entwicklung von priorisierten Kunden begleitet. Dieser Prozess umfasst nicht nur die Definition von Verantwortlichkeiten und Strukturen für das Account Management (z. B. Kundensponsor, Relationship Mapping) sowie die Bereitstellung von Tools für die Account-Planung und deren Schulung (z. B. Key Account Planning, CRM Pipeline Management), sondern auch die Erstellung verbindlicher, kundenbasierter Geschäftspläne mit konkreten Action Lists und Verantwortlichkeiten. Der vom Projektteam eingeführte Account-Entwicklungsprozess steuert somit im Nachgang alle relevanten Tätigkeiten des Kundenmanagements.

Intensives Change Management und offene, effektive Kommunikation

Im neu entwickelten Setup koordiniert ein **zentraler Ansprechpartner** pro Kunde erweiterte Account Teams zur Umsetzung effektiver Kundenprozesse. Durch die verstärkte Koordination wesentlicher Management-Tätigkeiten und die Fokussierung der Aktivitäten des Key Account Managements (KAM) auf wertstiftende, kundenkritische Prozesse kann langfristig nicht nur die Kundenbeziehung gestärkt werden, sondern auch eine erhöhte Planungssicherheit und verlässlichere operative Bottom-up-Planungen bei gleichzeitig höherem Order Intake erreicht werden. Der Weg vom Konzeptpapier zur erfolgreichen Umsetzung erforderte jedoch intensives Change Management und eine offene und effektive Kommunikation. Hierfür war die gemeinsame Lösungsentwicklung mit den jeweiligen Account Ownern sowie die Erprobung der neuen Strukturen und Prozesse mit echten Kunden unabdingbar. Eine Entwicklung aus dem zentralen Projektteam alleine liefert nur in den seltensten Fällen den versprochenen Erfolg.

Customer Intelligence

Internes Expertennetzwerk für das aktive Management von Kundenintelligenz

Um die neu entwickelten Tools und Prozesse in die Organisation zu bringen und möglichst effektiv zu nutzen, hat das Sales-Excellence-Projektteam eine Systematik zum aktiven **Management von Kundenintelligenz** entwickelt, welche die gesamte Sales-Mannschaft aktiviert. Diese umfasst im Wesentlichen die Bereitstellung konsolidierter Kundeninformationen sowie den Aufbau eines internen Expertennetzwerkes. Tatsächlich nutzte die Vertriebsorganisation in dieser Business Unit vor Projektbeginn bereits eine Vielzahl interner und externer Datenquellen für den Aufbau von Kundenintelligenz und stellte diese der Sales Force zur Verfügung. Aufgrund der historischen Entwicklung des heutigen thyssenkrupp-Konzerns, welcher aus dem Zusammenschluss einer Vielzahl mittelständischer Einzelunternehmen entstand, sind diese jedoch über mehrere IT-Systeme verteilt – ohne systematische Konsolidierung und zentrale Administration der Zugangsrechte. Zur Verbesserung des Ist-Zustands hat das Projektteam daher ein Zielbild definiert, welches eine stringente Konsolidierung der vorhandenen internen wie externen Kundenintelligenz in einer zentralen Plattform vorsieht und es den operativen Vertriebskollegen so ermöglicht, weltweit und tagesaktuell Informationen zu ihren wichtigsten Kunden abrufen zu können. Im Konkreten handelte es sich hierbei um eine IT-Lösung, mit der externe Informationen, wie z. B. die Entwicklung der wichtigsten Kundenfinanzkennzahlen, und interne Informationen, wie z. B. historische Win/Loss-Analysen oder Informationen zur aktuellen Projektpipeline, zeit- und kosteneffizient in einem digitalen Wissenskorpus konsolidiert werden.

Zentrale Plattform als Ziel

Schaffung von Transparenz und Abbau von ›Silos‹

Begleitet wurde diese Maßnahme durch den Aufbau eines internen Expertennetzwerkes zur Schaffung von **Transparenz** über die im Konzern verteilte Kundenexpertise und zum Anstoß eines geschäftsübergreifenden Wissens- und Informationsaustausches. Die Bereitstellung der konsolidierten Kundeninformationen und des Expertennetzwerkes wurde abschließend in einer **Social-Intranet-Lösung** realisiert, die den direkten Austausch und das Teilen von Informationen unter Kundenexperten ermöglicht.
Um die Vertriebsorganisation für eine derartige Lösung zu begeistern, hat das Projektteam eine transparente und proaktive Kommunikationsstrategie entwickelt, die sich auf die Darstellung der Vorteile für die Vertriebsorganisation und insbesondere der Vorteile des einzelnen Vertriebsmitarbeiters fokussiert. Tatsächlich ermöglicht die Social-Intranet-Lösung eine schrittweise Auflösung von ›Bereichs-Silos‹ und kann durch den verstärkten

Zusammenhalt der Vertriebsmannschaft einen wertvollen Beitrag zum Employer Branding leisten. Für die langfristige Verankerung dieses Ansatzes in der Organisation müssen jedoch, abgesehen vom beschriebenen Kommunikationskonzept, frühzeitig Lösungen für die Pflege und Weiterentwicklung entwickelt werden.

Learnings und Erfolge

Agiler Projektansatz als Schlüssel

Insgesamt wurden im beschriebenen Pilotprojekt innerhalb des kurzen Projektzeitraums von nur vier Monaten exzellente Ergebnisse erzielt und für vereinzelte Accounts können bereits erste Erfolge durch realisierte Topmanagement-Termine und erste Auftragseingänge verbucht werden. Erfolgskritisch für den Sales-Excellence-Ansatz von thyssenkrupp ist hierbei der agile Projektansatz mit direkter Validierung der Projektergebnisse an konkreten Accounts. Die enge Einbindung der ›Frontline‹ sowie die Aktivierung der gesamten Sales Community inklusive Kunden und Technologieexperten erhöht nicht nur die Praxisfähigkeit des Ansatzes, sondern garantiert auch die nötige Akzeptanz aus der Operative. Der rege Support aus der Operative führte im beschriebenen Projekt zu großem Interesse bei anderen Einheiten im Konzern – der geschäftsübergreifende Rollout der Methodik ist bereits fortgeschritten.

Enge Einbindung der ›Frontline‹

Systematisches Change und Performance Management

Eine langfristige und nachhaltige Verankerung der Projekterfolge kann allerdings nur durch die Definition von erfolgsbasierten Performance-Indikatoren und regelmäßige Performance-Messungen gewährleistet werden. Diese Steuerungsinstrumente müssen schließlich durch systematisches Change Management flankiert werden, welches den für die Transformation erforderlichen kulturellen und verhaltensbedingten Wandel nachhaltig sicherstellt. Im beschriebenen Projekt war dies ein anstrengender, zugleich aber auch ein enorm lohnender Prozess welcher schließlich zu sehr guten Ergebnissen geführt hat.

Wandel des Konzerns zur Netzwerkorganisation

Übergeordnet ist das beschriebene Projekt sowie die Sales Excellence Initiative im Allgemeinen ein sehr gutes Beispiel für den Wandel des thyssenkrupp-Konzerns von autonom agierenden Einheiten zur echten Netzwerkorganisation. Dies unterstreicht nochmals eindrucksvoll die Fortschritte bei der Implementierung der neuen Markenbotschaft »engineering.tomorrow. together«.

2.8 Die Fälle im Vergleich

Jeder Fall steht für sich!

Jeder dieser sieben Fälle ist einzigartig. Wir bezeichnen sie als Best Practices im Sales Excellence Development. Die Fälle erfassen jeweils nicht die gesamten Maßnahmen im Unternehmen, sondern setzen besondere Schwerpunkte und ergänzen sich so inhaltlich.

In dieser Gesamtauswertung interessieren beispielsweise folgende Aspekte:

Im Sales Excellence Development beschäftigen Unternehmen 1-50 Mitarbeitende.

1. **Integration und Ressourcen:** Die Aufgaben des Sales Excellence Development sind verschieden integriert. So installierte beispielsweise thyssenkrupp einen umfassenden Bereich »Kunden und Märkte« mit zahlreichen Mitarbeitenden; Vertriebsexzellenz ist ein Teil davon. Im anderen Extrem nutzt Geberit eine ›One-man Show‹, um den Vertrieb zu entwickeln. Hier erzwingen die knappen Ressourcen, dass für alle Themen die richtigen Partner im Unternehmen mobilisiert werden.

Manche Unternehmen konzentrieren sich auf Einheiten.

2. **Geltung:** Sales Excellence Development schließt nicht immer alle Sparten und Länder eines Unternehmens mit ein. Beispielsweise beziehen sich die Fälle B. Braun und BEGO vorwiegend auf Deutschland. Bei Geberit ist Sales Excellence Development dem Vertrieb Europa zugeteilt. Für das internationale Sales Development schlägt besonders Zeiss Microscopy mit dem Ansatz der ›Organizational Readiness‹ einen eindrücklichen Weg ein.

Die Strukturierung der Aufgaben von Sales Excellence ist entscheidend.

3. **Strukturierung der Aufgaben:** Es ist wichtig zu definieren, welche Aufgaben das Sales Excellence Development angehen muss. Dabei wählen beispielsweise Zeiss oder Festool einen sehr systematischen oder beinahe akademischen Ansatz, während Unternehmen wie B. Braun oder Geberit sich pragmatisch auf einige Kernthemen konzentrieren. AXA stützt sein ganzheitliches Modell für »Best of Leadership and Way of Selling« auf aufwendige Workshops mit dem Verkauf und wählt damit eine Kombination.

   Die Autoren schlagen nachfolgend eine eigene Strukturierung für Sales Excellence vor. Sie lässt sich breit nutzen, soll aber für das einzelne Unternehmen so stark wie möglich vereinfacht werden können.

Mehr Themen als Köpfe gibt es überall.

4. **Fokus:** Auch Unternehmen mit umfassenden Konzepten des Sales Excellence Development setzen Akzente. Einerseits werden wenige Themen konsequent vorangetrieben, wie beispielsweise das Preismanagement bei B. Braun. Andererseits wird eine Methodik genutzt, welche es erlaubt, für jede Einheit die richtigen und spezifischen Schwerpunkte für eine Verbesserung zu bestimmen (Beispiel Zeiss Microscopy). – Für den Fokus braucht es bei allen Unternehmen einen recht aufwendigen Prozess, um zwischen Management und den Einheiten (bis hin zum Verkäufer) einen Konsens zu erzielen.

Analysieren, entwickeln, erproben und ausrollen – so die Phasen.

5. **Prozess:** Zuerst entstehen neue Ideen für Felder, die im Verkauf ergiebig sein könnten. Es folgt eine gemeinsame Selektion. Zu den gewählten Themen gilt es, die Situation zu diagnostizieren und dabei Unterschiede und Gemeinsamkeiten (etwa zwischen Ländern und Sparten) zu erfassen. Darauf aufbauend werden neue Lösungen entwickelt. Sie werden in einem oder mehreren Pilotprojekten erprobt, bewertet und als Folge verbessert. Dann sollen ergiebige Ansätze ausgerollt und beispielsweise breit trainiert werden. Mit der konzernweiten Sales Excellence Initiative, fokussierten Pilotprojekten und der Einbettung in die unternehmensweite Trainingslandschaft schafft etwa thyssenkrupp die entsprechenden ›Gefäße‹; auch für neue Lösungen des Customer Management wählt das Unternehmen einen klaren Prozess.

Unterstützen oder vorschreiben?

6. **Verbindlichkeit:** Teilweise lässt sich in den Fällen eine unterschiedliche Führungsphilosophie erkennen. So gehen manche Unternehmen (wie beispielsweise Geberit) sehr konsequent und verbindlich vor, nachdem Verbesserungen gemeinsam gewählt und entwickelt wurden. Wenigstens Mindeststandards (inklusive differenzierter Besuchsvorgaben) werden durchgesetzt. Andere Unternehmen wie AXA entwickeln, unterstützen, fördern stärker; das hängt auch mit der Unabhängigkeit der Generalagenturen zusammen.

Spannende Akzente aus jedem Fall!

7. **Innovation:** In jedem Fall finden sich überzeugende Innovationen im Verkauf. Anregend sind jeweils Organisation und Aufgaben. Alle gewählten Schwerpunkte der Fälle sind ergiebig, schließlich sind die Unternehmen stolz darauf: Zeiss mit Organizational Readiness, Festool mit dem Verkäufertraining, Geberit mit der Integration des Verkaufs nach einer Firmenübernahme und dem Programm für First-Line-Verkaufsmanager, B. Braun mit dem Preismanagement, AXA mit dem Omni-

Kanal-Ansatz, thyssenkrupp mit seinem Management der Kunden und der Kundenintelligenz. Besonders weit geht BEGO, weil das Unternehmen für innovative Märkte einen neuen Vertrieb installiert.

Zwischenergebnisse

8. **Erfolg:** Die meisten Unternehmen haben Sales Excellence erst seit recht kurzer Zeit installiert. Sie sind auf dem Weg und erste Zwischenergebnisse lassen sich ausweisen. Manche Eingriffe scheinen aber sehr erfolgreich. Entscheidend für den Erfolg von Sales Excellence Development ist, ob Management und Front Line ins Boot genommen werden können.

Diese kurze Interpretation der Fälle ist subjektiv. Jeder Leser und jede Leserin zieht auch einen ganz spezifischen, persönlichen Gewinn daraus. Die Beispiele betreffen sehr verschiedene Wirtschaftssektoren und Branchen, spezifische Kunden, unterschiedliche Länder und vor allem auch besondere Unternehmen. Mehrheitlich sind die Anbieter groß, teilweise richtet sich aber die Verkaufsentwicklung nur auf überschaubare Einheiten. Sowohl börsennotierte Konzerne als auch Familienunternehmen werden berücksichtigt. Einige Unternehmen haben eine Matrixorganisation, andere nicht. Trotz dieser Unterschiede gehen die Unternehmen im Sales Excellence Development ähnlich vor.

Gemeinsamkeiten überwiegen

Das Gemeinsame überwiegt, zumindest auf der gewählten Ebene der Abstraktion.

Geparde sind reine Savannen- und Steppentiere. Sie bevorzugen Bereiche mit hohem, Deckung bietendem Gras und Hügeln als Ausschaupunkten. Zu viele Bäume und Sträucher machen eine Landschaft für Geparde ungeeignet, da sie dort ihre Schnelligkeit nicht ausnutzen können. In Halbwüsten kommen Geparde gut zurecht, wenn sie genügend Beutetiere finden.

3. Strategie des Unternehmens

Unternehmensstrategien umfassen die Vorgaben für Wachstum, Leistungen, Kunden sowie Regionen bzw. Länder. Übergreifend spielt die Positionierung des eigenen Unternehmens eine Rolle, so etwa als Mehrwertanbieter. Manche Vorgaben betreffen beispielsweise Technik und Finanzierung. Folgerungen für den Verkauf betreffen einerseits die Ressourcen (beispielsweise den Ausbau der Verkaufsmannschaft für einen neuen Leistungsbereich oder die Entwicklung von neuen Vertretungen in einem Aufbaumarkt). Anderseits prägen sie die Arbeitsweise des Vertriebs (z. B. Value Selling und Value Pricing).

3.1 Vorgaben der Strategie für den Verkauf

Die Professionalisierung des Verkaufs bewegt sich also innerhalb der Unternehmensstrategie und steigert so die Erfolge. Die Zusammenhänge zeigt Abbildung 3.1

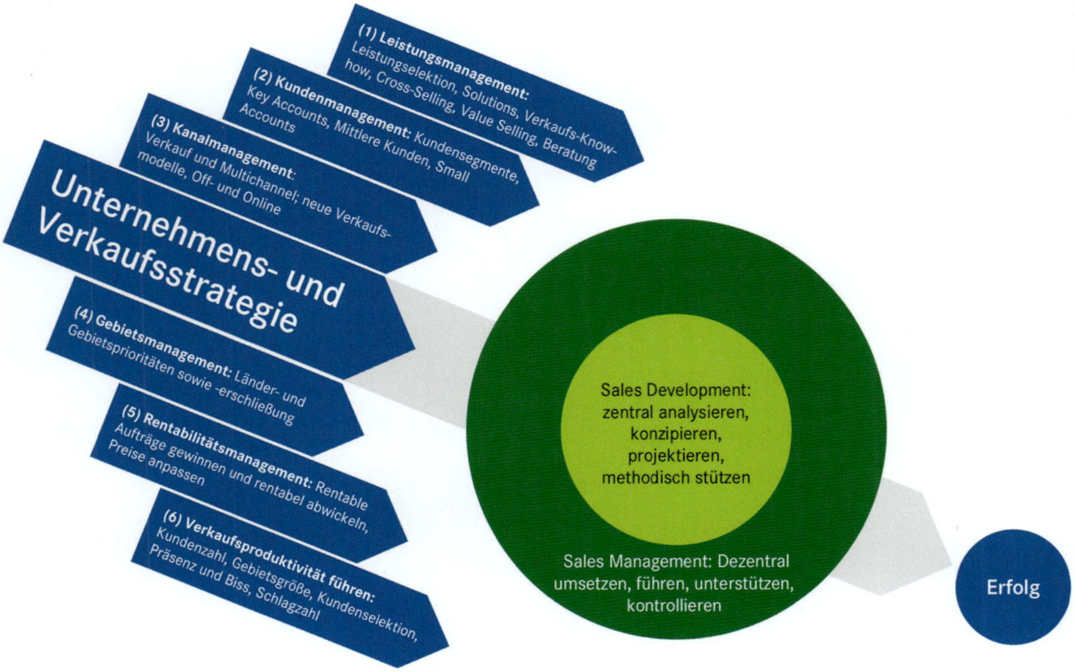

Abbildung 3.1: Von der Strategie zum Verkaufserfolg

Die Gesamtstrategie ist der Ausgangspunkt

Die Bausteine von Verkaufsführung und -entwicklung sind Strategie, Hebel für Eingriffe sowie Erfolg. Ausgangspunkt ist die Strategie des Unternehmens. Generelle Stoßrichtungen werden mit Wachstum in Umsatz und Ertrag überlagert. Die Gesamtstrategie enthält sechs verschiedene Ausrichtungen, deren Anforderungen in konkrete Vorgaben für den Verkauf übersetzt werden müssen:

Leistung

Nachhaltigkeit

1. **Leistungsmanagement:** Unternehmen verfolgen Mehrwert- und/oder Volumenstrategien, teilweise bieten Unternehmen den Kunden auch verschiedene Modelle der Zusammenarbeit an (vgl. Belz/Bieger 2011 und Belz 2015a). Die Verkaufsstrategie befasst sich damit, Leistungen und Know-how wirksam zum Kunden zu bringen. Betroffen sind damit die Leistungsprioritäten im Verkauf (bestehende und neue Produkte und Services), Solutions für Kunden, Verkaufs-Know-how und damit auch Kunden-Know-how, Ansätze des Cross-Selling im Unternehmen oder auch die Kundenberatung. Auch nachhaltige – ökologische, soziale und wirtschaftliche – Strategien von Unternehmen verändern zukünftig den Verkauf. Seine

Aufgabe ist es, die Nachhaltigkeit in Kundenvorteile umzusetzen (vgl. Belz/Lee 2014a). Weibel zeigte zudem eindrücklich, dass die Akzente im Verkauf für Anlagen, Systeme, Komponenten und Zulieferer verschieden gesetzt werden müssen, um erfolgreich vorzugehen (vgl. Weibel 2014).

Kunden

2. **Kundenmanagement:** Kundenmanagement fokussiert den Verkauf auf die attraktiven aktuellen sowie potenziellen Kundensegmente. Dabei gilt es, je nach Kundengruppe differenziert vorzugehen. Typisch sind etwa gesonderte Verkaufsansätze für große, mittlere und kleine Kunden.

Kanäle

3. **Kanalmanagement:** Diese Verkaufsstrategie integriert den persönlichen Verkauf mit den anderen verwendeten Kanälen wirksam im Multichannel-Management. Unternehmensintern gilt es einerseits, verschiedene Kanäle als Kunden zu bearbeiten. So unterscheiden sich beispielsweise eigene Niederlassungen, indirekter Vertrieb (etwa Vertretungen) oder Großhändler. Auch Pull-Strategien der Endkunden beeinflussen vorgelagerte Partner des Unternehmens. Andererseits muss die Rolle des Vertriebs beim stärkeren Einsatz von Callcentern oder einem Online-Geschäft neu und wirksam definiert werden. Schließlich entwickeln Unternehmen mit neuen Formen der Digitalisierung auch neue Verkaufsmodelle, die Aufgaben, Stellenwert und eingesetzte Ressourcen des Verkaufs zukünftig grundsätzlich verändern. Eine Transformation der Kanäle etwa von direkt zu indirekt (oder umgekehrt) fordert heraus.

Regionen und Länder

4. **Gebietsmanagement:** Diese Verkaufsstrategie legt fest, welche Gebiete (Länder, Regionen, Verkaufsgebiete) das Unternehmen priorisieren oder neu erschließen will. Abgesehen von den spezifischen Bedingungen in jedem Land, muss der Verkauf in der Lage sein, erfolgreich mit kulturellen Unterschieden umzugehen.

Rentabilität

5. **Rentabilitätsmanagement:** Diese Strategie konzentriert sich darauf, ertragreiche Aufträge zu gewinnen und diese auch rentabel abzuwickeln. Ebenso spielt die Reduktion von Preiszugeständnissen eine Rolle oder es geht darum, die Preise gezielt zu steigern. Neue Preise und Preissysteme sind im Verkauf eine wichtige Aufgabe. Es gilt, die Konditionensysteme konsequent umzusetzen und die Leistungen von Anbieter und Kunden abzustimmen (vgl. Huckemann/Krug 2013). Beispiels-

weise kann die Einführung von Kleinmengenzuschlägen für mehr Profitabilität plausibel sein, jedoch gleichzeitig den Verkauf herausfordern. Denn er kommuniziert die Preisänderungen und verhandelt sie.

Produktivität

6. **Verkaufsproduktivität führen:** Ansätze der Verkaufsproduktivität optimieren den Verkaufseinsatz auf der Grundlage von Ergebnissen. Dabei sollen die Anzahl der betreuten Kunden (je nach Kategorie) sowie die Einsatzgebiete von Verkäufern verbessert werden, die ergiebigen (neuen und bestehenden) Kunden selektioniert, die generelle Marktpräsenz und der ›Biss‹ der Verkäufer gesteigert oder die optimale Schlagzahl (Besuchsfrequenz nach Kundenkategorien) bestimmt werden. Typisch ist die Herausforderung von Industriebetrieben, ihren Vertrieb von technischer Beratung hin zu echtem Verkauf zu orientieren.

Abbildung 3.2 zeigt, wie die Befragten die Bausteine einer Strategie gewichten.

Zwar ist die Verkaufsintegration nach Übernahmen wenig gewichtet. Für das einzelne Unternehmen kann diese Herausforderung aber dominieren.

Frappierend ist in den Ergebnissen, dass 87,5% eine **Mehrwertstrategie** verfolgen und sich damit als Premiumanbieter positionieren. Daraus ergeben sich hohe Anforderungen an den Verkauf, um diesen Mehrwert auch zum Kunden zu transportieren. Gleichzeitig wird damit deutlich, dass es nicht genügt, lediglich den Mehrwert auszuweisen. Wenn viele Anbieter den gleichen Weg einschlagen, muss die eigene Umsetzung eines Anbieters deutlich besser sein. Eine **Volumenstrategie** wird nur durch 33% der befragten Unternehmen verfolgt. Internes Wachstum aus eigener Kraft steht im Vordergrund, während externes Wachstum mit Übernahmen das Schlusslicht bildet. Auch eine höhere Rentabilität gehört bei den befragten Unternehmen zu den obersten Prioritäten, wobei Verkaufsproduktivität erst im Mittelfeld anzutreffen ist. Die **Kundenstrategie** konzentriert sich auf die Akquisition, teilweise auch mit der Erschließung völlig neuer Kundensegmente. Allerdings sind eine Differenzierung nach Kundengruppen und auch eine Kundenausschöpfung mit Cross-Selling stark gewichtet. Offensichtlich weiten viele Unternehmen ihre Kanäle aus. Die Optimierung der Regionen und Länder ist wohl inzwischen eine selbstverständliche Aufgabe, scheint aber den zukünftigen Erfolg weniger zu prägen.

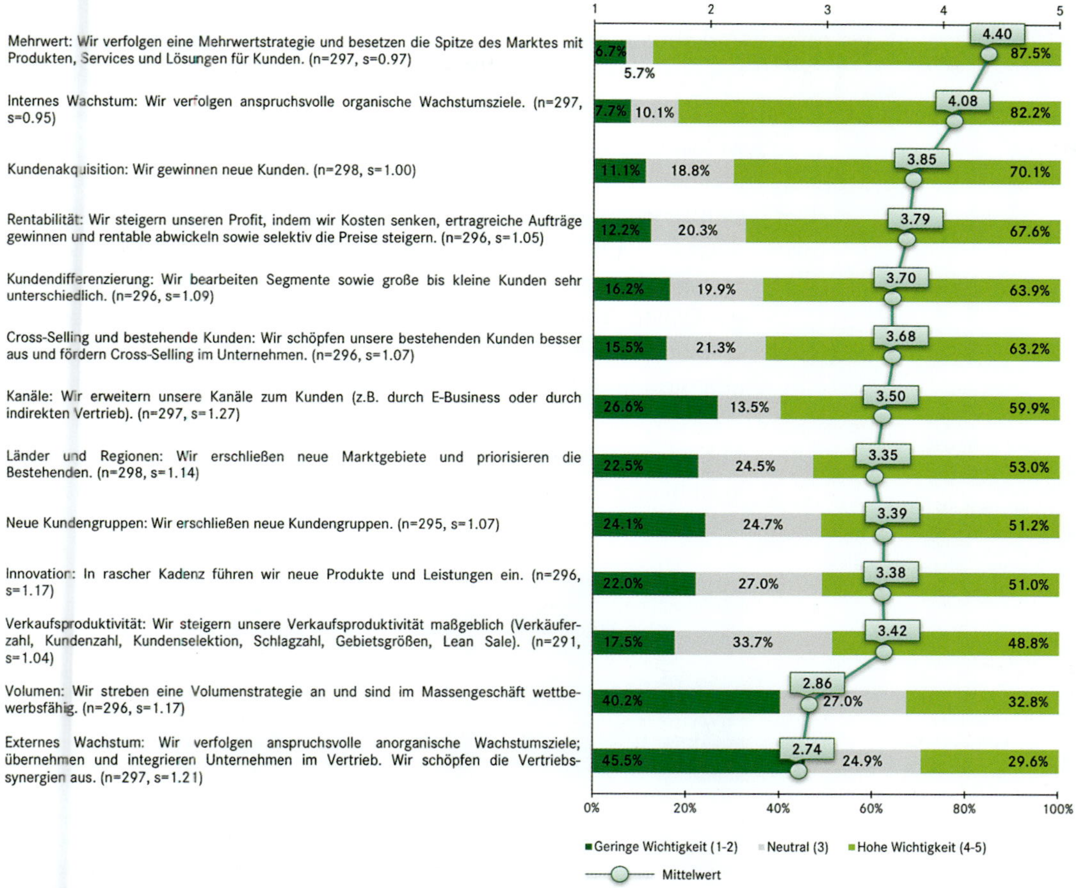

Abbildung 3.2: Geschäftsentwicklung und Strategien der Unternehmen[1]

[1] Unsere Auswertungen weisen jeweils die Verteilung der Einschätzung in geringe (1/2), mittlere (3) und hohe Wichtigkeit (4/5) aus; damit verdichteten wir die Skala 1–5 auf drei Stufen. Das kann dazu führen, dass hohe Wichtigkeit und die ausgewiesenen Durchschnitte in der Reihenfolge nicht übereinstimmen. Der Durchschnitt zu hoher Wichtigkeit wird beispielsweise erhöht, wenn mehr Befragte 5 statt 4 (in der gleichen Wichtigkeitskategorie) bezeichnen. Wir beziehen uns im Ranking der Maßnahmen immer auf den Anteil von ›hoher Wichtigkeit‹.

Die Kombination möglicher strategischer Ausrichtungen ist der Schlüssel.

Da Unternehmen in der Regel nicht nur eine strategische Ausrichtung verfolgen, sondern die verschiedenen Möglichkeiten für ihren Kontext optimal kombinieren, untersuchten wir mit einer Korrelationsanalyse, welche Schwerpunkte die Unternehmen bei der Kombination legen. Die Analyse machte deutlich, dass Mehrwertstrategien auch als Schlüssel für Innovation, Kundenakquisition, internes Wachstum und Rentabilität betrachtet werden. Losgelöst scheinen Volumenstrategien (offensichtlich kombinieren Anbieter Mehrwert und Volumen kaum) und externes Wachstum durch Übernahmen. Gemeinsam genutzt werden vor allem Kanäle mit Innovation und Cross-Selling, internes Wachstum und Kundenakquisition, neue Kundengruppen und Kundenakquisition, Verkaufsproduktivität und Rentabilität. Zwischen jeder Ausrichtung und dem Verkauf lassen sich Zusammenhänge herstellen. Für Unternehmen gilt es also, die aufgezeigten Ausrichtungen wirksam zu kombinieren. Sie hängen zusammen. Oft sind Strategien des Gesamtunternehmens nur übergeordnet und lassen sich zu wenig mit dem Verkauf verbinden. Generische Strategien müssen dann Bottom-up aus dem Blickwinkel des Verkaufs konkretisiert werden. In sich geschlossene und dominante Strategie-Cluster konnten wir in den Ergebnissen nicht identifizieren, anhand derer wir Zusammenhänge zwischen Strategie, Cluster und einzelnen Maßnahmen hätten aufdecken können.

Abbildung 3.3 zeigt differenzierte Ergebnisse zu den Strategien in Abhängigkeit von verschiedenen Bedingungen des Unternehmens.

Ausprägung	**Starker Einsatz**	**Starker Einsatz**	**Ausprägung**	**Hinweise**
dezentrale Verkaufsphilosophie	Länder und Regionen (3) Cross-Selling (2)	Rentabilität (2)	zentrale Verkaufsphilosophie	Zentral orientierte Unternehmen führen stärker über die Rentabilität. Dezentrale suchen nach Verbindungen.
erfolgreiche Unternehmen	Ertrag: Länder und Regionen (3) Umsatz: neue Kundengruppen (3)	Ertrag: Innovation (3) Umsatz: Rentabilität (4)	erfolglose Unternehmen	Erfolgreiche suchen eine internationale Abdeckung und Kundenakquisition; erfolglose eher neue Produkte und Services und Umsatzrentabilität (was sich widerspricht).
kleiner Außendienst (kleines Unternehmen)	Innovation (3) neue Kundengruppen (3)	Kanäle (7) Verkaufsproduktivität (3)	großer Außendienst (großes Unternehmen)	Kleine gewichten Nischen und Innovation, große die Präsenz im Markt.
Anmerkung: In Klammern wird jeweils der Unterschied der Rangreihenfolge berücksichtigt (also bedeutet z.B. 1. Platz und 4. Platz für ein Merkmal eine Differenz von 3)				

Abbildung 3.3: Differenzierte Strategien

Zu den erfassten Unternehmenskonstellationen lassen sich Akzente der Unternehmen in ihren Strategien nur andeuten. Die Auswertung gibt plausible Hinweise.

3.2 Zusammenspiel von Verkaufsführung und -entwicklung

Bei den Eingriffen in Abhängigkeit von der Strategie bestehen zwei grundsätzliche Aufgaben zur Professionalisierung des Vertriebs:

Verkaufs-Development und Verkaufsführung sind ein enges Gespann

1. **Sales Excellence Development:** Es geht darum, zu analysieren, zu konzipieren, zu projektieren und den Verkauf methodisch zu stützen. Zusammengefasst, werden die Ausrichtung, die Inhalte sowie die interne und externe Zusammenarbeit im Vertrieb vorbereitet.

2. **Verkaufsführung:** Erst die aktive Verkaufsführung kann jedoch aufgreifen, umsetzen, führen, unterstützen und kontrollieren. Verkaufsführung erfordert auch eine starke Machtposition und Durchsetzungskraft des Verantwortlichen im Unternehmen.

Die Zusammenhänge zeigt Abbildung 3.4. Angedeutet ist dabei, dass die Verantwortlichkeit für die Initiativen im Sales Development von den ersten Ideen und Lösungsvorschlägen (Sales Excellence), zu Pilotprojekten (Sales Pilot) bis hin zur breiten Schulung und Umsetzung (Sales Campus) vom Sales Development in die Verkaufsführung übergeht.

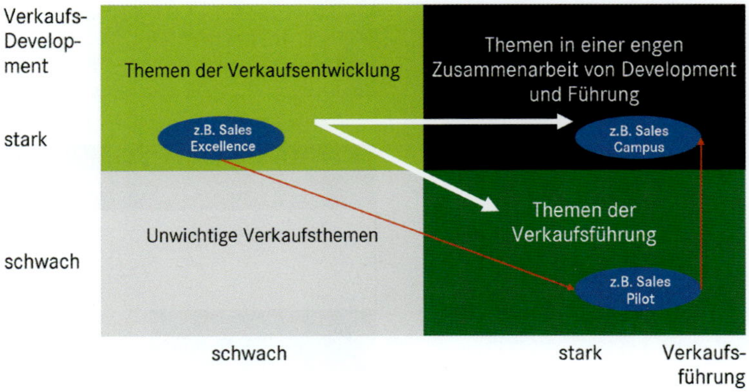

Abbildung 3.4: Verkaufs-Development und -führung

Schwerpunkt Sales Excellence Development

Dieses Buch legt den Schwerpunkt auf den Bereich der Verkaufsentwicklung. Während hier eher die jungen Sales Developer aktiv sind, dominieren in der Verkaufsführung besonders Vertriebsleiter mit ihren großen Mannschaften von Verkäufern. Die Arbeitsteilung ist jedoch nicht statisch, denn der Sales Developer kann auch aktive Führungsaufgaben übernehmen, während sich der Vertriebsleiter auch im Sales Development engagiert. Zumindest entscheidet der Vertriebsleiter meistens, welche Neuerungen im Vertrieb schließlich aufgegriffen werden. Sales Excellence Development ist die Entwicklungsabteilung des Verkaufsmanagements. Damit kann die Verkaufsführung die Initiative ergreifen, um sich mit grundlegenden Strategien im Vertrieb auseinanderzusetzen. Dieses Engagement ist besonders im heutigen Umfeld von Unternehmen bedeutend, denn Verkaufsverantwortliche interpretieren sich stärker als Getriebene, denn als Gestalter (vgl. Belz/Lee 2014b). Eine sehr enge Zusammenarbeit ist aber in jedem Fall eine wichtige Voraussetzung für den Erfolg.

Getriebene statt Gestalter

Philosophie für den Verkauf

Sales Excellence Development steht für übergreifende Optimierung, zentrale Eingriffe und Standardisierung (vgl. Abbildung 3.5). Die Verantwortlichen wollen ihre Eingriffe zukünftig verstärken (von 32,5 auf 39,5%). Die Richtung ist also vorgezeichnet. Nur sind sich die Verantwortlichen bewusst, dass zwischen lokaler und globaler Ausrichtung ein ausgewogenes Verhältnis erreicht werden muss. Mit diesem Spannungsfeld gilt es, geschickt umzugehen. Zusätzlich zur Balance gilt es zu berücksichtigen, dass ein Unternehmen auf dem Weg zum Soll in lokalen und übergreifenden Ansätzen mehr machen kann.

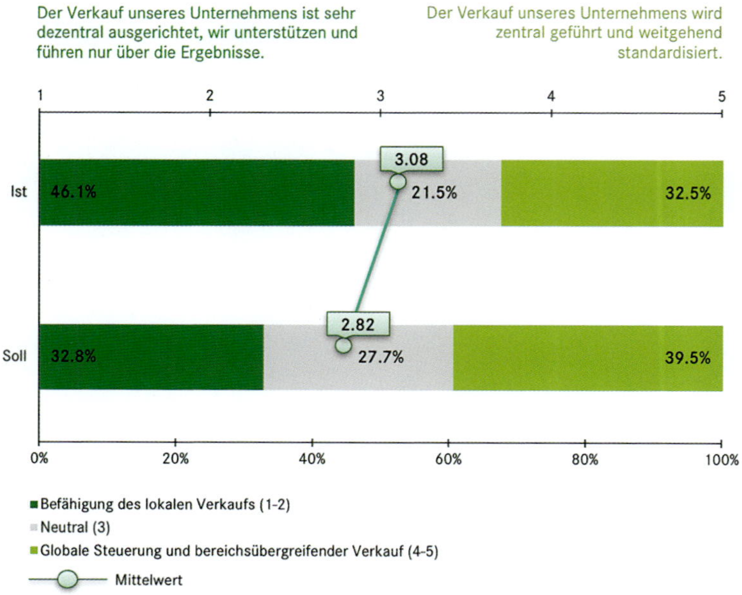

Abbildung 3.5: Soll und Ist einer dezentralen oder zentralen Verkaufsphilosophie

Ein klares Bekenntnis im Unternehmen zum globalen oder lokalen Verkauf kann helfen, die vielfältigen Maßnahmen in zentralen und lokalen Einheiten zu prüfen. Global oder lokal zu unterscheiden, ist aber in der Regel zu grob. Für einen wirksamen Vertrieb braucht es schließlich beides. Wichtig ist deshalb, welche Aufgaben dezentral und zentral gelöst werden. Damit befassen sich die Hebel für Eingriffe ab Kapitel 5.

Vertriebseinheiten als Kunden

Wichtige Ansätze befassen sich damit, wie Zentralen ihre Vertriebseinheiten als Kunden behandeln können (vgl. Schmitz 2006). Ein Modell besteht darin, das Vertriebssystem gleichsam als Franchising-System für die Vertriebseinheiten anzubieten, bei einer unternehmerischen Eigenständigkeit dieser Einheiten (vgl. auch Kapitel 18).

Die folgende Tafel zeigt ausgewählte Aussagen der Praxis zum Spannungsfeld.

Aussagen der Praxis zur dezentralen Verantwortung und Initiative

Wichtig ist, dass der Verkauf sich mit dem Unternehmen identifiziert, unternehmerisch denkt und nicht allein absatzgetrieben handelt. Dafür muss das Management motivieren, nicht nur fordern.

Eigenverantwortung des Verkaufs stärken.

Vertrauen: Mitarbeiter brauchen Handlungsspielräume und Unterstützung statt Kontrolle und permanentes Nachfragen.

Marketing muss sich auch als Dienstleister vom Verkauf sehen. Der moderne Marketer prüft seine Konzepte im Feld und kennt typische Verhaltensweisen des Verkaufs und der Kunden.

Die Verkäufer dazu bringen, das Projekt mit ganzem Herzen zu umarmen und als Werkzeug zum Erfolg zu begreifen.

Aussagen aus der Praxis zu übergreifenden Aufgaben

Umsatz von Zufällen befreien!

Eine analytische Vorgehensweise zur regelmäßigen Weiterentwicklung der Vertriebsbereiche und deren Anpassung an die internen und externen Veränderungen.

Es geht um die Priorisierung von Marktsegmenten.

Strategisches Account Management auf Unternehmensebene.

Digitale Transformation von Marketing und Vertriebsprozessen.

Die Hinweise zu Strategien münden in die folgenden Fragen für die Praxis. Sie sollen dem Leser helfen, die eigenen Akzente zu bestimmen.

Fragen für die Praxis

1. **Wie entwickeln Sie Ihre Unternehmensstrategie, damit sie für den Verkauf relevant ist?**
2. **Wie teilen und verbinden Sie die Aufgaben von Verkaufsführung und -entwicklung?**
3. **Wie gehen Sie grundsätzlich mit dem Spannungsfeld von zentral und lokal (oder spartenbezogen) um?**

Auch wenn ein Jagdspurt nur 38 Sekunden dauert, muss sich der Gepard hiernach erst einmal ausruhen. Doch dann muss der Gepard schnell fressen, denn er kann seine Beute gegen andere Raubtiere wie Hyänen, Löwen oder Leoparden kaum verteidigen.

4. Ziele und Aufgaben des Sales Excellence Development

Verkaufsführung und Sales Excellence Development hängen eng zusammen, wie bereits die Abbildung 3.3 gezeigt hat. Neben der Strategie prägt dieses Zusammenspiel die Ziele und Aufgaben des Sales Excellence Development.

4.1 Verkaufsführung

Stränge der Verkaufsführung

Verkaufsführung umfasst die Stränge Strategie, Menschen und Support – ausgerichtet auf den Prozess des Kunden. Die Zusammenhänge zeigt Abbildung 4.1.

Professionalisierung und Führung des Verkaufs bleiben auch wichtig im Kontext des Sales Excellence Development.

Prioritäten zu setzen ist anspruchsvoll.

Anhang 1 enthält unseren **Verkaufscheck** auf Grundlage dieser Systematik. Allerdings führen umfassende Verkaufsaudits immer zu vielen möglichen Verbesserungen. Auch bewerten die Beteiligten im Unternehmen oder von beigezogenen externen Dienstleistern die wichtigen Neuerungen nie homogen. Der Weg von der Analyse hin zu wenigen Prioritäten ist deshalb anspruchsvoll.

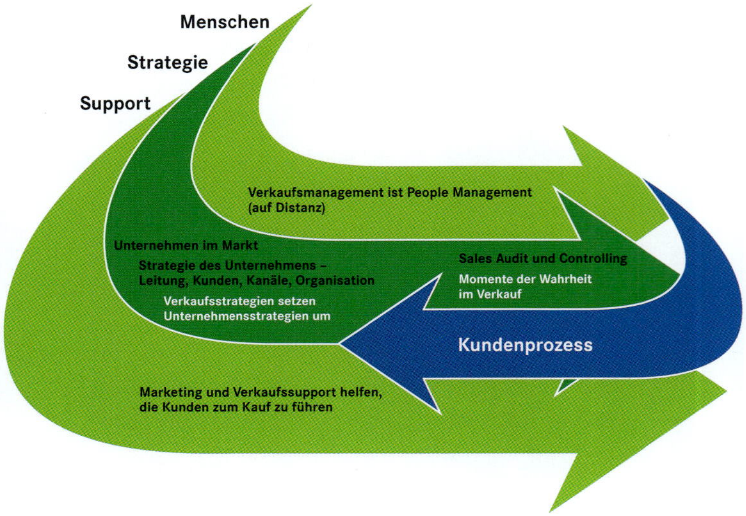

Abbildung 4.1: Verkaufsführung

Verkaufsziele sind auch relevant für das Sales Excellence Development

Um den Verkauf zu führen, braucht es klare Ziele. Sie betreffen die Umsätze und Erträge für Regionen, Kunden und Leistungen. Es braucht einen gültigen Verkaufsansatz, der die angestrebte Rolle und Wirkungsweise des Verkaufs definiert. Wirkt der Verkauf beispielsweise durch eine anspruchsvolle Kundenberatung? Wirkt der Verkauf vor allem durch häufige Besuche und damit die Präsenz beim Kunden? Wirken Verkäufer dadurch, dass sie Kundeninformationen systematisch erheben, auswerten und damit ihre Besuche systematisch vorbereiten? Oder wird der Erfolg dadurch gesteigert, dass jeder Verkäufer möglichst viel verdienen will und sich selbstständig dafür engagiert? Die Annahmen über die Wirkungsmechanismen bestimmen, wo Unternehmen ansetzen, um die Verkaufsleistung zu steigern.

Sales Excellence Development flankiert die Verkaufsführung (und umgekehrt).

Manche Zentralen bestimmen dazu nicht verhandelbare Vorgaben. Ein Beispiel ist bei Geberit (Sanitärtechnologie) die Zahl der Verkaufsbesuche pro Tag in verschiedenen Kundenkategorien. Vorgaben und Inhalte gilt es schließlich zu überprüfen und daraus zu lernen. Dabei spielen nicht nur Kennzahlen eine Rolle. Verkaufsmanager müssen wissen, was in der Interaktion zwischen Verkäufern und Kunden wirklich geschieht. Weil viele unterschiedliche Verkäufer an vielen Orten und mit vielen unterschiedlichen

Kunden zusammenarbeiten, ist auch ihr Vorgehen vielfältig. Jeder Verkäufer muss spezifisch geführt und unterstützt werden, um sich zu entwickeln. Das operative Verkaufsmanagement ist in der Regel durch viele Personen geprägt und ein anstrengender ›Knochenjob‹. Es genügt nicht, neue Verkäufer zu gewinnen und einzustellen sowie sich um die Verkäufer und ihre Umsätze und Erträge zu kümmern. Zur Professionalisierung braucht es neue Inhalte, Methoden und Prozesse, die passgenau für das Unternehmen entwickelt werden - ein aufwendiger Schritt. Deshalb ist es folgerichtig, eine ›Forschung & Entwicklung‹ im Verkauf zu installieren und ein strategisches Verkaufsmanagement bewusst zu verankern. Nur durch ein solches Vorgehen kann die Verkaufsführung wirksam flankiert werden.

4.2 Orientierungslosigkeit der Verkaufsführung?

Die Idee eines zentralen Sales Development ist plausibel. Weil der Erfolg der meisten Unternehmen durch den Verkauf getrieben wird, lohnt es sich auch, hier anzusetzen. Was soll aber ein Verantwortlicher für Sales Development tun, um den Anspruch auf mehr Professionalisierung und Wirksamkeit zu erfüllen? Welche Verkaufsthemen, Projekte oder Change-Prozesse sind im Zeitablauf ergiebig? Wie wird ein zentraler Spezialist von vielen Verkaufsverantwortlichen akzeptiert und wie muss er sich im Unternehmen vernetzen? Was sind die Erfolgsausweise für eine solche Aufgabe?

Drohende Zersplitterung

Welche Themen soll ein Unternehmen aufgreifen und verfolgen? Zu den möglichen Themen der Verkaufsentwicklung erfassten wir mit intensiven Expertengesprächen in 30 Unternehmen die heißen Themen im Verkauf. Ergebnis ist die Übersicht in Abbildung 4.2. Wer dabei zu viele dieser Themen aufgreift, zersplittert sich heillos; schon ein bis drei Ansätze fordern heraus.

Manche (selbst-)ernannten Sales Developer scheinen durch die Vielfalt von Themen überfordert, ebenso wie ihre Vorgesetzten. Die Gefahr ist recht groß, dass sie sich zunächst zu viel aufbürden. Ihre Aufgabe ist, bezogen auf die begrenzten Ressourcen, viel zu groß und der reale Beitrag entfernt sich von der großen Idee, weil sich nur Nebenaufgaben leisten lassen. Rasch sind sie dann nur noch die Erfüllungsgehilfen für Nebenaufgaben im Verkaufsmanagement. Ein Abstieg von Sales Development zu Sales Support muss zwingend verhindert werden.

Unternehmensstrategie und Vertriebsstrategie verzahnen **Alignment**	Verkaufsmannschaft führen **People**	Verkaufsinteraktion mit Kunden entwickeln **Moments of Truth und Verkaufssupport**
Verkaufsdevelopment – Verkauf für Sparten und Länder übergreifend professionalisieren und den Verkauf unternehmerisch entwickeln	Sales Excellence im Unternehmen definieren	Kunden differenziert bearbeiten von Segmenten, Schlüssel- bis Kleinkunden
Transparenz über Markt- und Kundenpotenziale gewinnen	KPIs zur Steuerung des Vertriebs wählen und wirksam nutzen; Verkauf leistungsorientiert incentivieren	Verkaufstools entwickeln und umsetzen; CRM im Vertrieb optimal nutzen
Treiber der Verkaufskomplexität im Unternehmen erfassen und Komplexität wirksam führen	beste Vertriebsmitarbeiter anziehen, selektionieren und wirksam einführen; bestehende Vertriebsmitarbeiter prüfen und entwickeln	Targeting der Kunden umsetzen – von ABC-Kunden bis zum Ressourceneinsatz und zur Verlagerung/Steuerung
Zukunft des Vertriebs und strategische Weichen – redimensionieren, erweitern, verändern (Wertschöpfung im Vertrieb; zukünftige Rolle des Vertriebs; Szenarien der Marktbearbeitung neu vom Marktpotenzial her denken und aufbauen; den Verkauf neu organisieren)	aktuelle Vertriebsschulung kritisch prüfen und wirksam auf zukünftige Anforderungen ausrichten	Zusammenarbeitsmodelle mit Kunden von schlank bis extensiv beherrschen und den Preisspielraum für Wachstum erschließen
	Fluktuation im Verkauf managen, Fachkarriere im Vertrieb fördern, Talentmanagement	Preise und Leistungen im Verkauf wirksam gestalten
Verkauf in der Organisation und Verkaufsorganisation erneuern/Verkaufsspezialisierung, interne Leistungsfähigkeit für Kunden wirksam koordinieren, Cross-Selling	First Line Sales Manager als Hebel für Wachstum und Qualität	Momente der Wahrheit im Vertrieb: Kundenzugang, Verkaufsgespräche und gute Beratung, Präsentationen, Offerten, Verhandlung der Offerte, Rechnung
	Vertriebsinnovation und -kreativität steigern; Ansätze des Challenger Sale verfolgen	
Multichannel entwickeln und die Rolle des Verkaufs neu orientieren		Kunden zum Kauf führen: Komplexe Kundenprozesse verstehen und gestalten, die reale Interaktion mit Kunden verbessern und Kundensicht ernst nehmen
Vertrieb und Marketing; Vertrieb und Produktmanagement, Technik, Informatik und Kundendienst verzahnen		
Value Selling spitz machen – Spannung zwischen Mehrwert und schlankem Geschäft gestalten		Digitalisierung im Verkauf selektiv aufgreifen (z. B. Verkaufssupport mit Tablets, Self-Advisory und Robo-Advisory, Kunden online entwickeln und dies offline fortsetzen, neue Vertriebsmodelle prüfen, Sales Analytics professionell nutzen)
New Business: neue Märkte und neue Kunden bestimmen und erschließen		

Abbildung 4.2: ›Sales Heatmap‹ in Unternehmen (Belz 2016f.)

Freiräume der Verkäufer müssen erhalten bleiben.

Gleichzeitig muss es Sales Development gelingen, ihr Gegenüber, also die Verkaufsmannschaft, mit ins Boot zu holen. Eine Aufgabe, die nicht immer einfach ist, denn Verkäufer ergreifen ihren Beruf meistens, weil sie selbstständig sein wollen. Ihre Erfolgsrezepte sind dabei sehr verschieden und meist personenabhängig. Sie versuchen, sich gegenüber einer Zentrale abzuschirmen oder wehren sich gegen aus ihrem Blickwinkel ungerechtfertigte Eingriffe. Unternehmen stellen demgegenüber oft fest, dass die Verkäufer nicht genügend professionell und strategiekonform vorgehen. Deshalb erwägen sie, den Verkauf zentral zu beeinflussen und Verantwortliche für Sales Excellence Development zu benennen. Dies sollte sehr behutsam erfolgen. Eingriffe sollen die Motivation der Verkäufer nicht schmälern, sondern ihre Kraft freisetzen. Auch bleibt den Verkäufern ein großer Freiraum. Manche Eingriffe sind zwar fein ausgedacht und gut gemeint, bleiben aber illusionär. Jeder zentrale Verkaufsentwickler wird daher sorgfältig abschätzen, was er mit seinen Ressourcen beeinflussen kann. Es lohnt sich nicht, Dinge nur anzustoßen oder unnötig Unruhe zu stiften. Denn jede gescheiterte Initiative untergräbt die Glaubwürdigkeit des Sales Excellence Development und beeinträchtigt oder verhindert selbst Erfolg versprechende Lösungen.

Die Sicht der Verkäufer ernst nehmen

Ohne Zweifel ist es wertvoll, die Sicht der Verkäufer ernst zu nehmen. Viele fühlen sich nämlich durch Zentralen eher in ihrer Arbeit behindert als unterstützt (vgl. Abschnitt 17.2). Folgende Fragen spielen beispielsweise eine Rolle:

- **Ziele:** Sind die Ziele oder Budgets realistisch und motivieren sie?
- **CRM:** Lassen sich mit dem firmenweiten CRM, die richtigen Prioritäten bei Kunden mit den passenden Angeboten setzen? Ist die Pflege der Kundendaten durch den Verkäufer effizient?
- **Methoden:** Lassen sich mit vorgegebenen Verkaufsmethoden das persönliche Potenzial und der Erfolg des Verkäufers besser ausschöpfen?
- **Administration und Reporting:** Gelingt es, die Administration des Verkäufers und das Reporting zu verschlanken und seine aktive Verkaufszeit zu steigern? Helfen dabei neue Technologien und Automatisierung?
- **Individualisierung und Agilität:** Lässt sich im Interesse des Unternehmens gezielter auf Kunden eingehen? Werden Abläufe zu Preisstellung, Offerten, Kundenreklamationen usw. beschleunigt und verbessert?
- **Training:** Helfen zentrale Events und Schulungen dem Verkäufer dabei, seine Erfolge zu steigern?
- **Spesen:** Fördern die Spesenregelungen eine wirksame Kundenbearbeitung?
- **Lohn:** Ist das Lohnsystem transparent und verbindet Leistung und Lohnhöhe für den Verkäufer wirksam?

Die Fragen sind positiv gestellt. Im konkreten Gespräch mit Verkäufern lässt sich aber oft rasch eine Liste der aus ihrer Sicht unsinnigsten zentralen Vorgaben erstellen.

Beispiele für Aufgaben der Verkaufsentwicklung

Unsere Kritik der Orientierungslosigkeit im Sales Excellence Development wird in der Praxis nicht als solche wahrgenommen. 74% der Befragten sind der Meinung, dass ihre Aufgaben, Kompetenzen und Verantwortung im Sales Excellence Development eindeutig und wirksam festgelegt sind.

Beispiel AXA

Verschiedene Unternehmen definieren die Aufgabe ihres Sales Development recht umfassend. Bei AXA (führende Versicherung mit rund 330 Verkaufspunkten und etwa 1.750 Verkäufern) ist beispielsweise die zentrale Vertriebsentwicklung in die Abteilungen Distribution und Verkaufsmanagement integriert. Mehrere Teams decken die Aufgaben ab: Vertriebssteuerung (inkl. Compliance), Provisionen, Verkaufsentwicklung und Human Resources, Strategie- und Controlling-Projekte und -Systeme sowie Gegengeschäfte. Besonders wichtig für die Kundenbearbeitung ist die Frage der zentralen Führung im Spannungsfeld zur dezentralen Verantwortung: Wo ist eine engere Führung für eine umfassendere Verkaufsverantwortung ergiebig? Auch definierte Teilaufgaben können im Vordergrund stehen. Bei Geberit befasst sich beispielsweise ein größeres Projekt mit der Rolle und dem Engagement der Leiter von Verkaufsteams (auch Schmitz/Belz/Huckemann 2016). Generell führt der Verantwortliche für Sales Excellence Development bei Geberit sein kleines Team fachlich und disziplinarisch und erfüllt die folgenden Aufgaben:

Beispiel Geberit

- Weiterentwicklung der Vertriebsstrategie des Konzernbereichs Sales Europe
- Leitung von Organisations- und Entwicklungsprojekten des Konzernbereichs Sales Europe
- Analyse von Verbesserungspotenzialen der Vertriebsgesellschaften
- Erarbeitung von Best-Practice-Analysen und -Konzepten und Organisation des Rollout in den Vertriebsgesellschaften
- Unterstützung der Vertriebsgesellschaften bei der Einführung und Anwendung von Customer Relationship Management
- Entwicklung von Vertriebskonzepten, Konditionssystemen und regionalen Strategien.

Um die Aufgaben zu bestimmen, gilt es aber zunächst, die Ziele zu klären. Damit befasst sich der folgende Abschnitt.

4.3 Ziele des Sales Excellence Development

Funktionen werden in Marketing und Vertrieb sehr verschieden interpretiert.

Es gibt unterschiedliche organisatorische Bezeichnungen in Marketing und Vertrieb, wie beispielsweise Key Account Management oder Produktmanagement. Die Erfahrung zeigt deutlich: Die Ziele und Aufgaben der Produktmanager in verschiedenen Unternehmen sind vielfältig, oft setzt auch innerhalb eines Unternehmens jeder Produktmanager andere Schwerpunkte. Das gleiche gilt für Key Account Manager und weitere Funktionen, wohl ebenso für Sales Excellence Developer. Für Unternehmen ist es wichtig, die verfolgten Ziele zu bestimmen, um die eigene Vertriebsorganisation, einschließlich der Verantwortlichen, Prozesse und Aufgaben, eindeutig zu definieren.

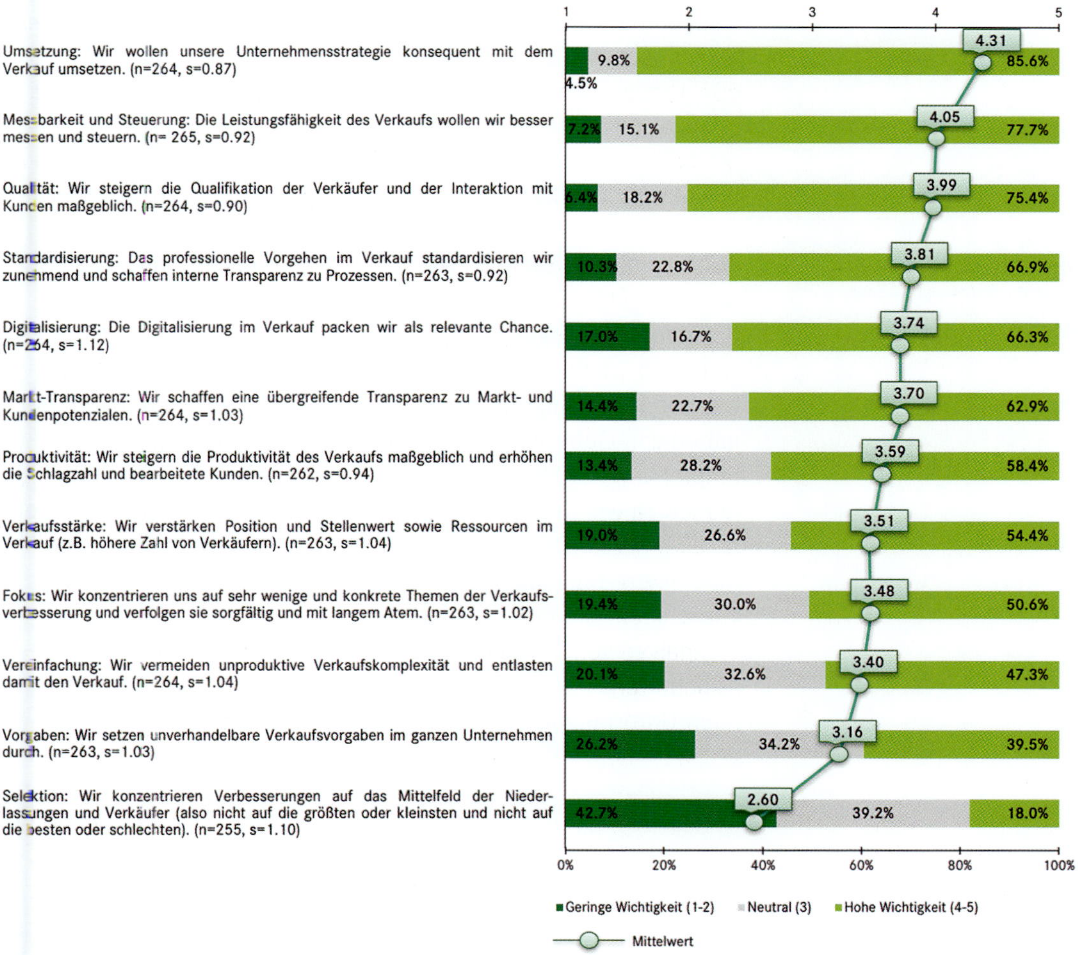

Abbildung 4.3: Ziele des Sales Excellence Development

Abbildung 4.3 zeigt einen Zielkatalog für Sales Excellence Development als Arbeitshilfe, und gleichzeitig bilden die Gewichte der Befragten einen Bezug für eigene Akzente.

Die Mehrheit der Befragten – rund 86% – wollen durch Sales-Excellence-Development-Initiativen vor allem die Unternehmensstrategie mit dem Verkauf umsetzen. Es folgen quantitative Ziele in Richtung Messbarkeit und Steuerung sowie qualitative Ziele in Richtung Verkäuferqualifikation. Das Zielsystem ist damit durchaus ausgewogen.

Bei weiteren Zielen hinsichtlich Standardisierung, Digitalisierung, Markttransparenz, Produktivität, Verkaufsstärke oder Fokus lassen sich keine klaren Prioritäten erkennen.

Obschon etwas abgeschlagen: Verkaufskomplexität wirksam zu führen, scheint uns ein wichtiger Ansatz (vgl. Belz/Schmitz 2011). Auch geht es bei der Verkaufsentwicklung nicht um die besten und schlechtesten Verkäufer oder die erfolgreichen und erfolglosen Niederlassungen. Im Mittelfeld lässt sich am meisten bewirken. Offenbar wird das in der Praxis kaum beherzigt.

Unsere Empfehlung an Unternehmen: Setze eigene Ziele.

Auch an dieser Stelle ist es kritisch, anhand der Durchschnittswerte abzuleiten, wo Unternehmen bei ihrer Zielsetzung die Schwerpunkte legen. Welche Themen für ein Unternehmen relevant sind, kann teilweise sehr spezifisch und individuell sein, wie das zuvor aufgeführte Beispiel der nicht verhandelbaren Vorgaben von Geberit zeigt. Setze eigene Ziele, so heißt unsere Empfehlung. Sollten die Zielsetzungen in einem Unternehmen jedoch zu weit auseinanderliegen und keine klare Linie verfolgen, ist eine Zersplitterung vorprogrammiert. Hier sollten Unternehmen einen Abgleich mit der übergeordneten Verkaufsstrategie vornehmen, um eine Schärfung zu erzielen.

Abbildung 4.4 zeigt die wichtigen, differenzierten Ergebnisse nach Unternehmenssituation.

Ausprägung	Starker Einsatz	Starker Einsatz	Ausprägung	Hinweise
dezentrale Verkaufs-philosophie	Verkaufs-stärke (2)	Markttrans-parenz (2)	zentrale Verkaufs-philosophie	Die Unterschiede sind klein. Zentrali-sierte Unternehmen wollen eine hohe Transparenz, um Ein-heiten zu führen.
erfolgreiche Unternehmen	Ertrag: Standardisie-rung (3) Umsatz: dito (5)	Ertrag: Ver-kaufsstärke (3) Umsatz: dito (3) Markttrans-parenz (3)	erfolglose Unternehmen	Frappierend ist der Stellenwert der Standardisierung bei erfolgreichen Unter-nehmen.
kleiner Außendienst (kleines Unternehmen)	Fokus (6)	Verkaufs-stärke (2) Produktivität (2)	großer Außendienst (großes Unternehmen)	Wenige Außendienst-mitarbeitende müs-sen sich fokussieren.

Anmerkung: In Klammern wird jeweils der Unterschied in der Rangreihenfolge berücksichtigt (also z.B. 1. Platz und 4. Platz)

Abbildung 4.4: Differenzierte Ziele des Sales Excellence Development

Naturgemäß prägt die Konstellation des Unternehmens auch den Einsatz von Sales Excellence Development. Die allgemeinen Akzente betonen die Unterschiede und regen zu eigenen Schwerpunkten an. Groß sind aber auch die Übereinstimmungen.

Generell erkennen Unternehmen jedoch sowohl in der Verkaufsführung als auch in der Verkaufsentwicklung maßgebliche Reserven, um sich zu verbessern. Das zeigt Abbildung 4.5.

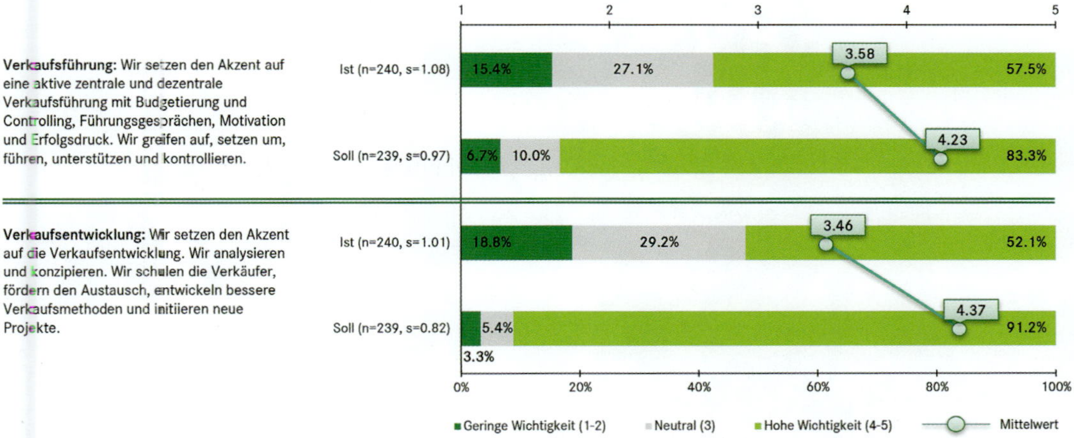

Abbildung 4.5: Potenzial für Verbesserungen in Führung und Entwicklung des Verkaufs

Diese Verbesserungen lassen sich nur im Zusammenspiel von Führung und Entwicklung erreichen.

4.4 Positionierung und Organisation

Eine gute Positionierung wird einem Verantwortlichen nicht geschenkt, sondern sie muss erarbeitet werden.

Sales Excellence Development erfüllt seine Aufgabe im Verbund mit weiteren Unternehmenseinheiten. Offensichtlich ist diese Funktion gut mit dem (Top-)Management verbunden und auch der Stellenwert des Verkaufs ist im Unternehmen hoch. Nicht jede Sparte pflegt dabei einen eigenen Außendienst. Mehrheitlich scheinen Unternehmen eher spartenübergreifend mit Verkaufsgeneralisten zu verkaufen. Voraussetzung ist dafür allerdings, dass dabei auch mehrere Sparten für die gleichen Kunden relevant sind. Auch das stärkt die Position von Führung und Entwicklung des Verkaufs. Zudem bildet die Verkaufsführung mit der Verkaufsentwicklung in den meisten Unternehmen ein Tandem – so wie es idealerweise sein soll. Eigens für die Umsetzung von Sales-Excellence-Initiativen eingesetzte Projekteams vergrößern den Einfluss noch weiter und fördern die Akzeptanz von neuen Verkaufslösungen.

Abbildung 4.6 begründet diese Aussagen mit sehr deutlichen Zahlen.

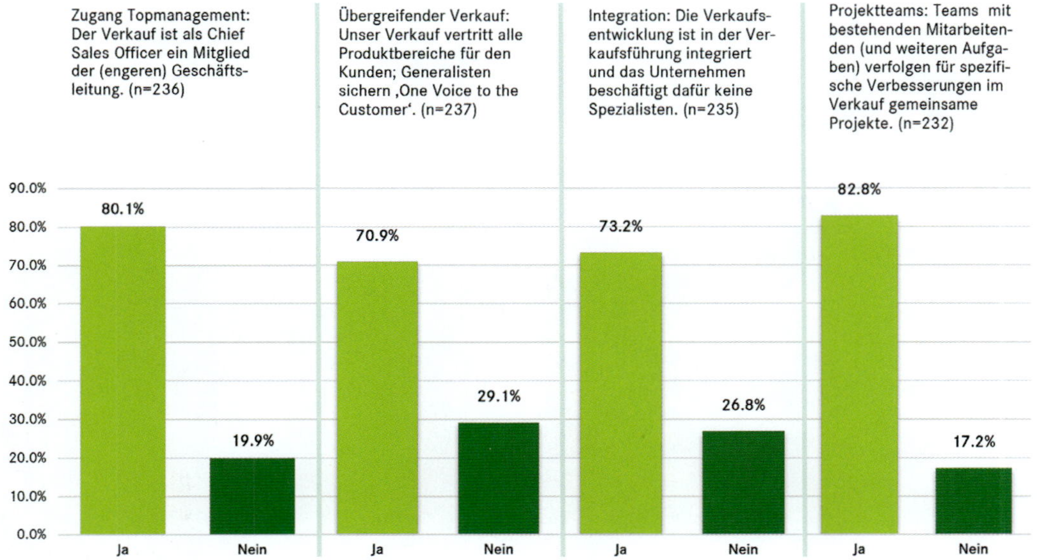

Abbildung 4.6: Positionierung und Organisation des Sales Excellence Development

Strukturelle Zuordnung von Sales Excellence Development

Wo sind die Mitarbeitenden für Sales Excellence Development im Unternehmen angesiedelt? Unsere Ergebnisse zeigen, dass sich in der Praxis unterschiedliche Modelle etabliert haben:

- 52% sind dem CEO des Unternehmens zugeteilt.
- 77% sind direkt der Vertriebsleitung des Unternehmens zugeordnet.
- 34% arbeiten in der Vertriebsleitung einer Region (und übernehmen Teilaufgaben für das gesamte Unternehmen)
- 30% arbeiten in einer Sparte (und übernehmen Teilaufgaben für das gesamte Unternehmen).

Gewisse Abweichungen ergeben sich zu Abbildung 4.6, weil die Fragen anders gestellt waren.

Vereinzelt ist Sales Excellence Development ein Teil der Personalentwicklung. Auch lassen sich Lösungen in Verbindung mit Global Account Management oder Business Development antreffen. Aus diesen Zuordnungen lassen sich bereits Tendenzen dafür feststellen, welche Schwerpunkte Unternehmen mit Sales Excellence Development legen.

Sales Excellence Developer sind gute Netzwerker – und müssen es auch sein.

Eng ist die Verlaufsentwicklung mit Inhouse-Beratung und Business Development abgestimmt (78,3%). Zudem ist für 76% der Befragten die Zusammenarbeit mit den dezentralen Verkaufseinheiten intensiv und neue Lösungen werden ›Bottom-up‹ verankert. Generell sind gute Sales Excellence Developer wohl auch sehr gute Netzwerker – und müssen es auch sein. Auch Strategiespezialisten, Technik, Produktmanagement, Markenverantwortliche, Kundendienst und Controlling gilt es, in dieses unternehmensinterne Netzwerk einzubeziehen.

Externe Dienstleister werden seltener genutzt.

Erstaunlicherweise nutzen nur 31% der Befragten externe Dienstleister im Sales Excellence Development, wie beispielsweise Berater oder Trainer. Dies ist erstaunlich, da Unternehmen oft nicht nur die Kraft zur konzeptionellen Entwicklung, sondern auch zur Umsetzung von Sales Excellence Development fehlt; vielleicht folgt daraus eine gewisse Zurückhaltung.

Nach unserer Auffassung gehört Sales Excellence Development zur Gesamtleitung des Vertriebs in einem Unternehmen. Gute personelle Voraussetzungen in den Bereichen Führung und Entwicklung in einer Sparte oder einem Land können aber durchaus für ein Lead-Konzept dieser Sparte oder dieses Landes sprechen.

Permanente Sales Excellence Teams

In 57% der Unternehmen spielen permanente Sales Excellence Teams eine Rolle, obwohl meistens Sales Excellence Development auch in der Struktur verankert ist (in Abbildung 4.6 spielen die Projektteams im Verkauf bei 83% der Unternehmen eine Rolle, wobei hier auch temporäre Initiativen eingeschlossen sind). Oft wird mit einer kleinen Kerngruppe und einer erweiterten Gruppe gearbeitet. Bei durchschnittlich 14 Mitgliedern in den Sales Excellence Teams ist eine Untergliederung wohl nötig. Einzelne Unternehmen zählen sogar 25 und mehr Mitglieder dazu.

Ressourcen für Sales Excellence Development

Der Einfluss im Unternehmen wird nicht nur durch eine Positionierung und organisatorische Verankerung geprägt. Ebenso spielen die eingesetzten Ressourcen eine Rolle. Sales Excellence Development braucht immer die Ressourcen anderer Organisationseinheiten, um neue Lösungen anzuregen, zu entwickeln und umzusetzen. Deshalb ist es schwierig, die erforderlichen Ressourcen zu bestimmen. Auch stellten wir verschiedene Philosophien fest. Während einige Unternehmen diese Einheiten mit zehn bis 20 Personen besetzen, beschränkt sich beispielsweise Geberit nur auf einen Verantwortlichen. Sehr knappe Ressourcen bewirken, dass die Verantwortlichen stets die betroffenen Mitglieder der Organisation aktiv einbeziehen und kein gesondertes Eigenleben entwickeln. Allerdings ist dabei zu beachten, dass es viel Energie braucht, die Beteiligten (mit zahlreichen weiteren Aufgaben) zu einem Thema zu koordinieren und Initiativen voranzutreiben.

In unserer Untersuchung setzen Unternehmen durchschnittlich 14 Personen für Sales Excellence Development ein, wobei 16% weniger als vier, 42% zwischen fünf und zehn, 26% zwischen elf und 25 und 16% sogar mehr als 25 Leute ernennen. Weder Durchschnitt noch Verteilung geben aber wesentliche Hinweise, wie wir weiter oben bereits argumentiert haben.

4.5 Unternehmensprojekte zur Verkaufsentwicklung

Aus den Zielen und Ressourcen (geprägt auch durch die Position und organisatorische Verankerung) lassen sich im Unternehmen die maßgeblichen Themen und Projekte bestimmen.

Inhaltlich brauchen wir die aufgeführten Projekte nicht zu interpretieren (vgl. auch die Sales Heatmap in Abbildung 4.2). Die Zusammenhänge mit den untersuchten Hebeln (ab Kapitel 5) sind auch bei dieser offenen Frage recht offensichtlich. Das stützt unsere Struktur für das Management von Sales Excellence Development.

Abbildung 4.7: Projekte zur Verkaufsentwicklung in Unternehmen

Durchschnittlich verfolgen Unternehmen durch Sales Excellence Development aktuell sieben maßgebliche Projekte im Verkauf. Es sollte dabei nicht überschätzt werden, wie tragfähig ein Unternehmen für neue Themen sein kann. Meistens wird zu viel lanciert und zu wenig umgesetzt. Allerdings lässt sich zu Neuerungen teilweise auch eine gelassene Haltung einnehmen; was in den ersten Phasen nicht von selbst funktioniert, wird vielleicht zum eigenen Vorteil auch nicht weiterverfolgt.

Zum Abschluss dieses Kapitels, das sich mit den Zielen bis hin zu Projekten des Sales Excellence Development befasst hat, folgen einige Aussagen aus der Praxis und Fragen, die sich Praktiker stellen sollten.

Aussagen der Praxis

All Business is local: Sales Excellence kann sich nur in den Märkten und durch die Märkte entwickeln. Es ist eine lokale Aufgabe der lokalen Vertriebsführung mit einer zentralen Unterstützungsorganisation.

Sales Excellence muss den Vertrieb umfassend unterstützen und darf nicht ›Stand-alone-Leuchtturmprojekte‹ entwickeln; eine größtmögliche Integration in die tatsächliche Markt- und Vertriebsrealität ist von entscheidender Bedeutung!

Strategische Veränderungsprozesse werden zentral ausgelöst und nach und nach in den Märkten implementiert. Da ist die Kunst, dass man das mit den lokalen Veränderungsprozessen zusammenbringt. Das ist ein Bottom-up- und Top-down-Prozess.

Fragen für die Praxis:

1. Welche Ziele verfolgen Sie mit Sales Excellence Development?
2. Wie sichern Sie Positionierung und Organisation, damit Sales Excellence Development wirksam wird?
3. Wie optimieren Sie die eigenen Ressourcen im Sales Excellence Development im Zusammenspiel mit weiteren Ressourcen innerhalb der Organisation (in Verkauf, Niederlassungen und Sparten)?
4. Welche Projekte sollen im Zeitablauf durch Sales Excellence Development in Ihrem Unternehmen verfolgt und umgesetzt werden?

Geparde haben extrem lange, dünne Beine und einen sehr schlanken Körper. Der Kopf ist klein und rund, der Schwanz lang. Die Anatomie des Gepards ist auch in weiteren Punkten auf Schnelligkeit ausgelegt: Seine Nasengänge sind erheblich verbreitert, sodass wenig Platz für das Gebiss bleibt, das im Vergleich zum Gebiss anderer Katzen stark verkleinert und damit eine relativ schwache Waffe ist.

5. Hebel für Sales Excellence Development

Es ist ausgesprochen wichtig, die Arbeit des Sales Excellence Development wirksam zu strukturieren und im Unternehmen die richtigen Akzente zu setzen. Doch wo müssen Unternehmen ansetzen, um den Verkauf wirksam zu professionalisieren?

5.1 Hebel im Überblick

In unseren Untersuchungen zu Global Sale (vgl. Belz/Bußmann/Lee 2013) und den Voruntersuchungen mit Unternehmensexperten ermittelten wir die Hebel zur Verbesserung des Verkaufs, wie sie Abbildung 5.1 zeigt. Diese Hebel wurden mehrfach mit qualifizierten Experten aus der Praxis evaluiert und haben sich bewährt. Jeder Hebel betrifft Sales Development und Verkaufsführung.

Zusammenhänge

Ausgangspunkte bilden erneut die Unternehmens- und die Verkaufsstrategie des Unternehmens (vgl. Abbildung 3.1). Daraus leiten sich geeignete Hebel für das Sales Excellence Development ab; Verkaufsentwicklung und -führung sind bei der Umsetzung dieser Hebel gefragt. Bezug sind angestrebte Wirkungen bei Kunden, die sich in den Ergebnissen des Unternehmens niederschlagen.

Abbildung 5.1: Hebel in Sales Excellence Development und Verkaufsführung

Die Hebel aus Abbildung 5.1 lassen sich wie folgt umschreiben:

10 Hebel für das Sales Excellence Development

1. Align Strategy and Sales: Unternehmens- und Verkaufsstrategie aktiv abstimmen
2. Marketing and Sales Fit: Verkauf unterstützen und Leads qualifizieren
3. Qualify Sales People: Verkäufer qualifizieren
4. Share Best Practices in Sales: Know-how im Verkauf teilen
5. Close to People and Customers: Leadership und permanenter Dialog mit Verkaufsverantwortlichen, Verkäufern und Kunden
6. Digitalisation, Customer Relationship Management and Sales Methods: Customer Relationship Management und die Prozesse zur Kundengewinnung professionalisieren
7. Sales Metrics and Key Performance Indicators (quantitativ): Sales Analytics und Controlling bestimmen
8. Sales Performance Management (quantitativ und qualitativ): Sales Excellence im Unternehmen definieren und anstreben
9. Global Account Management: Globale (übergreifende) Kunden zentral bearbeiten

10. Restructuring Sales and Resources: Verkauf reorganisieren und Ressourcen bestimmen

Abbildung 5.1 verdeutlicht außerdem, welche Hebel das Sales Excellence Development und welche Hebel die Verkaufsführung besonders herausfordern. Diese Schwerpunkte gilt es aber, unternehmensspezifisch zu bestimmen.

Abbildung 5.2 weist die unterschiedlichen Akzente aus, die befragte Verkaufsleiter und Verantwortliche für Sales Excellence Development setzten.

Bereich	**Verkaufsmanager gewichten stärker**	**Verantwortliche für Sales Excellence Development gewichten stärker**	**Hinweise**
Strategie	Internes Wachstum (10)	Kanäle (3)	Die Strategieschwerpunkte stimmen weitgehend überein, und das sollten sie auch.
Ziele für Sales Excellence Development	Umsetzung (2)	Standardisierung (3)	Auch die Ziele für Sales Excellence Development decken sich weitgehend. Die ersichtlichen Akzente sind plausibel.
kritische Erfolgsvariablen	Differenzierung (4) gemeinsames Ziel (3)	Fähigkeiten (3)	Sales Excellence Development beweist weniger Sensibilität für die Vielfalt von Sparten und Ländern sowie gemeinsame Ziele.
Hebel für Sales Excellence Development	Close to people and customers (5) Marketing and Sales Fit (3)	Sales Performance Management (5)	Die Unterschiede zwischen Führung und Entwicklung sind hier plausibel.
Anmerkung: In Klammern wird jeweils der Unterschied in der Rangreihenfolge berücksichtigt (also z.B. 1. Platz und 4. Platz)			

Abbildung 5.2: Verkaufsmanagement und Sales Excellence Development im Vergleich

Zusammenfassend setzen Verkaufsmanagement und Sales Excellence Development ähnliche Akzente. Die Unterschiede lassen sich weitgehend durch die unterschiedliche Ausrichtung ihrer Aufgaben erklären. Offensichtlich fühlen sich aber Sales Excellence Developer weniger für internes Wachstum zuständig.

Sales Excellence Development beweist auch weniger Sensibilität für die Vielfalt von Sparten und Ländern sowie die Verfolgung gemeinsamer Ziele. Das sind allerdings zwei sehr kritische Aspekte für die Arbeit der Verkaufsentwicklung.

Abbildung 5.3 zeigt, dass auch die Persönlichkeit der Befragten eine Rolle spielt.

Bereich	Personenorientierte Manager gewichten stärker (n=150)	Sachorientierte Personen gewichten stärker (n=54)	Hinweise
Strategie	Kundenakquisition (9) Kundendifferenzierung (7)	neue Kundengruppen (4) Innovation (3) Volumen (3)	Personenorientierte Manager gewichten die bestehende Zusammenarbeit mit Kunden stärker.
Ziele Sales Excellence Development	Verkaufsstärke (3)	Standardisierung (6)	Personenorientierte oder sachorientierte Ziele sind offensichtlich.
kritische Erfolgsvariablen	Aufgaben und Ziele (4) Differenzierung Sparten/Länder (3)	Mittler in Führung und Verkauf (4) Marathon (3)	Personenorientierte suchen in der eigenen Aufgabe, Sachorientierte in der Verbindung mit anderen.
Hebel für Sales Excellence Development	Close to People (3)	Align Strategy and Sales (2)	Personenorientierte oder sachorientierte Ziele sind offensichtlich.
Anmerkung: In Klammern wird jeweils der Unterschied in der Rangreihenfolge berücksichtigt (also z.B. 1. Platz und 4. Platz)			

Abbildung 5.3: Personen- und sachorientierte Verantwortliche im Vergleich

Personenorientierung oder Sachorientierung – die Persönlichkeit prägt die Schwerpunktsetzung.

Es gibt verschiedene Aspekte, anhand derer die Persönlichkeit von Managern und Verkäufern charakterisiert werden kann. Neben weiteren Merkmalen werden häufig Personen- und Sachorientierung verwendet. Offensichtlich prägt bereits die Persönlichkeit der Befragten recht stark, welche Schwerpunkte hinsichtlich Strategien, Zielen und Hebeln gesetzt werden. Personenorientierte Führungskräfte haben mehr Sensibilität für die Umsetzung. Obschon wir laufend sachliche Gründe für ein unternehmerisches Vorgehen suchen, liegt ein wichtiger Zugang zu verantwortlichen Menschen in ihren Vorlieben. Das schafft gleichzeitig Chancen und Abhängigkeiten.

Abbildung 5.4: Akzente in den Hebeln des Sales Excellence Development aus dem Blick von Führungskräften und Verkäufern

Abbildung 5.4 zeigt, welche Schwerpunkte die befragten Führungskräfte und Verkäufer setzen. Bewusst erhoben wir die Sicht beider Parteien (Zentrale und Verkäufer). Die ersichtlichen Diskrepanzen in der Bewertung deuten auf Probleme in der Umsetzung hin.

Die drei wichtigsten Hebel für Führungskräfte sind 1) Qualify Sales People (hohe Wichtigkeit für 87%), 2) Close to People and Customers (84%) und 3) Align Strategy and Sales (83,6%).

Der Blick über alle Gewichtungen zeigt, dass eigentlich alle Hebel relevant sind. Die Führungskräfte kombinieren qualitative Verkaufsentwicklung und zahlenorientierte Führung. Immerhin erstaunt, dass in einem messgläubigen Umfeld die Sales Metrics und KPIs nahezu am Schluss erscheinen. Das mag auch damit zusammenhängen, dass jede Messung erst abgleitet ist. Restrukturierungen und neue Ressourcen (mit Abbau oder Aufbau) sind als Hebel nur temporär nötig, deshalb ist es plausibel, diesen Punkt an den Schluss zu stellen. Gleichzeitig ist das ein Indiz dafür, dass eher in bestehenden Strukturen gearbeitet wird und grundsätzliche Neuerungen zurückhaltend aufgegriffen werden.

Verkäufer messen allen Hebeln weniger Wichtigkeit und Wirkung zu als die Führungskräfte. Zwischen dem, was im Management

Diskrepanz zwischen Schwerpunktsetzung im Management und bei den Verkäufern

beabsichtigt wird, und dem, was bei Verkäufern ankommt, besteht eine Diskrepanz. Auch schätzen sie beispielsweise Share Best Practices als weit wichtiger ein als Manager, Close to People and Customers hingegen als weit weniger wichtig. Unterschiedliche Prioritäten von Zentrale und dezentralen Einheiten sind kritisch zu sehen. Daraus entstehen Probleme der Umsetzung. Das zeigt nochmals Abbildung 5.5 etwas deutlicher.

Managementperspektive		Verkaufsperspektive		Gegenüberstellung	
Hebel	Priorität	Hebel	Priorität	Hebel	Unterschied*
Qualify Sales	1	Share Best Practices in Sales	1	Share Best Practices in Sales	5
Close to People and Customers	2	Align Strategy and Sales	2	Restructure Sales and Resources	2
Align Strategy and Sales	3	Qualify Sales	3	Align Strategy and Sales	1
Marketing & Sales Fit	4	Marketing & Sales Fit	4	Marketing & Sales Fit	0
Digitalization, Customer Relationship Management and Sales Methods	5	Close to People and Customers	5	Sales Performance Management (quantitativ und qualitativ)	0
Share Best Practices in Sales	6	Digitalization, Customer Relationship Management and Sales Methods	6	Digitalization, Customer Relationship Management and Sales Methods	-1
Sales Performance Management (quantitativ und qualitativ)	7	Sales Performance Management (quantitativ und qualitativ)	7	Global Account Management	-1
Global Account Management	8	Restructure Sales and Resources	8	Sales Metrics and Key Performance Indicators (quantitativ)	-1
Sales Metrics and Key Performance Indicators (quantitativ)	9	Global Account Management	9	Qualify Sales	-2
Restructure Sales and Resources	10	Sales Metrics and Key Performance Indicators (quantitativ)	10	Close to People and Customers	-3

Von den Verkäufern wichtiger bewertet als vom Management

Ausgeglichene Prioritäten

Vom Management wichtiger bewertet als vom Verkauf

*Der Unterschied wurde als Differenz zwischen den Prioritäten der Management- und Verkaufsperspektive berechnet.

Abbildung 5.5: Prioritäten von Führungskräften und Verkäufern im Vergleich

Gleiche Prioritäten, unterschiedliche Probleme

Wenn Führungskräfte und Verkäufer einen Hebel stark gewichten, so brauchen sie darin nicht die gleichen Probleme zu erkennen. Setzen beispielsweise beide Gruppen ›Align Strategy and Sales‹ an die dritte Stelle, so beklagen vielleicht Führungskräfte, dass ihre guten Strategien nicht konsequent umgesetzt werden, während Verkäufer die Strategien als realitätsfern oder falsch einschätzen.

5.2 Eingriffsmuster in Unternehmen

Schwerpunkte

Es kann nicht Ziel des Sales Development und der Verkaufsführung sein, sämtliche Hebel zu gewichten. Unternehmen müssen erstens ihre Ressourcen fokussieren, um gute Ergebnisse zu erzielen und zweitens die Instrumente richtig kombinieren, damit sie sich gegenseitig verstärken. In der Praxis treffen wir **drei idealtypische Muster** an, wie sie die Abbildung 5.6 mit Ausprägungen darstellt.

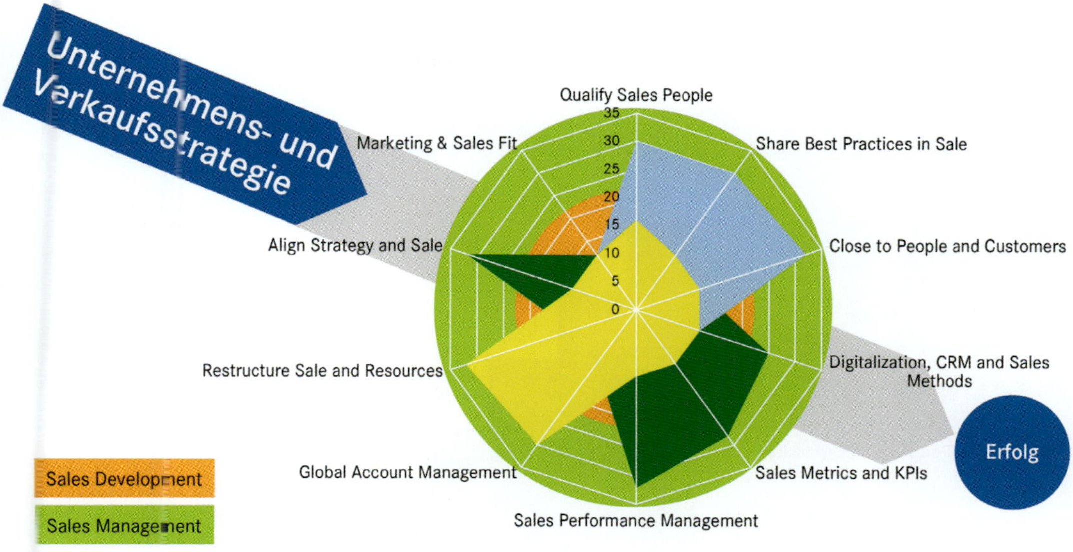

Abbildung 5.6: Idealtypische Eingriffsmuster im Sales Excellence Development

Drei idealtypische Muster

- **Analytiker:** Tatsächlich beobachteten wir häufig Analysten und Konzeptionisten in der Zentrale. Sie führen Top-down und setzen besonders auf Align Strategy and Sales, Sales Performance Management sowie Digitalisation, CRM and Sales Methods. Stärke ist ihre Systematik, aber oft finden sich in dieser Gruppe auch Schreibtischtäter.
- **Front- und Personenorientierte:** Diese Gruppe fokussiert sich konsequent auf die Verkaufsmannschaft und gewichtet den Dialog (Close to People and Customers) mit den Verkäufern überdurchschnittlich stark. Intensiv befassen sie sich mit Qualify Sales People und Share Best Practices; erst qualifizierte Personen können selbstständig und unternehmerisch wirken.
- **Reorganisatoren:** Schließlich konzentrieren sich manche Unternehmen vorwiegend auf organisatorische Maßnahmen und bewirken durch Reorganisationen und eine neue Ausrichtung der Ressourcen eine neue Ausrichtung des Verkaufs. Beispielsweise gruppieren sie die Länderverantwortung neu, stellen sich neu nach Segmenten auf und degradieren damit frühere ›Länderfürsten‹ oder sie verlagern ihre Ressourcen auf Schlüsselmärkte. Ebenso wird die Verantwortung für Global Accounts in der Zentrale angesiedelt. Sie sind für eine länderübergreifende Zusammenarbeit mit Kunden in mehreren Ländern und für mehrere Sparten zuständig.

In Abbildung 5.7 werteten wir aus, wie stark die Hebel in der Praxis kombiniert werden. Das ist interessant, um tragfähige Muster zu erkennen.

Hebel	1	2	3	4	5	6	7	8	9	10
1 Align Strategy and Sales	1.00							stärkere Korrelation: >/= 0,45		
2 Marketing and Sales Fit	0.40	1.00						mittlere Korrelation: >/=0.40 und < 0,45		
3 Qualify Sales People	0.42	0.51	1.00					schwächere Korrelation: </= 0.40		
4 Share Best Practices	0.37	0.47	0.54	1.00				Beispiel der Linie für die Lektüre		
5 Close to People and Customer	0.51	0.44	0.46	0.37	1.00					
6 Digitalisation, CRM, Methods	0.44	0.43	0.44	0.48	0.45	1.00				
7 Sales Metrics and KPIs	0.27	0.40	0.46	0.39	0.27	0.48	1.00			
8 Sales Performance Management	0.39	0.37	0.49	0.41	0.39	0.50	0.55	1.00		
9 Global Account Management	0.14	0.34	0.31	0.30	0.22	0.24	0.35	0.28	1.00	
10 Restructuring Sales and Resources	0.22	0.33	0.29	0.22	0.21	0.21	0.35	0.32	0.38	1.00

Abbildung 5.7: Korrelation der Hebel zu Sales Excellence Development

Die Ergebnisse sind im Folgenden zusammengefasst:

Kombinationen in der Praxis

- Die höchste Korrelation von Hebeln liegt bei 0.55, die Hebel sind damit unabhängig und stehen berechtigt nebeneinander.
- Manche Hebel werden stärker kombiniert und ergänzen sich deshalb wirksam:
  - Close to People and Customers und Align Strategy and Sales; Hauptaufgabe zur Erreichung der Nähe zu Mitarbeitern und Kunden ist die Umsetzung der Strategie.
  - Marketing and Sales Fit, Qualify Sales People und Share Best Practices scheinen ein wirksames Paket zu sein.
  - Das Qualifikationspaket für den Verkauf umfasst Qualify Sales People, Share Best Practices und Sales Performance Management.
  - Unternehmen kombinieren quantitative und qualitative Ansätze mit Sales Metrics and KPIs und umfassendem Sales Performance Management.

- Global Account Management und Restrukturierungen im Verkauf korrelieren schwach mit allen weiteren Hebeln. Offensichtlich werden diese Hebel gezielt und separat genutzt. Global Account Management ist separat in manchen Unternehmen (unabhängig von Sales Excellence) etabliert und organisatorische Maßnahmen sind nur vereinzelt nötig.
- Die durchwegs positiven Korrelationen zeigen, dass keine Kombinationen von Hebeln ausgeschlossen sind. Die Korrelationen sind statistisch signifikant (> 5%).

Fazit: Geschickte Kombination und Gewichtung der Hebel ist wichtig.

Diese Hinweise sollen verdeutlichen: Jeder Eingriff zur Professionalisierung des Verkaufs sollte geschickt kombiniert und gewichtet werden. Inhaltliche und menschliche Anforderungen an die Verantwortlichen sind dabei je nach Eingriff sehr verschieden. Es gilt zu untersuchen, ob unterschiedliche Strategien auch verschiedene Muster von Hebeln und Maßnahmen erfordern. Auch auf der Ebene der Maßnahmen zu jedem Hebel lässt sich erkennen, dass sich die Hebel nicht immer scharf trennen lassen. Nach verschiedenen Kriterien prüften wir zudem, ob die Unternehmen und Verantwortlichen je nach Situation verschiedene Hebel gewichten. Auffällige Unterschiede zeigt Abbildung 5.8.

Ausprägung	**Starker Einsatz**	**Starker Einsatz**	**Ausprägung**	**Hinweise**
dezentrale Verkaufsphilosophie	Qualify Sales People (2)	Align Strategy and Sales (4)	zentrale Verkaufsphilosophie	Zentral orientierte Unternehmen setzen auf die Strategieumsetzung und dezentrale auf Verkaufsqualifikation.
erfolgreiche Unternehmen	Ertrag: Close to People and Customers (5) Umsatz: Marketing und Sales Fit (3)	Ertrag: Digitalisation, Customer Relationship Management and Sales Methods (5) Umsatz (4)	erfolglose Unternehmen	Erfolglose Unternehmen setzen stärker auf Methoden und Werkzeuge, erfolgreiche auf die Menschen.
kleiner Außendienst (kleines Unternehmen)	Share Best Practices in Sales (4) Align Strategy and Sales (3)	Qualify Sales People (4) Digitalisation, Customer Relationship Management and Sales Methods (3)	großer Außendienst (großes Unternehmen)	Große Unternehmen setzen auf Qualifikation und Methoden, kleine auf den Austausch von Erfahrungen und strategischen Fokus.
Anmerkung: In Klammern wird jeweils der Unterschied in der Rangreihenfolge berücksichtigt (also z.B. 1. Platz und 4. Platz)				

Abbildung 5.8.: Differenzierter Einsatz der Hebel

Zusammenfassend sind die Gewichtungen für die verschiedenen Unternehmenskonstellationen plausibel. Unterschiedliche Akzente im Vertrieb spielen eine Rolle. Sie sind für spezifische Strategien anregend, begründen aber kein kraftvolles Vorgehen.

Uns interessierte auch der Zusammenhang zwischen Strategievarianten und Sales Excellence Development. Die Ergebnisse der Untersuchung zeigten zwar vielfältige, aber keine eindeutigen Strategiealternativen; deshalb fehlte dazu die Basis.

Eine klare Linie ist notwendig für eine erfolgreiche Umsetzung.

Relevant ist für alle gewählten Hebel, wie rasch und verbindlich die neuen Anforderungen im Verkauf umgesetzt werden. Beispielsweise integrierte Geberit die übernommene und große Sanitec ab 2015 sehr schnell in der Unternehmensgruppe. Nur durch klare Vorgaben und Entscheide sowie ein konsequentes Vorgehen waren die große Geschwindigkeit und der resultierende Erfolg möglich. Andere Unternehmen diskutieren lange, suchen nach Kompromissen, warten ab oder nehmen viele Zwischenschritte in Kauf. Dieses Vorgehen ist nur vermeintlich menschlicher, in Wahrheit belastet die schwelende Unklarheit die Mitarbeitenden jedoch viel stärker.

Aufwand zentral oder dezentral?

Die Eingriffe zur Professionalisierung richten sich je nach Unternehmen auf Tochtergesellschaften, Vertriebsregionen, Verkauf von Sparten oder Produktbereichen, Großhändler und Einzelhändler sowie Vertretungen. Gemeinsam ist dabei, dass mit bisher recht autonomen Einheiten eine stärkere, gemeinsame Professionalisierung des Verkaufs verfolgt wird. Es ließe sich übrigens zusätzlich bewerten, welche Konzepte und Maßnahmen besonders zentral und welche dezentral aufwendig sind. Auch damit lassen sich Ressourcen und Umsetzung optimieren.

In den nächsten Kapiteln vertiefen wir die einzelnen Hebel. Zuvor folgen aber noch einige Aussagen der Praxis und Fragen für die Praxis.

Aussagen der Praxis

Die Erwartungen an das Sales Excellence Development sind zu hoch. Sorgfältig muss abgeklärt werden, was auch sinnvoll ist.

Sales Excellence Development versteht sich als konzeptionell abgestützter Treiber mit Realitätssinn. Früher waren zentrale Vertriebsverantwortliche allenfalls Moderatoren oder manchmal noch schlimmer, die globalen Bittsteller.

Verantwortliche müssen wählen, wenn sie nicht nur viel Staub im Konzern aufwirbeln wollen.

Fragen für die Praxis:

1. Welche Vorgaben aus Strategie und Zielen des Sales Excellence Development bis hin zu den Ressourcen prägen die Auswahl der Hebel?
2. Wie werden die Hebel des Sales Excellence Development ausgewählt und gewichtet?

Der Gepard erreicht im Lauf bis zu 120 km/h, kann diese hohe Geschwindigkeit aber nur etwa 400 m durchhalten.

6. Hebel 1: Align Strategy and Sales – Unternehmens- und Verkaufsstrategie abstimmen

In der Praxis setzen die Manager diesen Hebel an die 3. und die Verkäufer an die 2. Stelle.

Ziel des Alignment ist, die Unternehmensstrategie auch verkaufsbezogen auszurichten, das Know-how und die Bedingungen des Verkaufs zu nutzen, die Strategie im Verkauf zu konkretisieren, die Akzeptanz der Strategie durch den Verkauf zu erlangen und das Engagement für eine Umsetzung zu steigern (vgl. auch Mercuri International 2017, S. 12). Manche Strategien wirken nämlich abgehoben, oberflächlich und realitätsfremd. So meinte Cespedes (2014a): »Strategists, years removed from customer contact, often have an obsolete vision of the company-customer interface.«

Inhaltlich gilt es, die Stoßrichtung von Leistungen, Kunden sowie Kanälen und die Bedingungen der Unternehmensorganisation in den Verkauf zu übersetzen.

Gute Strategien lassen sich in das konkrete Vorgehen des Verkaufs übersetzen.

Der Verkauf beeinflusst intensiv, ob neue Produkte eingeführt werden, ob sich die Geschäftsbeziehung zu Kunden halten und ausbauen lässt, ob sich neue Kunden und neue Segmente erschließen lassen oder welche Preise realisiert werden. Der Verkauf ist Nadelöhr bzw. Tor zum Markt. Gute Strategien müssen deshalb auch am Verkauf ansetzen. Er ist nicht einfach nachgelagerter Gehilfe für die Erfüllung von Aufträgen.

6.1 Maßnahmen und Akzente

Begleitet man Verkäufer bei Kundenbesuchen, stellt man nicht selten fest, dass sie die von Unternehmensseite definierten Strategien nicht nur verwässern, sondern sich dem Kunden gegenüber auch gegensätzlich verhalten (vgl. Loss 1996). Entweder stimmt dann die Strategie oder das Vorgehen des Verkaufs. Eine Diskrepanz muss jedoch bereinigt werden.

»The sales organisation should be part of every conversation about strategy.« (Cespedes 2014a)

Sind Strategie und Umsetzung im Verkauf zu weit voneinander entfernt, so können Unternehmen entweder auf eine bessere Realisierung drängen, obschon sie eine bessere Strategie bräuchten oder sie stellen die strategischen Weichen neu, müssten sich aber eher um die Effizienz im Verkauf kümmern (vgl. Cespedes 2014a).

Gute Unternehmensstrategien definieren meistens schon den Inhalt für das Sales Excellence Development. Die Strategie für den Verkauf zu übersetzen, zu erklären, zu konkretisieren und zu üben, ist aufwendig. Es gilt, Akzeptanz für die Strategie bei Mitarbeitenden, Partnern und Kunden zu gewinnen. In einem solchen Prozess ist bereits die Wahl der Worte entscheidend. Schlüsselwörter wie ›Change Management‹ oder Standardisierung schrecken ab oder mobilisieren Widerstand. Mit Management-Jargon und Anglizismen gespickte Präsentationen sind völlig ungeeignet. Entscheidend ist, dass Mitarbeiter- und Kundenvorteile wahrgenommen werden.

Unsere Liste mit möglichen Maßnahmen ist:

8 Maßnahmen für eine erfolgreiche Strategieumsetzung

1. **Aufgaben und Ziele: Ziele, Aufgaben und Rolle des Sales Excellence Development klar definieren, realistisch ausrichten und kommunizieren.** Wichtig ist dabei auch, über diese Ziele und Aufgaben einen Konsens zu erreichen und diesen an die Beteiligten zu kommunizieren.

2. **Rolle: Mit Sales Excellence Development eine aktive und wichtige Rolle in der Strategieentwicklung einnehmen.** Ziel ist, das Image des Vertriebs im Unternehmen und nach

außen zu verbessern. Inner- wie auch außerbetrieblich ist das Image des Vertriebs häufig negativ besetzt. Hier gilt es, durch produktive Zusammenarbeit und Leistungen zu überzeugen. Die maßgebliche Rolle des Sales Excellence Development muss erst bewiesen werden. Dazu sind wichtige Beiträge für die betroffenen Anspruchsgruppen im Unternehmen ebenso essenziell, wie ausgewiesene Erfolge. Inner- wie auch außerbetrieblich ist zudem meist das Image des Vertriebs negativ besetzt. Hier gilt es, durch produktive Zusammenarbeit und Leistungen zu überzeugen. Sich im Vertrieb selbst besser zu vermarkten, ist erst der letzte Punkt (vgl. Dannenberg 2017).

3. **Umsetzung: Unternehmensstrategie sorgfältig auf den Verkauf umlegen und damit konkretisieren. Die Arbeit des Verkaufs konkret an der Strategie orientieren. Umsetzungsworkshops mit ausgewählten Verkäufern durchführen.** Strategien zu implementieren und Beteiligte zu gewinnen, ist auch intellektuell anspruchsvoller als lediglich Strategien zu entwerfen. Übergeordnete Wege konkret, fassbar, plausibel und überprüfbar zu machen, ist ein Kraftakt, der Kreativität und Konsequenz erfordert.

Vertriebs-Know-how zu berücksichtigen ist gut, aber wie macht man das effizient?

4. **Vertriebs-Know-how: Das Know-how des Vertriebs zu Märkten, Kunden und Erfolgen intensiv in der Unternehmensstrategie nutzen.** Strategien gilt es nicht nur Top-down umzusetzen. Ebenso wichtig ist es, das Know-how des Vertriebs über Märkte, Kunden, Leistungen und ihre Arbeit aktiv einzubeziehen. Anstrengungen für realitätsnahe Strategien sind rasch behauptet, werden aber oft nicht eingelöst.

5. **Konsens: Die Verkäufer als Beteiligte für Ideen und Maßnahmen gewinnen, den Konsens und damit das Engagement für die Umsetzung steigern (Einzelgespräche, Meetings, Workshops, Schulungen).** Der Aufwand für eine Übereinstimmung wird meistens unterschätzt. Projektgruppen erfassen die Probleme, analysieren die Fakten und entwickeln Lösungen. Während solche Teams oft zehn bis 15 Workshops und viel Einzelarbeit brauchen, glaubt man oft, die Ergebnisse in einem 60-minütigen Vortrag auf einer Vertriebstagung effektiv vermitteln zu können.

6. **New Business 1: Neue Geschäfte, Produkte und Services systematisch und gestützt durch den Verkauf entwickeln und gemeinsam lancieren.** Neue Leistungen sterben häufi-

ger am internen Widerstand als an der mangelnden Aufnahme durch Kunden. Deshalb gilt es, die Beteiligten bei Leistungsinnovationen aktiv in den Entwicklungsprozess einzubeziehen. Ziel ist dabei, neue Kundengruppen und neue Märkte rascher als bisher zu erschließen und neue Produkte schneller einzuführen.

7. **New Business 2: Neue Geschäftsfelder mit einem eigenen und getrennten Verkaufsteam aufbauen und nach Erfolg in den Gesamtvertrieb des Unternehmens integrieren.** Diese Lösung trafen wir bei BEGO (Dentaltechnik) an: Für ein neues Geschäftsfeld wird ein eigens für diesen Zweck gebildetes Team eingesetzt, um dieses Feld innerhalb von zwei Jahren aufzubauen. Einerseits betreuen solche Teams ein New Venture mit hohem Erfolgsdruck. Andererseits ist nach einer genügend langen Aufbauphase ein klarer Entscheid über Erfolg oder Misserfolg möglich. Darüber hinaus werden zwar neu geschaffene Ressourcen eingesetzt, zugleich aber die Erfolge nicht durch eine vorschnelle Integration in bestehende Strukturen verunmöglicht (vgl. Abschnitt 2.5).

8. **Ziele, Controlling und Entlohnung: Ziele, Controlling und Entlohnung des Verkaufs abstimmen.** Die angeführten Bausteine bilden ein System. Gefährlich ist dabei, wenn die Bausteine in unterschiedliche Richtung wirken. Das gesamte System sollte über Hierarchieebenen oder zwischen zentralen Vorgaben und Verkaufseinheiten abgestimmt werden.

Abbildung 6.1 zeigt die gesetzten Gewichte der Praxis aus unserer Untersuchung.

Interpretation

Die Top 3 in diesem Hebel sind (1) Umsetzung, (2) Vertriebs-Know-how sowie (3) die Klärung von Aufgaben und Zielen für eine wirksame Ausrichtung des Verkaufs. Allerdings hängen auch weitere Vorschläge damit zusammen und die Befragten stimmen zu über 70% bei sechs von acht Maßnahmen zu! Nur neue Geschäfte spielen selbstverständlich nicht bei allen Unternehmen eine starke Rolle.

Inhaltliche Strategien in der Praxis

Spannend wird das Alignment, wenn Strategien inhaltlich den Weg für den Verkauf vorgeben. So spielt es beispielsweise eine Rolle, wenn Bayer Crop Science (Agrochemie) die Strategie intensiv auf die Landwirte statt auf den Großhandel ausrichtet. Die Walter Reist Holding/Ferag ist ein Marktführer in der intelligenten Förderung von Presse-Erzeugnissen. Druckmedien stehen aber unter Druck und es gilt, neue Märkte für Förderlösungen aufzubauen. Swisscom ist nicht länger ausschließlich Anbieter von Telekommunikation, sondern begleitet Kunden in der Entwicklung und Umsetzung ihrer Digitalisierungsstrategie; dadurch werden Lösungen und Zusammenarbeit mit Kunden umgekrempelt. Ruag baut neben dem angestammten Bereich der militärischen Verteidigung (gestützt auf eine Zusammenarbeit mit Behörden) neue Sicherheitslösungen für die Privatindustrie aus und braucht dazu weltweit andere Vertriebsnetze und ein neues Vorgehen im Verkauf. Diese zufällig ausgewählten Beispiele verdeutlichen: Im Inhalt liegt die Kraft.

Im Inhalt liegt die Kraft.

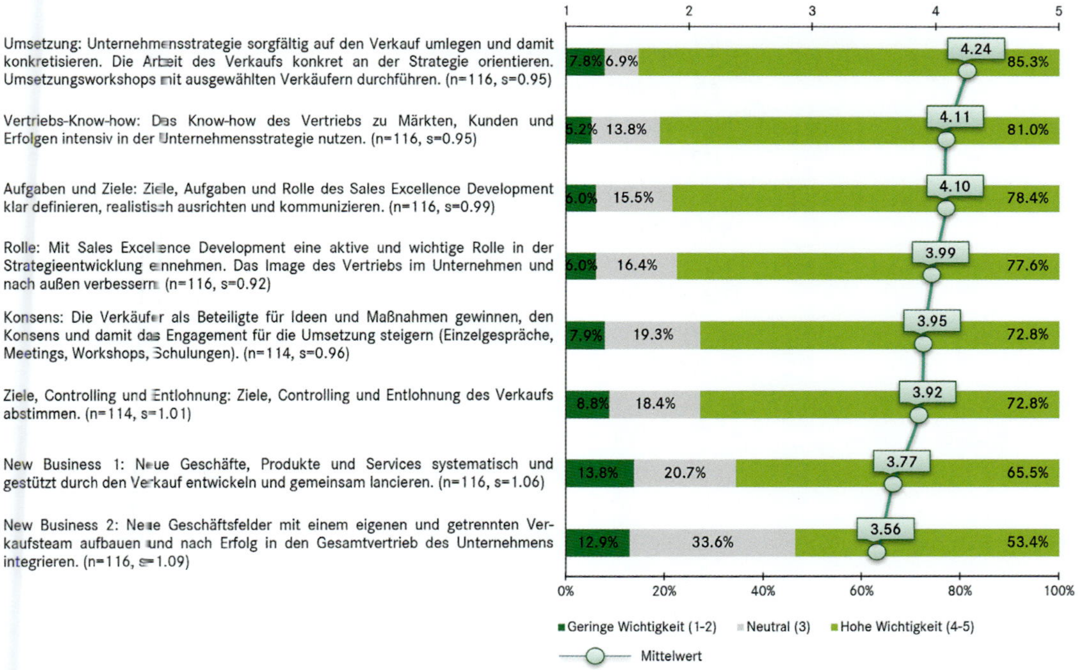

Abbildung 6.1: Schwerpunkte für Aufgaben im Hebel Align Strategy and Sales

Im Alignment von Strategie und Verkauf erkennt Cespedes in seinem Bestseller (2014b) den grundsätzlichen Ansatz, um eine Verkaufsorganisation wirksam auszurichten und einzusetzen.

6.2 Auf dem Weg zu prioritären Aufgaben im Sales Excellence Development

Beispiel AXA

Typisch ist das Beispiel AXA (vgl. Abschnitt 2.6). Es ist aufwendig, von der Strategie und den möglichen Themen im Verkauf zu einer fokussierten und akzeptierten Verkaufsagenda zu kommen. Dazu wurden über einen Zeitraum von wenigen Monaten im Unternehmen rund 40 Workshops mit wichtigen Beteiligten im Verkauf durchgeführt. Allerdings handelte es sich dabei um eine grundlegende und einmalige strategische Initiative. Der Aufwand wiederholt sich damit nicht jährlich. Die Beteiligten sind jedoch auch in der Zukunft gefordert, das Momentum der Strategie auch für die langfristige Umsetzung aufrechtzuerhalten.

Teil des Alignment ist es, die Aufgaben für Sales Exellence Development in die Unternehmensstrategie einzubetten und klare Ziele zu bestimmen. Damit wird es auch besser möglich, aus den vielen Aufgaben der nachfolgend angewandten Hebel richtig auszuwählen. Dabei spielen aber auch Erfahrungen, Fähigkeiten und Persönlichkeit des Leiters für Sales Excellence Development und seiner Mannschaft eine wesentliche Rolle.

Das Alignment von Strategie und Verkauf lässt sich auch mit übergreifenden, groben Zielen fördern. Solche Vorgaben oder Zielwürfe trafen wir beispielsweise wie folgt an:

Solche Vorgaben nennen wir ›Hausnummern‹.

- Sick: Wir entwickeln die Kundenzahl von 70.000 auf 100.000.
- SFS: Wir steigern den Anteil der Kundenkontaktpersonen im Unternehmen von 30% auf 50% bei konstanter Belegschaft.
- Bühler: Wir steigern die Hit Rate unseres Unternehmens auf über 20% und senken die Sales Costs auf unter 12% vom Umsatz.

Solche Ziele sind kontrovers und fordern die Verantwortlichen heraus. Die Diskussion des Sinns von solchen Zielen, verbunden mit einer kritischen Realisierung, kann jedoch Kraft im Unternehmen freisetzen. Manche Unternehmen gießen die Anstrengungen des Verkaufs für das nächste Jahr auch in Slogans und Programme. So steht die Bezeichnung BOLWOS (von AXA) in Abbildung 2.35 für ›Best of Leadership and Way of Selling‹. Der Name nimmt auch Bezug auf den Hebel ›Share‹.

Aussagen der Praxis

Die Herausforderung durch die technologischen Entwicklungen (Digitalisierung, Veränderung des Kommunikations- und Medienverhaltens von Zielgruppen, Big Data Analytics) erfordert neben einer klaren Marktpositionierung vor allem auch den Aus- und Aufbau von Stärken und Skills im Vertrieb. Das Projekt Sales Excellence sehen wir als eine wesentliche Basis für diese Weiterentwicklung.

Die Abstimmung zwischen Unternehmensstrategie und Vertrieb ergibt sich durch vernetzte Ziele, die über die Balanced Scorecard geregelt werden. Somit werden auf Basis der Unternehmensstrategie bestimmte Vertriebsschwerpunkte festgelegt. Die Erfahrung zeigt jedoch, dass es trotz Plan, KPI und Vertriebsstrategien ganz anders kommt.

Bei uns müssen einfache Leute im Verkauf erfolgreich sein. In der Begegnung zwischen Verkäufern und Kunden ist Einfachheit gefragt.

Fragen für die Praxis:

1. **Wie binden Sie den Verkauf aktiv und positiv in die Strategiearbeit des Unternehmens ein?**
2. **Welche Maßnahmen ergreifen Sie, um Strategie und Verkauf aktiv abzustimmen und gesetzte Wege und Ziele im Vertrieb auch zu erreichen?**

Geparde sind geselliger als die meisten anderen Katzen. Die Weibchen leben meistens allein – mit Ausnahme der Zeit, in der sie Junge führen. Männchen hingegen formen Verbände, in denen sie zu zweit oder zu dritt mit Wurfbrüdern leben.

7. Hebel 2: Marketing and Sales Fit – Verkauf unterstützen und Leads qualifizieren

Ziel dieses Ansatzes ist, den Kunden durch eine eng verzahnte Zusammenarbeit zwischen Marketing und Vertrieb zum Kauf zu führen.

In der Praxis setzen die Manager und die Verkäufer diesen Hebel an die 4. Stelle.

Damit ist die gemeinsame Aufgabe bereits vorgegeben und die unterschiedlichen Welten des Marketing und des Vertriebs oder die häufigen Konflikte und Demonstrationen von Macht spielen eine geringe Rolle. Nach Biemans, Brencic und Malshe (2010, S. 183) ist die Zusammenarbeit dadurch geprägt, dass Marketing und Vertrieb »undercommunicate, underperform and overcomplain«. Im positiven Fall wirken Marketing und Vertrieb gemeinsam, um intelligente Informationen zu Markt und Kunden zu gewinnen, zu verarbeiten und in ein wirksames Vorgehen umzusetzen. So sollen Kunden gewonnen, gehalten und erweitert werden. Wichtig ist es, Marketing und Vertrieb zu integrieren (ebd. S. 190): »Both functions participate in all aspects of designing, developing and offering value to customers.«

Aufgaben des Sales Development beim Marketing?

Gelingt die Abstimmung von Marketing und Verkauf, kann dies laut Minsky und Quesenberry (2016) offenbar dazu beitragen, dass der Verkauf 67% mehr Aufträge abschließt und das Marketing 209% mehr Wert aus seinem Engagement ziehen kann. Solche Prozentzahlen sind mit Vorsicht zu genießen, verdeutlichen aber unsere Argumentation.

Manche der Aufgaben für Sales Excellence Development werden in Unternehmen auch an das zentrale Marketing delegiert. Beispielsweise gehören Aufgaben im Customer Relationship Management oder Methoden zur Ermittlung der Marktpotenziale dazu. Diese Zuordnung funktioniert nur, wenn das Marketing sehr nahe am Verkauf und an den Kunden vorgeht.

Nach Paulus (2018) sind Kernaufgaben für erfolgreiche Marketing- und Kommunikationseinheiten in der Industrie: (1) Marktintelligenz, (2) Zielklärung der Kommunikation und (3) Instrumentenberatung für dezentrale Einheiten. Diese Aufgaben sind auch für den Verkauf wichtig. Zwischen den Aufgaben der zentralen Marketing Communication und des zentralen Sales Excellence Development lassen sich Analogien herstellen.

7.1 Maßnahmen und Akzente

Unsere Liste an Maßnahmen, um Marketing und Vertrieb zu verbinden und eine geeignete Arbeitsteilung festzulegen, umfasst:

10 Maßnahmen, um Marketing und Vertrieb zu verbinden

1. **Aufgabe: mit Marketing und Verkauf den Kunden gemeinsam zum Kauf führen.** Die Prozesse des Kunden sind gemeinsamer Bezug für den Erfolg des Unternehmens (vgl. Abschnitt 7.2). Damit ist auch eine gemeinsame Aufgabe vorgegeben, die dabei hilft, Konflikte zu reduzieren.

2. **Diagnose: Märkte, Kunden und Kundenprozesse transparent erfassen und Folgerungen für Unternehmen und Verkauf ableiten.** Für Anbieter, die verschiedene Märkte adressieren (also Kundensegmente und Länder), ist es oft sehr anspruchsvoll, realistische Markt- und Kundenpotenziale abzuschätzen. Gleichzeitig ist eine einheitliche und verlässliche Diagnose der Ausgangssituation die Basis für eine erfolgreiche Zusammenarbeit von Marketing und Verkauf.

3. **Zentrales Marketing: Internet, Dokumentationen, Filme und Bilder, Präsentationen, Kundenanlässe, Messen, Showrooms, Roadshows usw. abstimmen und den proaktiven Einsatz für den Verkauf vorbereiten.** Das zentrale Marketing hat ein ganzes Arsenal von Instrumenten, um den Kaufprozess beim Kunden anzustoßen und voranzutreiben. Immer sind dabei konkrete Schritte von angestrebten Kunden im Visier, bei denen es den Kunden weiter zu ›schubsen‹ gilt.

Vielfalt der Instrumente strukturieren und konzentrieren

Bereits Teilaufgaben können hier sehr umfangreich ausfallen. Eindrücklich das Beispiel von Zeiss Microscopy: Der Unternehmensbereich erfasste allein 7.000 Dokumentationen, Showrooms, Roadshows, Bilder, Videos, Präsentationen, Trainingsdokumentationen, als es galt, die Vielfalt zu strukturieren und zu konzentrieren.

Erfolgreiches Content Marketing durch intensive Zusammenarbeit

Gegenwärtig wird viel über Content Marketing diskutiert. Inhalte sind der zentrale Zugang für angestrebte Kunden und die Begleitung ihrer Prozesse. Zu häufig produziert jedoch das Marketing vielfältigen Content, der für Kunden verpufft und vom Verkauf negiert wird. Auch hier führt nur eine intensive Zusammenarbeit zu wirksamen Lösungen. Die richtigen Inhalte, verbunden mit den richtigen Formen oder Instrumenten, können Teil eines wichtigen Lernprozesses der Verkäufer werden (vgl. Hebel 4: Share Best Practices in Sales).

4. **Agenda: Die Agenda aktueller und wichtiger Themen in der Kundenbranche prägt.** Mit White Papers, Branchenberichten und grundsätzlichen Impulsen zu ›Schmerzpunkten‹ der Kunden in ihrer Branche gelingt es, die Kompetenz des Unternehmens zu steigern und nach außen zu kommunizieren. Damit wird ein Anbieter zu einem wichtigen Schrittmacher und zeigt neue Perspektiven oder Lösungen auf. Gleichzeitig gehört das Unternehmen damit in das erforderliche Anbieterportfolio bei einer Beschaffung des Kunden. Beiträge zu Branchenthemen prägen Lernprozesse beim Kunden. Das ist bedeutend, weil qualifizierte Anbieter auch qualifizierte Kunden brauchen, die gute und schlechte Angebote unterscheiden können (vgl. Belz 2013, S. 133ff.).

Lead Management ist ein Schlüssel und verbindet Marketing und Vertrieb.

5. **Leads: mit einem qualifizierten Lead Management früh beim Kunden einsteigen und die Aufgaben von Marketing und Verkauf verzahnen sowie die Trefferquote von Angeboten optimieren.** Im Lead Management konkretisiert sich

die Zusammenarbeit von Marketing und Vertrieb (vgl. Belz 2016d). Dabei soll sich das Marketing nicht einfach kurzfristig um qualifizierte Kundenadressen kümmern und Trigger für eine Beschaffung erfassen, um den Außendienst zu entlasten und einen optimalen Verkaufseinsatz zu ermöglichen. Auch langfristige Aufgaben zur Erschließung neuer Kundensegmente und Regionen gehören dazu. Zudem ist der Umgang mit der Trefferquote von Angeboten facettenreich. Gewinnt ein Unternehmen beispielsweise bei 100% der Offerten auch den Zuschlag, so werden offensichtlich potenzielle Aufträge bei Kunden vernachlässigt. Angestrebte Treffer und Management der attraktiven Kundenprojekte für einen Zuschlag sind eine umfassende Aufgabe (vgl. Belz 2016b).

Wer ist für die Preisgestaltung zuständig?

6. **Harmonisierung der Preise: Preissysteme und Preise sinnvoll und übergreifend harmonisieren.** Besonders im internationalen Geschäft kann es beispielsweise eine Rolle für Italien spielen, welche Preise in Deutschland oder Portugal verlangt werden. Zuerst verlangen vor allem gut organisierte Großkunden vom Lieferanten, alle Länderpreise auf das billigste Angebot in einem Land zu harmonisieren. Schrittweise wirkt sich das auch auf die weiteren Kundengruppen aus. Internationale Preisharmonisierung und -differenzierung trifft den Lebensnerv der Anbieter direkt (vgl. Belz/Mühlmeyer 2001).

7. **Preisgestaltung: Preise selektiv erhöhen und neue Preissysteme oder -regelungen mit dem Verkauf umsetzen.** Die Aufgabe der Preisgestaltung wird in Unternehmen unterschiedlich eingeordnet und oft nur als Nebenaufgabe erfüllt. Das Controlling und die Technik spielen eine Rolle, das Marketing und der Vertrieb aber ebenso. Zuverlässige Analysen der Wirkung unterschiedlicher Preiskomponenten, wettbewerbsfähige Preise, wirksame Preismodelle (z. B. Contracting (vgl. Wünsche 2010), Behavioral Pricing usw.) bis hin zu raschen internen Preisabklärungen für Kundenprojekte sind wichtig.

So analysierte und quantifizierte beispielsweise B. Braun zunächst systematisch die ›Preislecks‹ und entwickelte daraus die Strategie sowie die Voraussetzung für eine konsequente Umsetzung im Verkauf (vgl. Fall B. Braun in Abschnitt 2.4). Allein feste Vorgaben zum Umgang mit Servicekosten beim Kunden waren ein effektiver Hebel für mehr Profit. Die Ansätze aber mit dem Verkauf konsequent umzusetzen, war die größte Herausforderung (umfassend auch Huckemann/Krug 2013).

Internes Netz optimieren

8. **Zusammenarbeit: das Zusammenspiel zwischen Produktmanagement, Innendienst, Kundenservice, Marketing und Verkauf optimieren.** In vielen Unternehmen sind inzwischen Marketing und Vertrieb vielfältig spezialisiert. Auch entsprechen sich die Strukturen von Zentrale und Vertriebseinheiten nicht, dadurch entstehen zahlreiche Schnittstellen. Geeignete Strukturen zu gestalten, grobe Rollen der beteiligten Stellen zu bestimmen, wichtigste (Standard-)Prozesse (z. B. für Ländererschließung oder Produkteinführung), geeignete Treffen und Teams für gemeinsame Aufgaben zu bestimmen, sind die Aufgaben in diesem Ansatz (vgl. dazu den Hebel 10: Restructuring Sales and Resources).

   Deutlich zeigten Ernst, Hoyer und Rübsaamen (2010, S. 80ff.), dass eine enge Zusammenarbeit zwischen Verkauf und F&E, zwischen Verkauf und Marketing sowie zwischen Marketing und F&E die Konzepte, Entwicklung und Einführung neuer Produkte nachhaltig verbessert.

9. **Verkaufsentlastung: den Verkauf mit dem Innendienst von Abklärungen, Ausschreibungen, Aufgaben der Koordination, Auftragsabwicklung usw. entlasten.** Je breiter die Aufgaben des Verkaufs in Unternehmen definiert sind, desto mehr muss der Verkäufer zentral unterstützt werden. Manche Verkäufer drücken das Problem wie folgt aus: »Es ist leichter dem Kunden zu verkaufen als dem eigenen Unternehmen.« Besonders anspruchsvoll ist es, interne Kräfte für Kundenprojekte zu mobilisieren. Im Zusammenhang mit Services und Beratung im Internet bis zur Sales Automation gewinnt diese Aufgabe zusätzlich an Bedeutung.

Vielfältige Kanäle

10. **Multichannel: verschiedene Kanäle zum Kunden koordinieren und wo nötig, getrennt vorgehen; Rolle des Verkaufs im Multichannel-Vertrieb bestimmen.** Das Internet ist ein Kanal und liegt mit Internetauftritt, Social Media oder Landing Pages häufig näher beim Marketing, allerdings übernehmen diese Kanäle schrittweise mehr Verkaufsaufgaben. Der persönliche Verkauf ist ein eigener Kanal. Ergänzt wird diese grobe Unterscheidung durch verschiedene indirekte und direkte Verkaufskanäle (etwa Abholzentren, Handels-

standorte, Vertretungen, Tochtergesellschaften usw.), Callcenter und Serviceverkauf. Lanciert beispielsweise ein Unternehmen wie Würth mit einer eingespielten ›Maschine des persönlichen Verkaufs‹ das E-Business, so wird das Selbstverständnis der Verkäufer massiv verändert (dazu das Beispiel AXA von Goll/Mörgeli 2017 und allgemein Schön/Schögel 2017).

Mit diesen Maßnahmen alleine ließe sich bereits ein ganzes Lehrbuch für Marketing gestalten. Abbildung 7.1 zeigt, dass Unternehmen in dieser Liste (auch durchschnittlich) gewichten.

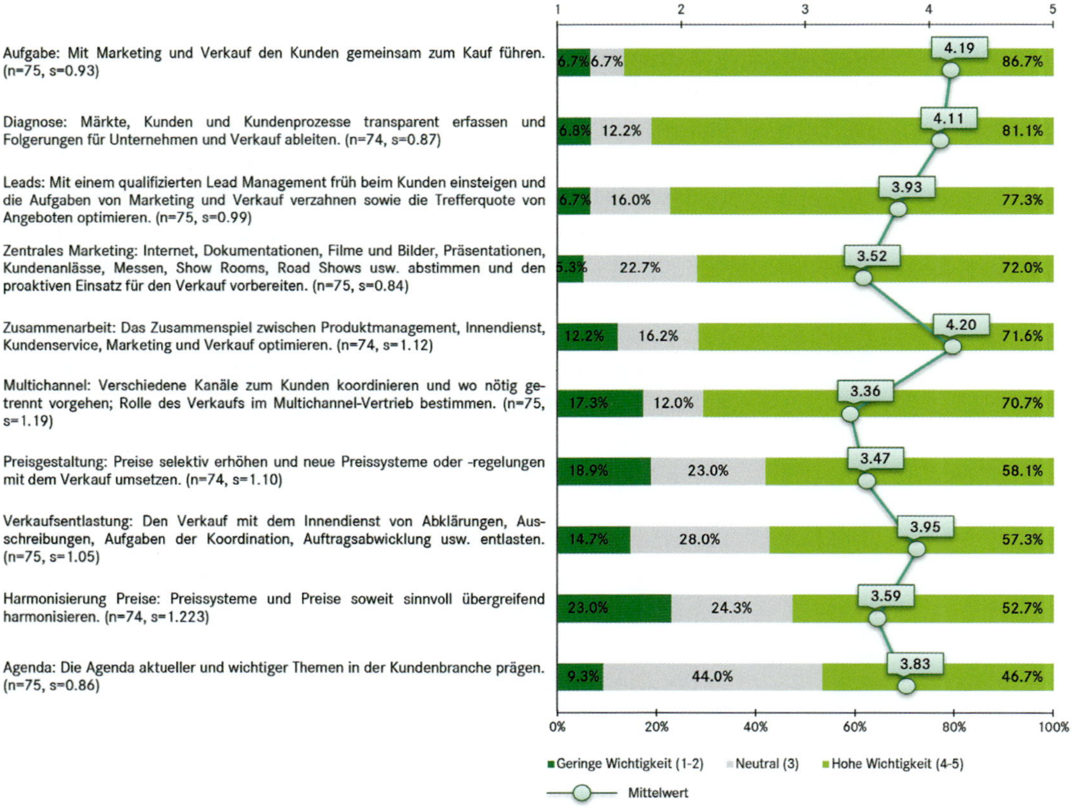

Abbildung 7.1: Schwerpunkte für Aufgaben im Hebel Marketing and Sales Fit

Die Top 3 Schwerpunkte der befragten Unternehmen sind (1) gemeinsame Aufgabe, (2) Diagnose und Markttransparenz sowie (3) Lead Management. Auch die übrigen Vorschläge werden aber mehrheitlich als wichtig erachtet. Lediglich die Harmonisierung der Preise betrifft offenbar weniger Anbieter direkt und die Bestimmung der Agenda in Kundenmärkten wird als nette Nebenaufgabe interpretiert oder ist eher für Marktführer geeignet.

7.2 Kundenprozesse und Lead Management

Kaufprozesse sind der Gegenstand für Marketing und Vertrieb.

Besonders wichtig für Marketing und Vertrieb sind Kundenprozesse und Lead Management (das betrifft die Punkte Aufgaben, Leads, zentrales Marketing und Instrumente oder Kanäle) (vgl. Belz 2016c). Kaufprozesse von Kunden werden besonders im Business-to-Business-Geschäft länger und stärker etappiert, häufig abgebrochen. Abbildung 7.2 zeigt die groben Zusammenhänge.

Der Kunde macht einen großen Teil seines Weges zum Kauf selbstständig, dabei ist er oft überfordert. Viele angefangene Kaufprozesse versanden.

Der Kunde möchte sich um viele Beschaffungen kümmern und findet auch manche Dinge gut. Nur bewegt er sich nicht. Absicht und Handlung sind nämlich zweierlei. Der **Kundenprozess** ist heute meist ein weit wichtigerer Bezugspunkt für den Erfolg als die Produkte und Services des Unternehmens mit ihren Merkmalen. Das hängt auch damit zusammen, dass die meisten Anbieter hinreichend gute Leistungen anbieten. Trotzdem fühlt sich der Kunde überfordert (vgl. Toman/Adamson/Gomez 2017). Begleitet werden diese Ergebnisse durch die Studien von Martin (2012), der belegte, dass 30% der Kunden den Lieferanten bereits kennen, bevor sie einen Austausch beginnen, und in der Mitte des Prozesses haben sich weitere 45% schon für einen bestimmten Lieferanten entschieden. Weitere Studien von Schmidt, Adamson und Bird (2015) ergänzen dies mit einer Betrachtung des Buying Center des Kunden. Durchschnittlich sind 5,4 Personen Teil dieses Gremiums; dabei liegt die Wahrscheinlichkeit eines Kaufs bei einem Entscheider bei 81% und sinkt bei sechs Beteiligten auf 31%. Je größer die Gruppe, desto unwahrscheinlicher ist also der Kauf. Besonders anspruchsvoll ist es dabei, den Konsens der Beteiligten in frühen Phasen des Kaufprozesses zu erzielen. Manche Projekte scheitern ja bereits vor dem Kontakt mit Lieferanten. Toman, Adamson und Gomez (2017) stellen fest, dass sich die Kaufgruppen in den letzten zwei Jahren von durchschnittlich 5,4 auf 6,8 Beteiligte vergrößert haben.

Outbound-Maßnahmen greifen immer weniger. Es braucht 18 oder mehr Anrufe, um einen potenziellen Kunden zu kontaktieren, 1% rufen zurück, nur 24% von Outbound-Sales-E-Mails werden überhaupt geöffnet. Das offensive Vorgehen entspricht nicht dem festgestellten Kundenverhalten: 84% starten den Kaufprozess auf eine Empfehlung hin und mehr als 90% der Kaufentscheide werden durch Fachkollegen beeinflusst (vgl. Minsky/Quesenberry 2016).

Akzeptiert man diese Argumentation und die generellen Belege dafür, so müssen sich Marketing und Vertrieb maßgeblich verändern. Gleichzeitig lassen sich alte Grabenkämpfe zwischen Marketing und Vertrieb überwinden, wenn sich beide Parteien als Partner begreifen und sich zur gemeinsamen Unterstützung des Kunden in seinem Kaufprozess verpflichten.

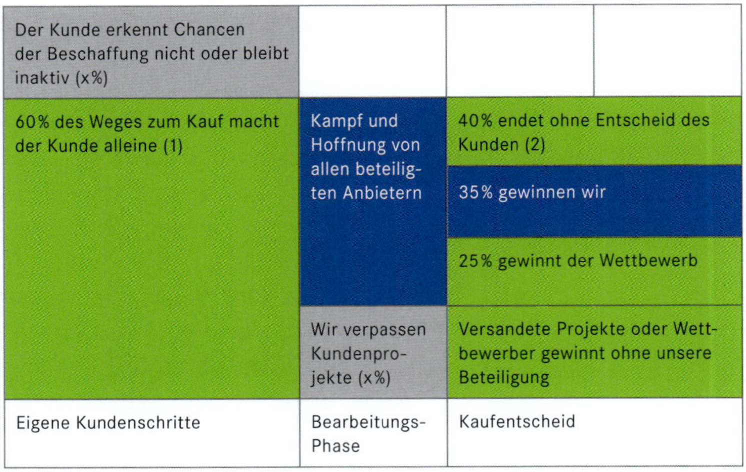

Abbildung 7.2: Kundenverluste im Prozess (Belz 2017c; vgl. in der Abbildung zu (1) Schwarz/von Deschwanden 2016, S. 46; zu (2) Peterson/Riesterer 2011, S. 12)

Aus dieser Darstellung lassen sich also bereits vielfältige Aufgaben ableiten. In enger Zusammenarbeit können sich Marketing und Vertrieb gemeinsam den Kunden widmen, die sonst im Kaufprozess verloren gehen. In diesem Zusammenhang sollten sich Unternehmen folgende Fragen stellen:

Schlüsselfragen zur Vermeidung von Kundenverlusten

1. Wie gelingt es beispielsweise, die Chancen einer Beschaffung für den Kunden aufzuzeigen und vor allem einen Kaufprozess des Kunden anzustoßen?
2. Wie gelingt es, den Prozess des Kunden vor dem konkreten Kontakt mit einem Lieferanten wirksam zu begleiten und den Konsens seiner Anspruchsgruppen zu fördern?
3. Lässt sich genügend Markttransparenz schaffen, um keine Projekte mehr zu verpassen?
4. Lässt sich der Prozess des Kunden eng genug und besser begleiten, sodass die Wettbewerber nicht zum Zuge kommen?

5. Wie lässt sich verhindern, dass einmal angestoßene Beschaffungsvorhaben versanden oder zurückgestellt werden, um stattdessen andere Projekte voranzutreiben?

Kaufprozesse analysieren

Detaillierte Analysen der durchgeführten Kaufschritte von Kunden und Nichtkunden zeigen, wo mögliche Hebel liegen, um mit Marketing und Vertrieb den Kaufprozess des Kunden zu fördern (vgl. Rutschmann/Belz 2014). Vielfältige Instrumente und Kanäle gilt es auf den Kaufprozess des Kunden auszurichten. Das Marketing qualifiziert die Kundenleads für den Verkauf. Verbreitet ist dabei der Konflikt, dass das Marketing bei Kunden lediglich das Interesse für einen Kauf weckt, während der Verkauf qualifizierte Leads verlangt, die bereits kurz vor dem Kaufabschluss stehen. Der Verkauf setzt die Anstrengungen des Marketing nicht fort und ›halbwarme‹ Leads gehen verloren. Diese Lücke gilt es zu überbrücken.

Beispiel Swisscom

So entwickelte sich beispielsweise das Marketing der Swisscom von einem reinen Produktmarketing zum Lead Management für Geschäftskunden. Ausgangspunkt ist dabei die erwähnte Untersuchung, die zeigte, dass Kunden bereits über 60% des Kaufprozesses vollzogen haben, bevor sie sich an einen Lieferanten wenden. Mit relevanten Inhalten (Studien, Informationsgrafiken, Artikeln, Success Stories, White Papers und Interviews) und geeigneten Kontaktplattformen (von Online-Präsenz und -Tools bis zur großen Swisscom Dialog Arena (mit Vor- und Nachbearbeitung)) steigt das Marketing früh in den Prozess des Kunden ein oder initiiert diesen sogar. Mithilfe einer Lead-Datenbank werden die Inhalte nach Interesse kundenindividuell ausgespielt und die Reaktion des Kunden durch ein Scoring-Modell bewertet. Die Übergabe des Lead an den Verkauf erfolgt erst, wenn der Kunde eine fixe Scoring-Schwelle erreicht hat (vgl. Schwarz/von Deschwanden 2016, S. 46ff.). Auf diese Weise sind die Aufgabenbereiche von Marketing und Vertrieb eindeutig festgelegt und die Ressourcen im Verkauf können gezielt auf die vielversprechendsten Kunden gerichtet werden.

7.3 Prozesse und Momente der Wahrheit im Verkauf

Kaufprozesse lassen sich übergeordnet als Prozesse erfassen oder in einzelne Bausteine, sogenannte **Momente der Wahrheit für Kunden** aufteilen. Damit lehnen wir uns an diese Bezeichnung von Jan Carlzon (ehemaliger CEO von SAS) an, der damit die Servicequalität in seinem Unternehmen revolutionierte. Abbildung 7.3 gibt einen Überblick.

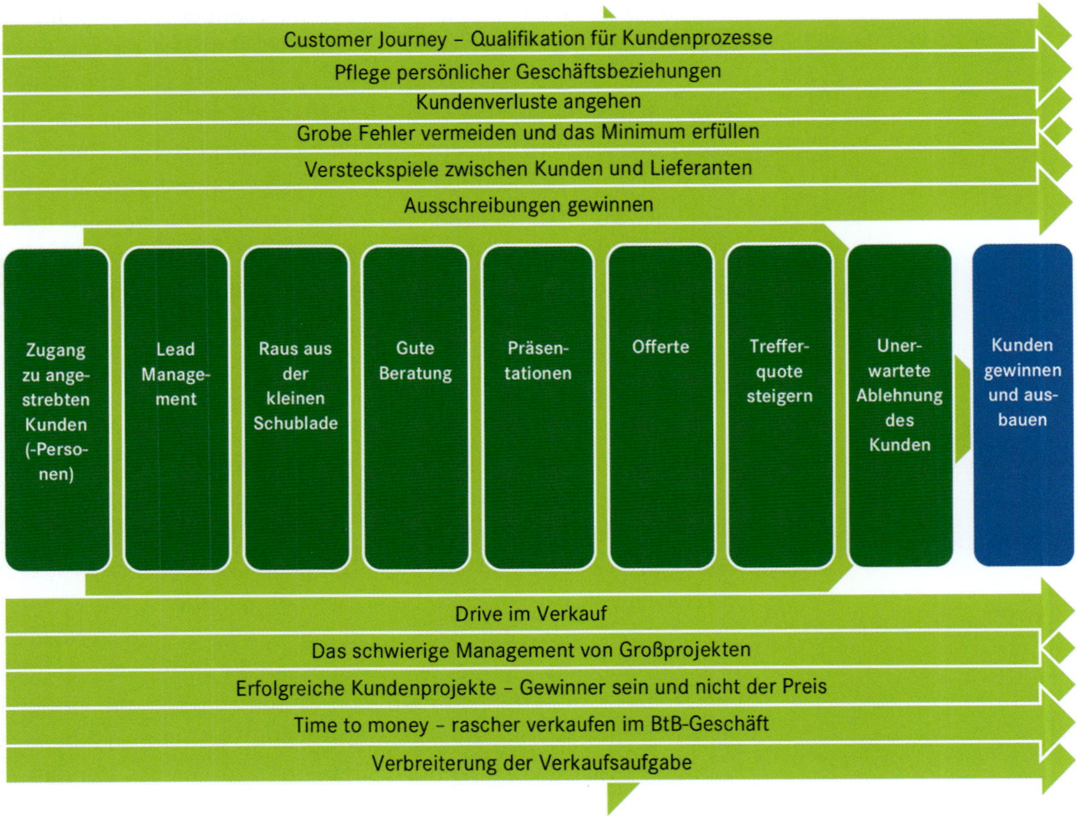

Abbildung 7.3: Prozesse und Momente der Wahrheit im Verkauf

Auf die in der Abbildung dargestellten Momente der Wahrheit ging Christian Belz bereits in verschiedenen Fachbeiträgen ein. Die Umschreibungen in der Abbildung deckte Christian Belz je mit Fachbeiträgen in Zeitschriften ab (vgl. Belz 2017a). Einerseits umfassen manche Themen mehrere Schritte und prägen die Zusammenarbeit zwischen Verkäufer und Kunden. Beispiele sind der gesamte Prozess des Customer- und Angebots-Journey oder Versteckspiele zwischen Kunden und Lieferanten (vgl. Belz 2015e). Andererseits gibt es im Prozess der Zusammenarbeit mit Kunden spezifische Aufgaben für den Verkauf, die es zu lösen gilt. Beispiele sind eine gute Beratung, professionelle Offerten oder überzeugende Präsentationen. Typisch ist auch die Herausforderung, sich vom Kunden nicht in eine kleine Schublade stecken zu lassen, sondern dem Kunden die umfassende Leistungsfähigkeit zu demonstrieren (vgl. Belz 2015d).

Selektionieren und und dann erst vertiefen

Es kann nicht darum gehen, alle Momente zu vertiefen. Aus dem Blickwinkel des Sales Excellence Development geht es darum, ergiebige Prozessbetrachtungen und Momente zu wählen und diese besser zu gestalten. Alleine das Optimieren von Offerten oder kundenorientierte Rechnungen sind eine Herausforderung und sollten nicht unterschätzt werden (vgl. Belz 2016e). Sales Excellence Development ist nicht einfach nur übergeordnet, sondern kümmert sich um das relevante Detail. Die Schwierigkeit ist dabei, dass es nicht genügt, einzelne Kontaktpunkte oder Instrumente zum Kunden möglichst gut zu gestalten. Perfekte Instrumente geben dem Kunden noch keinen Anstoß, seinen Kaufprozess fortzusetzen. Bezugspunkt ist immer der Schwung des Kunden im Prozess.

Es folgen einige Aussagen von Praktikern zum Zusammenhang von Marketing und Verkauf und wenige Fragen für die Praxis.

Aussagen der Praxis

Sales Excellence (Development) ist für uns Wegbereiter und Zugpferd für die Realisierung unserer zentralen Customer-Benefit-Strategie im Vertrieb. Durch globale Optimierung von Vertriebsprozessen, Tools und Vertriebsausbildungen sorgen wir dafür, dass uns die Kunden in jedem Customer Touchpoint als exzellent wahrnehmen.

Marketing definiert, was getan wird, und der Verkauf legt fest, wie es zu tun ist.

Ein permanentes Hinterfragen, Optimieren und Weiterentwickeln des Verkaufs und die Optimierung des Zusammenspiels der Kanäle ist in einer sich schnell verändernden Branche unverzichtbar - vor allem, wenn man zur Erreichung der Zielsetzungen mehrere verschiedene Verkaufskanäle einsetzt.

Bewährt hat sich zudem, dass Messen zentral gesteuert/gestaltet werden. Wichtig ist dabei der richtige Einsatz von Maschinen weltweit, Messemaschinen werden anschließend weiterverkauft.

Weitere Aussagen der Praxis

Messen und weitere Instrumente der Kommunikation werden zunehmend durch die Suche im Internet abgelöst. Der Kunde macht bis zu 60% seines Weges zum Kauf selbst, bevor er die Lieferanten einbezieht. Das prägt die neuen Aufgaben des Marketing und erfordert im Lead Management eine enge Zusammenarbeit mit dem Verkauf.

Es gibt ein zentrales Marketingbudget für Kataloge, Messen, Website usw. Parallel gibt es lokale Budgets, aber keine zentrale Koordination oder Einflussnahme auf lokale Aktivitäten.

Es gilt, die Barrieren zwischen den Kanälen abzubauen.

Fragen für die Praxis:

1. **Wie analysieren Sie die realen Kundenprozesse für erfolgreiche und erfolglose Kundenprojekte?**
2. **Welche Schlüsselstellen im Kundenprozess bearbeiten Sie mit welchen Maßnahmen in Marketing und Vertrieb?**
3. **Wie teilen und verbinden Sie die Arbeit von Marketing und Vertrieb optimal?**
4. **Wie wählen und gestalten Sie Prozesse und Momente der Wahrheit im Vertrieb professionell?**

Die bevorzugte Beute der Geparden sind kleinere Huftiere, wie Gazellen und Böckchen.

8. Hebel 3: Qualify Sales People – Verkäufer für den Erfolg qualifizieren

In der Praxis setzten die Manager diesen Hebel an 1. und die Verkäufer an 3. Stelle.

Die Zahl der Verkaufsmitarbeiter ist in den meisten Unternehmen im Verhältnis zu anderen Mitarbeitergruppen sehr groß. Verkaufsmanagement ist ein ›People Business‹ und aufwendig. Ziel ist, mit Eingriffen im ›Qualify Sales People‹, die vorhandene Verkaufsmannschaft kritisch zu beurteilen. Ein Schema der Sales Performance ist dazu hilfreich. Auf dieser Basis lässt sich bestimmen, welche bestehenden Verkäufer den Ansprüchen nicht genügen. Bei einschneidenden Anpassungen, einer Expansion oder auch bei einer größeren Fluktuation der Mitarbeitenden im Verkauf wird die neue Besetzung von Verkäuferstellen besonders wichtig.

Es gilt, die Verkäufer mit hohem Potenzial anzuziehen, zu selektionieren, einzuführen und zu entwickeln. Es genügt nicht, lediglich Verkaufstalente anzustellen. Denn erst nach einiger Zeit entscheidet sich, ob es dem Unternehmen gelingt, diese Talente auch zu nutzen.

Training ist wichtig.

Für die persönliche Qualifikation der Mitglieder einer Verkaufsmannschaft spielt das Training (für alle aufgezeigten Hebel) meist eine zentrale Rolle. Tatsächlich lancieren manche Verantwortlichen Weiterbildungsprogramme für das gesamte Unternehmen, selbst wenn sie keine zentralen Stellen für eine starke Verkaufsführung oder Sales Excellence Development haben.

Das Sales Excellence Survey 2017 (vgl. Mercuri International 2017) mit 926 Teilnehmern zeigt deutlich, dass die besten Unternehmen mehr in Verkaufstrainings, Coachings der Verkaufsmitarbeiter sowie in Diskussionen der Ziele und Leistungen im Verkauf investieren. Die Wirksamkeit von Schulungen hängt aber eng mit der Führungsstärke zusammen. Ohne adäquate Führung bleibt der Lerntransfer in die Praxis ein Problem.

8.1 Maßnahmen und Akzente

Mögliche Maßnahmen zur Qualifikation von Vertriebsmitarbeitenden sind:

12 Maßnahmen zur Qualifikation des Vertriebs

1. **qualifizierte Verkaufsentwickler: hohe Qualifikation der Verantwortlichen für Verkaufsentwicklung durch Geschäfts-Know-how, Kunden- und Markt-Know-how, Verkaufs-Know-how und Führungsfähigkeiten.** Die Fähigkeiten des Verantwortlichen für Sales Excellence Development sind zentral. Fachliche und menschliche Qualifikation sind eine Voraussetzung, damit ein zentraler Ansatz überhaupt gelingen kann. Für seine Lösungen muss der Verkaufsentwickler im eigenen Unternehmen selbst ein ausgezeichneter ›Verkäufer‹ sein.

2. **Human Resources: Sales Qualification aktiv im Verkauf integrieren und nicht an das Personalwesen delegieren. Human Resources und Verkauf aktiv verbinden.** Natürlich wird die Arbeitsteilung zwischen Verkaufslinie und Human Resources in Unternehmen verschieden gehandhabt. Unsere Erfahrung zeigt aber recht deutlich, dass sich die Linie stark engagieren muss, sonst verselbstständigen sich die Ansätze für Sales Excellence Development. Analog muss mit externen Dienstleistern für Verkaufstrainings verfahren werden.

Aufgaben statt Anforderungsprofile

3. **Anforderungen: die Anforderungen und Aufgaben der Verkäufer klar und differenziert für die gewählte Spezialisierung definieren sowie Selektion und Bewertung darauf ausrichten.** Was macht einen exzellenten oder guten Verkäufer aus? Diese Anforderungen sind für jedes Unternehmen spezifisch, allgemeine Listen sind wenig ergiebig. Anforderungsprofile lassen sich leicht verlängern, aber beispielsweise schlecht für Selektion und Schulung nutzen. Besser scheint es, die Verkaufsaufgaben zu klären. Daran lässt sich gut einschätzen, ob die eingesetzte Person diese auch erfüllen kann.

Nach Jackson et al. (2010, S. 393) verändert sich der Verkauf hin zu einer stärkeren Kundenorientierung, zu Services und Lösungen für Kunden sowie zu Team Selling. Ihre Evaluationskriterien für Verkaufsergebnisse (Output) und Verkaufsanstrengungen (Input) sind in Abbildung 8.1 kategorisiert.

Verkaufsanstrengungen (Input)	Verkaufsergebnisse (Output)
• Telefonate/Calls • Verkaufskosten • Verkaufsaktivitäten • Zusatzaktivitäten • Zeitverwendung • Team Selling • Kundenevaluation	• Verkaufsumsätze • Marktanteile • Kundenzahlen und -anteile • Profit • Aufträge
mit je 4 bis 24 Kennzahlen und qualitativen Aspekten	mit je 6 bis 17 Kennzahlen

Abbildung 8.1: Verkaufsleistung (Jackson et al. 2010, S. 397 und 399)

Auf Basis der Evaluation eines Verkäufers lässt sich festlegen, welche Fähigkeiten entwickelt und welche Aktivitäten fokussiert werden sollen.

Interkulturelle Skills

Im Sales Excellence Development und im internationalen Verkauf sind **interkulturelle Fähigkeiten** wichtig, weil sich Verkaufsprozesse je nach Region und Land unterscheiden.

Screening der Verkaufsmannschaft – permanente Aufgabe oder Projekt?

4. **Überprüfung: die bestehende Verkaufsmannschaft periodisch und systematisch prüfen und anpassen (z. B. Fehlbesetzungen korrigieren).** Bestehende Verkaufsmannschaften und einzelne Verkäufer werden zu wenig überprüft und zu selten, wo nötig, ausgewechselt. Manche Unternehmen forcieren nur einmalige Initiativen zum Screening des Verkaufs. Dabei sind die angewendeten Bewertungsschemen und Ein-

stufungen wichtig. Eine starke Loyalität zu Mitarbeitenden ist zu begrüßen. Gleichzeitig müssen für die Verkäuferentwicklung die Schwächen des Einzelnen identifiziert werden. Auch kann es manchmal notwendig sein, neue Stellen für Spezialisten zu einem bestimmten Thema neu zu schaffen, um die angestrebte Wirkung des Verkaufs zu sichern.

5. **Attraktion: die qualifizierten Verkäufer (oder Talente) in einem genügenden Umfang anziehen (um beispielsweise Wachstum abzustützen).** Der Kampf um Verkaufstalente wird häufig betont. Es geht darum, die Verkäuferstellen für potenzielle und besonders fähige interne und externe Bewerber attraktiv zu machen. Zwar kann hier ein Personalmarketing durchaus helfen, entscheidend ist aber, dass die Aufgabe der Verkäufer wirklich attraktiv ist. Erst dann lassen sich eingestellte Talente auch halten und nutzen. Damit wird diese Aufgabe sehr vielfältig und anspruchsvoll.

   Die Verkäufer werden erst ›on the Job‹ in den Unternehmen auf ihre Aufgaben vorbereitet. An Hochschulen fehlen entsprechende Ausbildungsprogramme weitgehend. Eine Ausnahme bildet die Ruhr-Universität Bochum: Dort wurde Europas einziger regulärer Masterstudiengang in »Sales Management« auf universitärer Ebene lanciert. Weitere Universitäten konzentrieren sich vereinzelt auf Vertiefungen und spezifische Kurse.

6. **Pflege: die guten Verkäufer halten und entwickeln (z. B. mögliche Fachkarriere).** Erfolg, Aufgabenbereiche, kollegiales Umfeld und Entlohnung prägen die Verweildauer von Verkäufern bei einem Arbeitgeber. Manche Unternehmen kämpfen mit einer hohen Fluktuation. Probleme sind dabei die durch den häufigen Wechsel verursachten Kosten und Wirkungsverluste.

   Beispiel Hilti:
   Mit Fluktuation lässt sich auch positiv umgehen.

   Beispielsweise hat Hilti im Vertrieb eine Fluktuation von 25% jährlich; das heißt, alle vier Jahre wird die Verkaufsmannschaft neu zusammengesetzt. Das Management beurteilt diesen Wechsel aber positiv. Viele Verkäufer wachsen nach durchschnittlich vier Jahren in neue Positionen des Konzerns hinein. Damit wird die Verkaufsaufgabe auch ein Start für Spezial- und Führungsaufgaben. Die Erneuerung der Mannschaft erlaubt es, wichtige Innovationen im Vertrieb sehr rasch umzusetzen. Der Wechsel im Vertrieb ist nur dann professionell möglich, wenn die Verkäufer das CRM-System gewissenhaft nutzen und Kundeninformationen zuverlässig für alle Beteiligten (und Nachfolger) zugänglich sind. Gleichzeitig sind klare Spielregeln und Methoden im Verkauf wichtig. Die Kunden arbeiten stärker mit Hilti als Unternehmen und nicht mit den einzelnen Verkäufern zusammen.

Fachkarriere im Verkauf

Verkäufer durchlaufen meistens keine eigentliche Karriere, sondern bleiben bei ihrer Aufgabe. Allenfalls wird in frühen Phasen zwischen Junior- und Senior-Verkäufern unterschieden und manchmal schließt sich die Verantwortlichkeit für Key Accounts an. Grundsätzlich gilt es, den längerfristigen Einsatz des Verkaufs attraktiv zu halten, damit gute Verkäufer auf ihrer Position bleiben. Einige Unternehmen ermöglichen dazu eine **Fachkarriere,** indem die Mitarbeitenden schrittweise mehr Verantwortung übernehmen (zusätzliche Aufgaben, neue Aufgaben und Polivalenz, komplexere Verkäufe, wichtigere und anspruchsvollere Kunden, Anleitung von Juniors und Verkaufsgruppen usw.) und dazu beispielsweise mit Schulungsmodulen begleitet werden.

Langweilige Rituale der Abstimmung verschwenden die Zeit der Verkäufer.

7. **Sales Meetings: Sales Meetings produktiv für Verkäufer gestalten.** Erstens gilt es, den Führungsrhythmus richtig zu bestimmen. Welche Art von Meeting wird durchgeführt? Beispiele sind feste Traktanden zum Verkauf in der Geschäftsleitungssitzung (auch zu Key Accounts), Montags-Call mit Verkaufsregionen oder Jahresmeetings mit dem internationalen Vertrieb. Verkaufsprojekte mit Workshops flankieren die genannten Meetings mit einer eigenen Abfolge. Bei sich wiederholenden Treffen ist die Herausforderung, diese für die Teilnehmenden spannend und relevant zu gestalten, aber neue Mitarbeitende gleichzeitig ausreichend abzuholen.

Beispiele aus der Praxis

In der Praxis sind verschiedene Anlässe für Vertriebs-Meetings verbreitet. Bilfinger richtet jährlich einen »Sales Performance Day« aus. Bei BASF hat sich das Vertriebsforum »Perspectives – The BASF forum to accelerate success – Global Project Sales Excellence« als feste Größe etabliert. Zahlreiche weitere Firmen stellen ihre Meetings im Verkauf unter den Sammelbegriff »Sales Excellence«. Solche Events sind erst dann wirksam, wenn sie sich in ein umfassendes Engagement der Unternehmen einbetten.

Dabei müssen die Veranstaltungen zur Weiterentwicklung des Verkaufs nicht zwangsläufig auf ein Unternehmen begrenzt sein. An der Universität St. Gallen arbeiten wir seit 2007 im Programm »Sales Driven Company« intensiv mit Unternehmen zusammen. Ziel ist, mit den ausgewählten Partnerunternehmen die heißen Themen zur Entwicklung des Verkaufs und seiner Führung zu identifizieren und gemeinsam Fortschritte zu entwickeln. Unternehmen können dabei mehrere Verantwortliche aus dem Verkauf zur Teilnahme im Programm benennen. Sie beteiligen sich damit an einem firmenübergreifenden Lern- und Entwicklungsprozess für mehrere, ausgewählte Verkaufsverantwortliche (vgl. Belz/Schmitz 2017).

Verkaufsschulung auf dem Prüfstand

8. Verkaufsschulung: mit Verkaufsschulungen wirksam auf neue Aufgaben vorbereiten und neue Methoden einführen. Periodisch das Momentum für einen proaktiven Verkauf schaffen. Schulungsinhalte konzentrieren, konkretisieren und üben. Ein Verkaufstraining kann alle Inhalte zur Verbesserung des Verkaufs einschließen. Ist Sales Excellence Development klar fokussiert, so ergeben sich auch klare Prioritäten in der Schulung. Wichtige Herausforderungen für die Verkaufsschulung sind: Akzeptanz des Lernbedarfs durch die lernenden Verkäufer, konzentrierte und praktische Schulungsinhalte sowie Übungen, wirksame Schulungsformen (inkl. E-Learning oder Blended Learning), Lerntransfer und eine effiziente Balance zwischen Verkaufseinsatz und Schulungsaufwand.

Martin (2012) identifiziert folgende Lücken für eine wirksame Verkaufsschulung: (1) Die Schulung ist nicht gestützt auf Erkenntnisse aus gewonnenen und verlorenen Aufträgen. (2) Die Schulung ist zu stark auf das rationale Verhalten des Kunden gerichtet und vernachlässigt emotionale oder unterbewusste Aspekte. (3) Es fehlen kulturelle Übertragungen und Konkretisierungen auf die eigene Situation der Verkäufer und ein konsequentes Verhaltenstraining. (4) Die Realisierung der wichtigen Sales Calls als Basis für den Verkaufseinsatz (klassifiziert nach Kunden(situationen)) wird nicht adressiert. Diese Diagnose wirkt etwas operativ und taktisch. Verkaufsschulung muss aber praktischer, konkreter und interaktiver werden (vgl. auch Belz/Betz 2012).

Beispiel UBS

Um Relevanz und Umsetzung zu steigern, kombinieren manche Unternehmen verschiedene Schulungsformen: So heißt das zentrale Schulungsprogramm der UBS »Business University«.

Neben externen Coaches und Online-Trainings werden beispielsweise auch ›Subject Matter Experts‹ eingesetzt – das sind UBS-Mitarbeiter, die sich durch eine spezifische fachliche Kompetenz auszeichnen. Lokale Schulungsverantwortliche spielen eine zentrale Rolle, um zentral lancierte Weiterbildungsprogramme für den Verkauf auf lokaler Ebene zu adaptieren.

9. **Coaching: Verkäufer in Führungsgesprächen und mit Coaching aktiv begleiten und eine selbstständige Entwicklung fördern.** Im Vergleich zur Schulung ist das **Coaching** der Verkäufer persönlicher, gezielter, handlungsorientierter und findet regelmäßiger statt. Trotzdem ist Coaching keine ad-hoc-Unterstützung, sondern beruht auf einer Systematik (beispielsweise den Vorgaben aus der Strategie). Wichtig sind hierbei die Verkaufsbegleitungen der Verkaufsmanager. Gutes Coaching konzentriert sich darauf, die Verkäufer selbst zu befähigen und ihre eigenständigen Lernprozesse anzustoßen (vgl. Punkt 11).

Probleme beim Lerntransfer können am Vorgesetzten liegen.

10. **Führungskräfte: Führungskräfte im Verkauf flankierend schulen und aktiv in die Verkaufsschulung einbeziehen.** Oft sind es die Vorgesetzten der Verkäufer selbst, die verhindern, dass neue Vorgehensweisen angewendet werden. Es ist eine Voraussetzung für den Trainingserfolg, dass auch Manager im Verkauf geschult werden, die Inhalte des Trainings beherrschen und sich regelmäßig – als Teilnehmende oder Referenten – in diese einbringen. Auch spielen sie im oben erwähnten Coaching eine wichtige Rolle und brauchen entsprechende Fähigkeiten.

First Line Sales Manager werden oft unterschätzt.

11. **First Line Sales Manager: die Leiter von Verkaufsgruppen aktiv in den Entwicklungsprozess des Verkaufs einbeziehen und mit ihnen die Umsetzung sichern.** Zentral ist die **Vermittlerfunktion** der Verkaufsgruppenleiter zwischen Management und Verkäufern, also zwischen ›Konzept und Bauch‹. Ähnliche Herausforderungen ergeben sich bei den Verantwortlichen für Kundenteams im Unternehmen. First Line Sales Manager oder Leiter von Verkaufsteams besetzen die unterste Führungsebene im Verkauf und sind der Verkaufsleitung unterstellt. Sie leiten überschaubare Gruppen mit durchschnittlich acht Verkäufern und stehen damit nahe am Erfolg mit Kunden. Sie bündeln den Erfolg ihres Teams und beeinflussen stark, ob und wie Strategien und Konzepte umgesetzt werden. Sie spielen auch dann eine entschei-

dende Rolle, wenn Unternehmen viel verändern. Der Job der Verkaufsgruppenleiter umfasst Integration im Unternehmen (Strategie umsetzen, planen und steuern), Coaching der Verkäufer im Team und (eigenen) aktiven Verkauf. Coaching kommt meistens zu kurz (vgl. Belz/Huckemann/Schmitz 2017 und Schmitz/Belz/Huckemann 2016). Abbildung 8.2 fasst einige grobe Ergebnisse unserer Studie zu First Line Sales Managern zusammen.

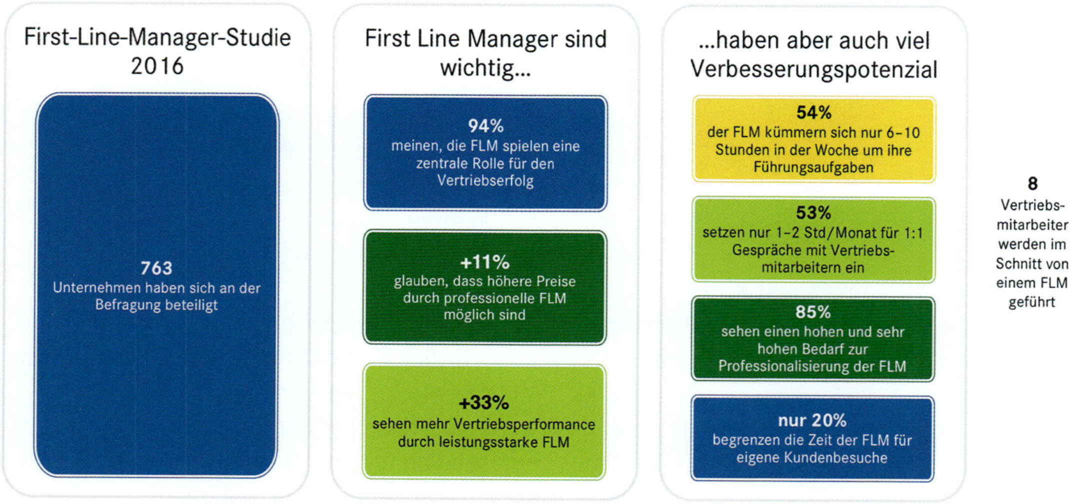

Abbildung 8.2: Ergebnisse der Studie zu First Line Sales Managern (ausgewertet aus Belz/Huckemann/Schmitz 2017)

Verkaufsentwicklung muss langfristig ausgerichtet sein.

12. **offenes Ende: Verkaufsqualifikation als dauernder Prozess statt ›Episoden‹ zu gestalten.** Bei allen Maßnahmen zur Qualifikation der Verkäufer besteht die Gefahr, dass neue Lösungen und Vorgehensweisen nur temporär beachtet werden und anschließend wieder versickern. So fühlt sich mancher Verkäufer nach einer Schulung erleichtert, weil er sein Soll an Trainingstagen erfüllt hat und geht nahtlos zu seinem Tagesgeschäft über, ohne das Gelernte in die Tat umzusetzen. Für die meisten Verkaufsinitiativen gilt es, permanent zu kämpfen. Sobald sich Unternehmen und Führungskräfte nicht mehr kümmern, fallen die Verbesserungen in sich zusammen. So ist beispielsweise eine qualifizierte Verkaufsberatung bestimmt kein langfristiger Selbstläufer. Wichtige Qualifikationen gilt es deshalb permanent zu kultivieren, damit allen Beteiligten bewusst wird, dass das nicht einfach vorüberzieht. Erstens wird damit berücksichtigt, dass Veränderungspro-

zesse im Verkauf erst verzögert greifen. Zweitens werden jene Führungskräfte entlastet, die für jede jährliche Verkaufsschulung wieder nach neuen Hit-Themen und -Referenten suchen und ihre Verkäufer mehr unterhalten als trainieren. Die Suche entfällt, weil Inhalte und Weg durch den Schulungsprozess bestimmt sind. Kreativität braucht es dann besonders in der Umsetzung. Begleitet werden permanente Schulungsprozesse durch eine permanente Überprüfung der erfolgreichen Realisierung im Unternehmen.

Die Praxis setzt bei den Maßnahmen folgende Schwerpunkte, wie in Abbildung 8.3 gezeigt wird.

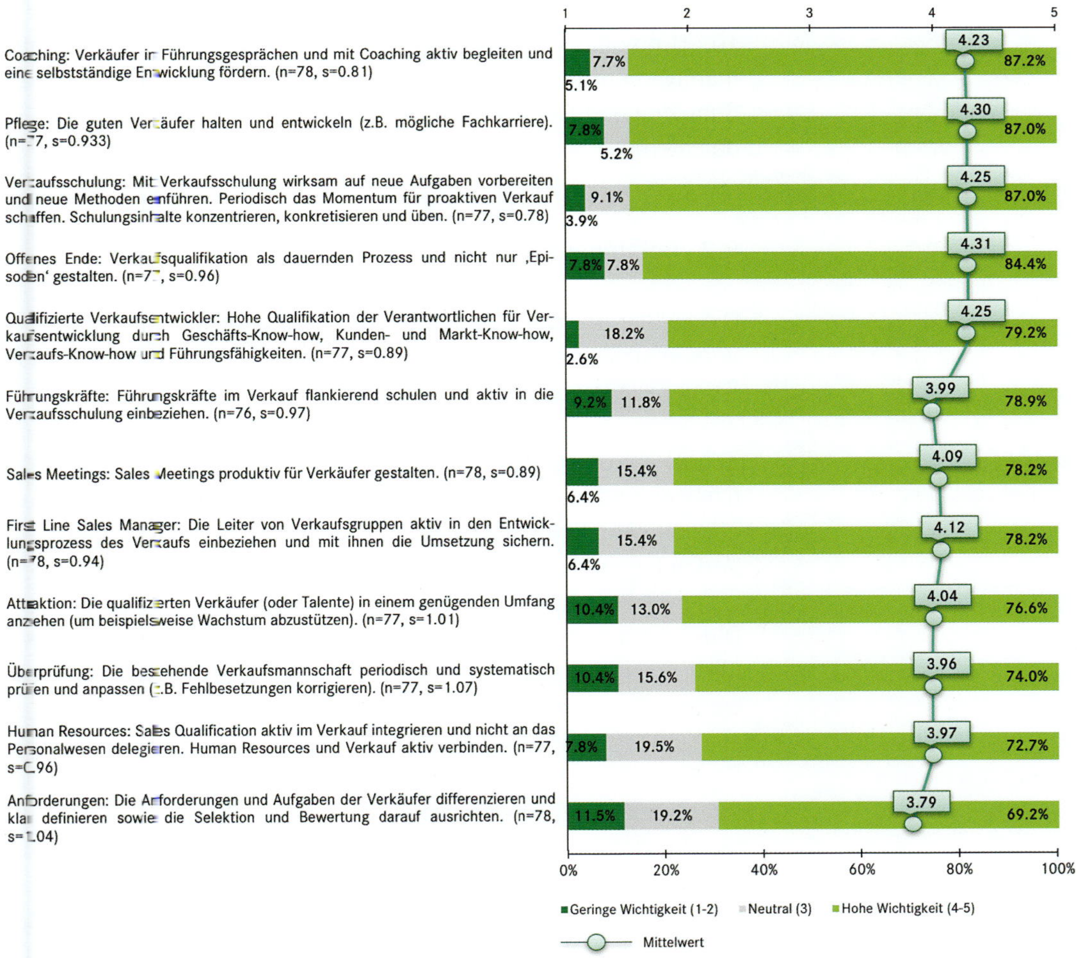

Abbildung 8.3: Schwerpunkte in den Aufgaben zum Hebel Qualify Sales People

Interpretation

Mehr als 84% schätzen als besonders wichtig ein: (1) Coaching, (2) Pflege der guten Verkäufer, (3) Verkaufsschulung und (4) ein offenes Ende der Bestrebungen zur Verkaufsqualifikation. Von den zwölf möglichen Aufgaben zur Qualifikation des Verkaufs werden neun von mindestens 75% der Befragten als sehr wichtig eingestuft. Insgesamt werden alle Maßnahmen als höchst relevant bewertet; es lassen sich keine klaren Akzente erkennen. Damit ist Sales Qualifikation ein starker Hebel im Sales Excellence Development.

Kritisch erscheint uns, dass die Anforderungen an den Verkauf am Ende der Liste stehen. Diese Anforderungen sind nämlich der inhaltliche Bezug für sämtliche übrigen Maßnahmen. Dazu gehören auch die periodische Überprüfung der Verkaufsmannschaft oder ein systematisches Qualifikationssystem (Position 10). Hoffentlich ist es selbstverständlich, dass sich das Verkaufsmanagement selbst stark engagiert, denn es wäre verfehlt, die Schulung und Qualifikation einfach an das Personalwesen zu delegieren (Position 11).

8.2 Beispiele zur Sales Qualification

Die Fälle in Kapitel 2 gaben bereits wichtige Einsichten zum Verkaufstraining. Oft liegt hierin sogar die einzige Funktion des Sales Excellence Development.

Beispiel Schott

Schott hat beispielsweise schon früh die Bedeutung eines qualifizierten und kompetenten Verkaufs für den Unternehmenserfolg erkannt. Abbildung 8.4 zeigt grob die gewählten Schritte zur Verkaufsqualifikation.

Die Struktur der Bausteine lässt sich auf weitere Unternehmen übertragen. Natürlich umfasst dann jede Hauptaktion auch viele weitere Detailmaßnahmen.

Beispiel Bayer Crop Science

Ergiebig ist auch das Vorgehen von Bayer Crop Science. In jeder internationalen Einheit wurden Sales Leader benannt, die für die Umsetzung der zentralen Strategie zuständig sind. Auf diese Leader konzentrieren sich Workshops und Schulungen, damit sie in der Lage sind, die Lösungen zu multiplizieren und in ihren Einheiten spezifisch anzupassen und zu voranzutreiben.

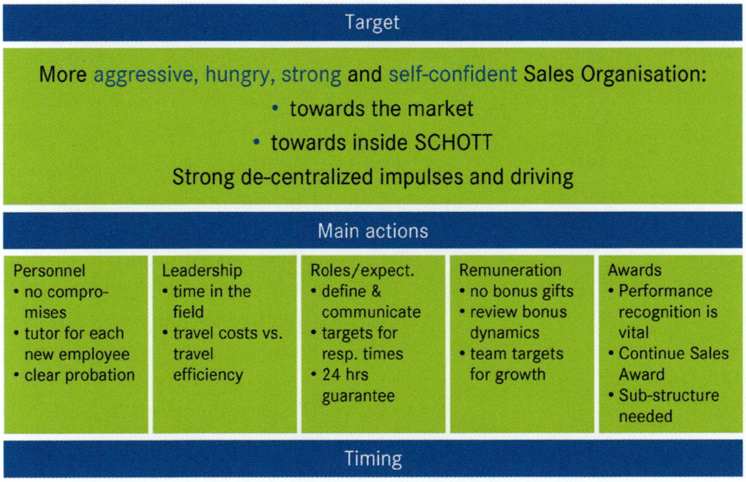

Abbildung 8.4: Verkaufsqualifikation bei Schott (interne Quelle 2017)

Bevor wir auf den nächsten Hebel eingehen, schließen wir dieses Kapitel mit Aussagen der befragten Führungskräfte und einigen Praxisfragen.

Aussagen der Praxis

Think local, act global. Auch funktionieren beispielsweise Tools der 360-Grad-Beurteilung (durch verschiedene Mitarbeitergruppen) in USA, CH oder DE, aber nicht in Asien.

Vertriebsmanagement ist auch gegenseitiges Überschätzungsmanagement.

Nirgends ist die Bereitschaft, sich zu verändern, so gering wie im Vertrieb.

Motivate, instill pride and knowledge, mentor, set targets, review and give feedback.

Entscheidend ist es, die guten internationalen Leute bei der Stange zu halten.

Strategie ›Next Generation‹: Identifikation der notwendigen Profile, da das Unternehmen sich vom Hardware- zum Software-Verkäufer entwickelt.

Weitere Aussagen der Praxis

Im Konzern werden regelmäßig ›Ongoing Rules‹ für die Zusammenarbeit im internationalen Vertrieb definiert, gemeinsame Workshops für verschiedene Anspruchsgruppen organisiert und Vertriebsveranstaltungen für verschiedene Branchen durchgeführt. Das Ziel ist ein gut ausgebautes Netz und Regeln auf internationalem Niveau.

Aktuell sind die P&L-Leiter in den Ländern primär auf das operative Tagesgeschäft fixiert. Die strategische Ausrichtung muss – u. a. auch durch Coaching – gestärkt werden.

Wir müssen mit unserer hohen Fluktuation bei Verkäufern besser umgehen.

Fragen für die Praxis:

1. Welche Aufgaben muss Ihr Vertrieb zukünftig besser erfüllen? Gibt es verschiedene Gruppen von Mitarbeitenden, die sich gezielt entwickeln können?
2. Wie fördern Sie die wichtigen Fähigkeiten ihrer Verkäufer (und Mitarbeitenden) für den Verkaufserfolg?
3. Was muss sich konkret im Verkaufsgespräch verändern, um die Strategie faktisch umzusetzen? Was sind die wichtigen Inhalte für Kunden?
4. Wie bewerten Sie gegenwärtige Schulungen im Verkauf? Wo liegen Engpässe und Chancen?
5. Wie sichern Sie ein nachhaltiges und optimales Vorgehen und eine Veränderung im Verhalten Ihrer Verkäufer?

Im Alter von etwa drei Jahren ist ein Gepard geschlechtsreif. Die Tragzeit beträgt etwa 95 Tage, ein Wurf besteht zumeist aus einem bis fünf Jungen.

9. Hebel 4: Share Best Practices in Sales – Know-how im Vertrieb teilen

In der Praxis setzen Manager diesen Hebel auf Platz 6 und Verkäufer auf Platz 1.

In vielen Unternehmen existieren bereits zahlreiche ausgezeichnete Erfolgsbeispiele mit einzelnen Kunden oder ausgereifte Marketing- und Verkaufsmaßnahmen. Ziel des Hebels **Share Best Practices in Sales** ist, die dezentralen Erfolge auch für weitere Einheiten im Unternehmen zu nutzen (vgl. Belz/Betz 2012). Dazu werden gute und auch zufällige Lösungen ›Bottom-up‹ multipliziert und der Vertrieb damit insgesamt gestärkt. Funktionierende Beispiele wirken besonders glaubwürdig auf die beteiligten Mitarbeitenden und Kunden. Dennoch werden sie in Unternehmen leicht vernachlässigt und zu wenig genutzt.

Alle Ansätze des Hebels Share Best Practices in Sales sind eng mit der Verkaufsqualifikation im letzten Kapitel verknüpft, ja sie könnten sogar ein Teil davon sein oder daraus lässt sich auch ein ganzes und innovatives Lernprogramm im Verkauf entwickeln.

Das Teilen von Erfolgsrezepten lässt sich schwer vorschreiben.

Know-how im Vertrieb zu teilen ist anspruchsvoll. Solches Wissen und Lösungen sind vielfältig und in jeweils besonderen Konstellationen entstanden. Es gilt kritisch zu prüfen, was übertragbar ist. Manche Einheiten fühlen sich als interne Konkurrenten oder wollen selbst entscheiden, welchen Kollegen sie helfen. Flankiert wird auch dieser Austausch durch die omnipräsente Überlastung, besonders der Besten (vgl. Belz/Betz 2015).

Knowledge Management

Übergeordnet besteht ein Bezug zum **Knowledge Management** in Unternehmen, wobei immer implizites und explizites Wissen eine Rolle spielen. Typisch die Aussage, die einmal ein ABB-Manager machte: »Wenn ABB wüsste, was ABB weiß, dann wäre das Unternehmen unschlagbar.« Allerdings sind die Ansätze für einen systematischen Wissensaustausch oft sehr abstrakt und deshalb in der Praxis nicht besonders ergiebig. Wang, Noe und Wang (2014) folgern, dass Knowledge Management nur funktioniert, wenn es aktiv in die Führung und Zusammenarbeit einbezogen wird. Übergeordnet spielen gegenseitiges Vertrauen sowie intensive Kommunikation über die Funktionen hinaus eine Rolle. Spezifischer sind gemeinsame Ziele, Aufgaben und Budgets; wechselnd zusammengesetzte Projektteams (auch für Kunden) oder gemeinsame Trainings. Diese Forderungen sind in einer hektischen Arbeitswelt aber oft schlecht einzulösen (siehe auch Arnett/Wittmann 2014).

Im Verkauf kreist viel um das Kunden- und Leistungswissen, welches sich in CRM-Systemen teilen lässt. Das ist zwar etwas konkreter, aber trotzdem noch sehr übergeordnet und breit.

Maßnahmen (teilweise mit einbezogenen Beispielen) zu diesem Hebel sind:

7 Maßnahmen für einen systematischen Wissensaustausch

1. **Best Practices erfassen: Felder für relevante Bestleistungen definieren und beste Lösungen im Unternehmen erfassen sowie aufbereiten.** Vorerst gilt es zu bestimmen, was ergiebige Felder für Best Practices sind. Wo wurde ein neues Produkt besonders erfolgreich eingeführt? Wie wird eine Kundengruppe in einer Vertriebseinheit besonders gut bearbeitet? Welche Einheit nutzt das CRM ausgezeichnet? Welche Verkäufer erzielen herausragende Ergebnisse? Inhaltlich können Best Practices alle Themen eines erfolgreichen Vertriebs betreffen. Mit Vorteil werden die Best Practices geordnet und Schwerpunkte gesetzt. Wichtig ist auch, dass gute Lösungen von sehr verschiedenen Einheiten stammen. Abbildung 9.1 zeigt, wie sich die Leistungen der besten Verkäufer transparent machen lassen und der Vertrieb insgesamt von den Spitzenleistungen im Unternehmen lernen kann.

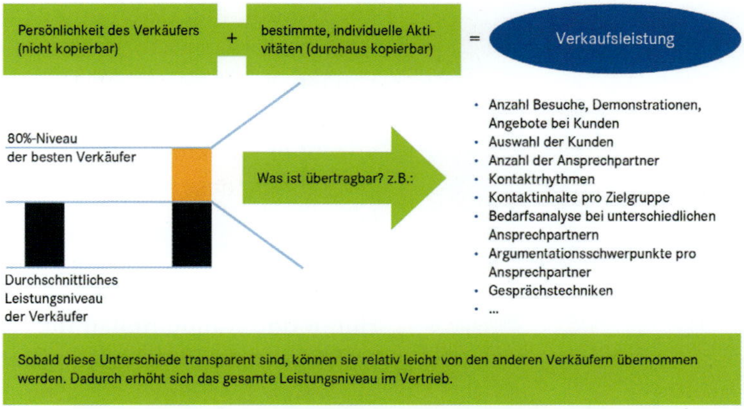

Abbildung 9.1: Transparenz der Vertriebsleistung und Lernen von den besten Verkäufern (Quelle: Interne Unterlage von Mercuri International 2017)

Sharing braucht die richtige Unternehmenskultur.

2. Know-how: eine Unternehmenskultur fördern, damit Vertriebsverantwortliche ihr besonderes Know-how teilen.

Es ist natürlich, dass Verkäufer voneinander profitieren. Dies bedeutet beispielsweise, dass Verkäufer ihr Know-how teilen oder Kollegen unterstützen, wofür sie implizit auch eine Gegenleistung erwarten. Das ist Teil der individuellen Positionierung und der Verhandlung von eigenen Beiträgen. Eine angeordnete Hilfe im Unternehmen wird dabei kritisch behandelt, weil einzelne Könner damit ihre Vorteile gleichsam verschenken müssen. Deshalb braucht es gegenseitiges Vertrauen, Offenheit sowie gegenseitige Akzeptanz und Wertschätzung, um einen breiten Austausch zu fördern. Gleichsam ist das eine ›Sharing-Culture‹ im Unternehmen. Sie wird gestört durch eine intensive, interne Wettbewerbskultur, welche durch die Führung über Erfolgszahlen, Lohnsysteme usw. geschürt wird.

Frappant ist beim Hebel Share Best Practices in Sales, dass ihn Verkäufer in der Bewertung an die erste und die Manager erst an die sechste Stelle setzen. Gleichzeitig beklagen Führungskräfte, dass sich die Vertriebseinheiten und Verkäufer ungenügend an solchen Initiativen beteiligen. Das mag mit einer fehlenden Kultur des Teilens zusammenhängen. Oft tauscht sich der Verkauf auch direkt und informal aus, ohne dass zentrale Maßnahmen oder institutionalisierte Plattformen eine Rolle spielen.

3. **Multiplikation: Best Practices für andere Einheiten weiterentwickeln, anpassen und erfolgreich multiplizieren.** Best Practices entstehen in spezifischen Konstellationen von Kunden, Wettbewerb und Markt sowie den Beteiligten des Anbieters. Erst die Kenntnis der besonderen Voraussetzungen erlaubt es, konkrete Erfolge zu übertragen und wo nötig so anzupassen, dass sich diese auch in anderen Kontexten nutzen lassen.

›Sharing‹ kann ein attraktives Lernprogramm im Verkauf sein.

4. **Instrumente: für den aktiven Austausch von Erfahrungen, Hilfen und Kundenfällen die Kundenfälle aufbereiten, elektronische Plattformen/Datenbanken einrichten, ergiebige Treffen zu ›Sharing‹ organisieren. Zielgruppe können auch Kunden direkt sein.** Die Möglichkeiten, beste Praktiken zu teilen, sind vielfältig. Anspruchsvoll ist es aber beispielsweise, die Events oder Plattformen laufend und kraftvoll am Leben zu erhalten. Zum Beispiel baut UBS Wealth Management eine zentrale Plattform für neue Ideen und Best Practices auf, um damit die Kundenberater zu unterstützen. Eine Schüsselstellung nehmen erfolgreiche und einzigartige Kundenfälle ein. Ein guter **Kundenfall** umfasst Ausgangslage, Ziele, Prozess der Zusammenarbeit, Lösungen und Learnings. Die vielfältigen Kundenfälle können gleichzeitig für Marketing und Verkauf (gegenüber dem Kunden) wertvoll sein. Vor wenigen Jahren lancierte das Technologieunternehmen Sick ein internes und internationales Rennen um die 100 besten Kundenfälle. Ihre Darstellung auf der Internetseite von Sick nützt den Kunden und den Verkäufern.

Kritisch ist, wenn Unternehmen einzelne Erfolgsbeispiele mehrfach und einseitig verwenden. Leicht können dominierende Best Practices Langweile bis Aversion des Verkaufs bewirken. Manche gelobten Projekte entspringen auch dem Bedürfnis der Urheber, ihre Arbeit als besonderen Erfolg zu präsentieren. Auch können die Dimensionen des Erfolgs unterschiedlich bewertet werden: Teilweise sind sie auch fachlich einzigartig und entsprechen der Unternehmensstrategie, sind aber gleichzeitig wirtschaftlich ein Misserfolg. Und: Erfolge sind immer auch personenabhängig, besonders im Verkauf. Die Praktiken lassen sich nicht immer multiplizieren oder passen nicht zu allen Verkäufern.

Einrichten von Mitarbeiter-Tandems

5. **Tandems: zwischen Mitarbeitenden mit sehr unterschiedlichem Know-how (z. B. nach Fusionen) aktive Mitarbeiter-Tandems einrichten.** Zwischen Verkäufern lassen sich Zweierteams einrichten, die sich wirksam ergänzen. Das ist besonders bei Unternehmen mit Verkäufergruppen nützlich, die sich in Erfahrung und Know-how wesentlich unterscheiden.

Beispiel: Heidelberger Druckmaschinen AG

Noch weiter gehen sogenannte Eskalationsstufen. Bei der Heidelberger Druckmaschinen AG erledigen Verkäufer die erste Stufe im Verkaufsprozess alleine, in der zweiten Stufe ziehen sie Kollegen mit ergänzenden Spezialisierungen und anderem Hintergrund bei, in der dritten Stufe werden technische Spezialisten in den Verkaufsprozess einbezogen.

Beispiel: Geberit

Ab 2015 integrierte Geberit schrittweise das nahezu ebenso große Unternehmen Sanitec. Der Vertrieb wurde zusammengelegt und deckte neu sämtliche Leistungen von Geberit (Sanitärtechnik hinter der Wand) und Sanitec (Sanitärtechnik vor der Wand, z. B. Waschschüsseln usw.) ab. Um den Übergang zu erleichtern, bildete Geberit jeweils ein Tandem aus einem ehemaligen Geberit- und einem ehemaligen Sanitec-Verkäufer. Sie unterstützen sich gegenseitig und lernen durch den gemeinsamen Verkauf auch die Produkte des jeweils anderen besser kennen.

6. **Verbindungen: Aktiv spezifische Verbindungen innerhalb des Unternehmens herstellen und nutzen.** Generell lässt sich festlegen, bei welchen Abteilungen und Personen der Verkäufer besondere fachspezifische und kundenbezogene Hilfe holen kann. Dabei werden auch Innendienst, Kundenservice-Zentren, Produktmanagement, technische Spezialisten, Controlling usw. einbezogen. Abbildung 9.2 zeigt das Beispiel einer groben Arbeitsteilung zwischen Marketing, Vertrieb und Produktmanagement bei Geberit.

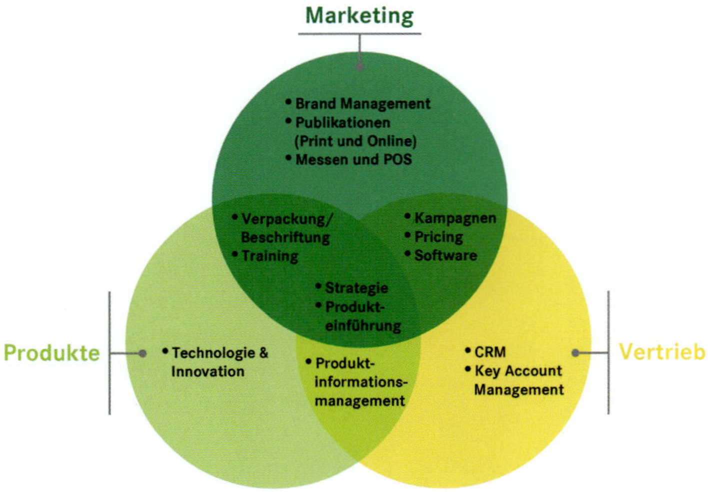

Abbildung 9.2: Beispiel einer groben Arbeitsteilung von Marketing, Produktmanagement und Vertrieb bei Geberit (interne Quelle 2017)

Pilotprojekt bedeutet nicht einfach ›trial and error‹.

7. **Experimente: Experimente und Pilotprojekte lancieren, auswerten/verbessern und wo sinnvoll ausrollen.** Zwar stellt der Hebel Share Best Practices in Sales eher vorhandene und erfolgreiche Lösungen in den Vordergrund, doch ist es auch möglich, neuartige Ansätze zu initiieren. Durch das Lancieren von Pilotprojekten und Experimenten in den Vertriebseinheiten lassen sich iterative Fortschritte erzielen und später, je nach Erfahrungen, die Erkenntnisse teilen.

Nach diesem Überblick zeigt Abbildung 9.3, welche Akzente Unternehmen setzen.

Interpretation

Als zentrale Maßnahme sehen 87% der Befragten in Bezug auf den internen Wissensaustausch an, eine ›Share-Culture‹, eine Kultur des Teilens, zu fördern. Allerdings klingt das eher wie wohlwollende Neutralität, weil damit kaum konkrete Maßnahmen bezeichnet sind. Es folgen aber die Multiplikation von Best Practices als zweitwichtigste Maßnahme und ihre systematische Erfassung und Aufbereitung als drittwichtigste Aufgabe. Das Bilden von Tandems aus Vertriebsmitarbeitern bildet in dieser Bewertung das Schlusslicht, obschon diese Maßnahme einfach ist und sich recht informal handhaben lässt. Allerdings ist dieser Vorschlag auch vergleichsweise eng formuliert und mag deswegen nicht für alle der befragten Unternehmen von Bedeutung zu sein. Wichtig erscheint zudem, dass ein Umgang mit Pilotprojekten und Experimenten zuvorderst im Mittelfeld positioniert wird.

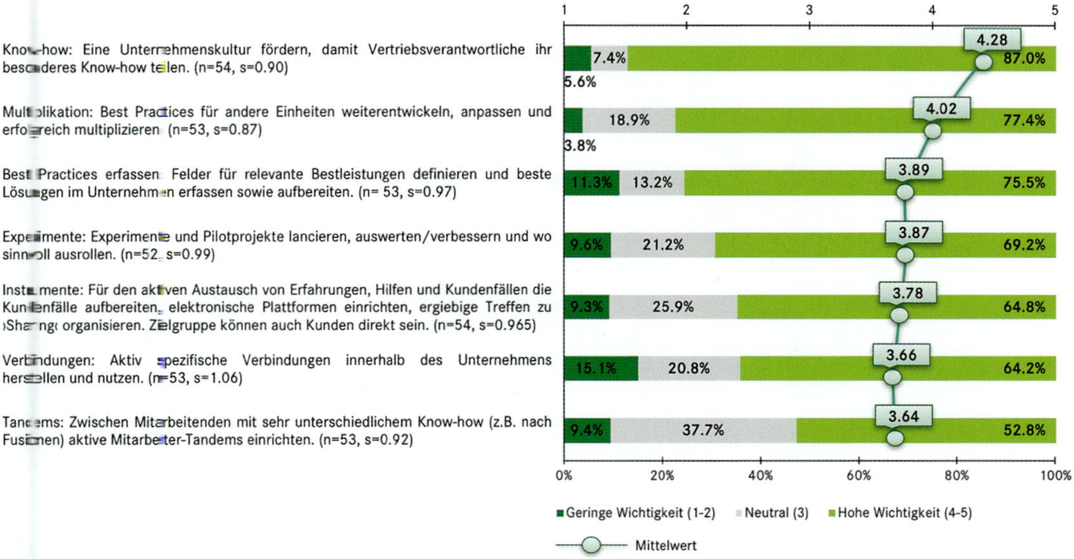

Abbildung 9.3: Schwerpunkte in den Aufgaben zum Hebel Share Best Practices in Sales

Im Folgenden finden sich Aussagen der Praxis und Praxisfragen zum Abschluss des Kapitels.

Aussagen der Praxis

Zwischen Zentrale und Niederlassungen muss ein Schwungrad entstehen. Die Wahl von Anstoßthemen mit beiderseitigem Vorteil ist wichtig.

Bei Best Practices sind Lügen der Normalfall und viel wird nur plump übertragen.

Dank Transparenz & CRM Tools wird der Ansatz von Best Practice verfolgt. Von den Besten lernen und weiterkommen ist von größter Wichtigkeit.

Sales Excellence schafft durch eine Kombination von dezentraler Best Practice und zentralem Doing einen erkennbaren Mehrwert. Eine Konzentration auf das Wesentliche führt zu einfachen Prozessen für Kunden und Verkäufer.

Die Vision: Der Ansatz reißt die Mauern zwischen den Unternehmenssilos ein und fördert die bereichsübergreifende Zusammenarbeit.

Weitere Aussagen der Praxis

Es gibt bestimmte Funktionen, da sind die Landesgeschäftsführer Unternehmer und es wird zukünftig Funktionen geben, da sind sie nicht mehr Unternehmer. Da müssen sie im Prinzip das machen, was wir als Best Practice festgestellt haben, was sich einfach als sinnvoll erwiesen hat.

Deutschland und die Schweiz fungieren im Sales-Excellence-Projekt als ›Benchmark‹. Man sollte sich jedoch davor hüten, Dinge einfach 1:1 auf andere Märkte zu übertragen.

Auf der Agenda 2017 steht die Entwicklung einer zentralen Plattform, die neue Ideen/Best Practices etc. gebündelt dem Kundenberater zur Verfügung stellt.

Wir brauchen nicht nur innovative Produkte, sondern vor allem einen innovativen und kreativen Verkauf.

Fragen für die Praxis:

1. Welche Best Practices im Vertrieb sind für Ihr Unternehmen besonders relevant? Wie gehen Sie mit Bad Practices um?
2. Wie fördern Sie eine Kultur des Teilens im Unternehmen und teilen die Erkenntnisse aus Best (and Bad) Practices wirksam in Ihrem Unternehmen?

Schätzungsweise leben noch etwa 7.500 Geparde in 25 afrikanischen Ländern in freier Wildbahn, mit 3.500 am meisten in Namibia. Weitere 80 bis 100 Individuen kommen im Iran vor.

10. Hebel 5: Close to People and Customers – permanenter Dialog mit Verkaufsverantwortlichen

In der Praxis setzen die Manager diesen Hebel an die 2. und die Verkäufer an die 5. Position.

Ziel dieses Hebels ist, die wichtigen Veränderungen im Verkauf vor Ort mit den Verantwortlichen zu erörtern und Fortschritte konkret zu begleiten. Es geht nicht nur darum, dass sich die Führung näher am Verkauf und am Kunden bewegt, sondern auch darum, dass der Verkäufer den Puls des Kunden besser erfassen kann. Oft ist das Vorgehen eher dezentral und spezifisch, also wenig standardisiert. Die aktuellen Probleme einzelner Bereiche und Personen stehen im Vordergrund. Der Führungsanteil ist weit stärker als der Entwicklungsanteil. Führungskräfte priorisieren diesen Hebel sehr viel stärker als Verkäufer. Vermutlich meint die Führung, den Verkauf besser im Griff zu haben, während Verkäufer sich mit ›Close to People and Customers‹ in ihren Freiräumen eingeschränkt fühlen. Häufiger sind auch Stimmen des Verkaufs zu vernehmen, dass es beispielsweise eher stört, wenn Vorgesetzte den Verkauf zu Kunden begleiten.

10 Maßnahmen, Nähe zu Kunden und Verkäufern zu optimieren

Es geht um Nähe zum Kunden und Nähe zum Verkäufer. Unsere Maßnahmen zu diesem Hebel sind:

Management und Entwicklung des Verkaufs sind keine Bürojobs.

1. **Arbeitszeit des Verkaufsmanagements: den wesentlichen Anteil der Arbeit des Verkaufsmanagements vor Ort bei Verkäufern und Kunden einsetzen.** Draußen ›an der Front‹ bei den Verkäufern, beteiligten Mitarbeitenden und dem Kunden zu sein, hilft den Führungskräften, keine abgehobenen, sondern realisierbare Konzepte und Lösungen zu entwickeln. Im Gespräch ist es möglich, die Mitarbeitenden und Kunden für die eigenen Ideen zu gewinnen. Auch sind individuelle Förderung und rasche Korrekturen möglich. Präsenz bedeutet gleichzeitig Wertschätzung – dem Kunden und der eigenen Verkaufsmannschaft gegenüber. Auch wenn manche Manager meinen, dass mit den modernen Mitteln der Kommunikation ein Einsatz vor Ort weit weniger nötig ist, bleibt Verkaufsmanagement ein People Business.

2. **Sprache: Vorgaben, Richtlinien oder Konzepte konkret und für den Verkauf anschaulich sowie verbindlich umschreiben (keine mit Anglizismen gespickten Management-Präsentationen).** Es ist aufwendig, Strategien und Managementkonzepte auf den Punkt zu bringen und für die Verkäufer in verbindliche Vorgaben und Anleitungen zu übersetzen. Stichworte, wie beispielsweise Wachstum, Leistungsinnovation, Rationalisierung, Kundenpräsenz, Rentabilitätsmanagement und Multichannel Management nehmen Verkäufer oft ambivalent auf; gleichzeitig decken sie Widersprüche zwischen den Voraussetzungen des Unternehmens und den gesteckten Vorgaben direkt auf.

Leider wird oft bereits über Lösungen diskutiert, bevor die Probleme geklärt sind.

3. **Diagnose und Prioritäten: Stärken und Schwächen der Einheiten sowie strategische Schwerpunkte bestimmen und Prioritäten der Treffen ableiten.** Erst wenn ein gemeinsames Verständnis der Herausforderungen erreicht wird, kann man sich auf die Prioritäten für den Verkauf einigen. Auch hier geht es darum, einen gemeinsamen Nenner zu finden und die Kräfte der Beteiligten wirksam zu mobilisieren. Dabei gilt es, die Balance zwischen Vorgaben und individuellen Wegen zu diskutieren und festzulegen. In diesem Zusammenhang bieten Workshops eine gute Möglichkeit, um zu diagnostizieren und gemeinsam die richtigen Maßnahmen abzuleiten (vgl. den Hebel Align Strategy and Sales).

Strategien und Konzepte brauchen den Dialog.

4. ergebnisorientierte Diskussion: Erfolge, Themen, Ziele und Maßnahmen spezifisch und periodisch mit den Einheiten diskutieren und verbindlich bestimmen. Strategien, Erfolge und Misserfolge gilt es, mit allen involvierten Personen intensiv zu diskutieren. Das bedeutet, sich im Unternehmen gemeinsam auseinanderzusetzen, mit Konflikten umzugehen und die Lösungen gemeinsam zu entwickeln.

Es gelingt wenigen Unternehmen, das Feedback von Verkäufern effizient zu nutzen.

5. Feedback: das Feedback des Verkaufs im Dialog suchen und auch beherzigen. Im eigenen Unternehmen ist der Verkauf die Schnittstelle zum Kunden und zum Marktgeschehen. Deswegen ist es besonders wichtig, dass der Verkauf das Feedback von außen ins Unternehmen zurückspielt. Gleichzeitig beklagen aber Führungskräfte, dass die Hinweise des Verkaufs erst kommen, wenn Kunden oder Wettbewerb bereits weiter sind; ein defensives Vorgehen ist die Folge. Verkäufer hingegen gewinnen oft den Eindruck, dass sie mit Ihren Vorschlägen intern wiederholt auf taube Ohren stoßen und Veränderungen ausbleiben.

Es gilt, das angestrebte Feedback in spannende Fragen für den Verkauf umzusetzen und nicht zu extensiv zu formalisieren. Auch verschiedene Anlässe, wie Kundenevents, branchenbezogene Treffen oder Messen bieten eine Möglichkeit, um Feedback einzuholen. Gleichzeitig ist es wichtig, den Markt stetig zu screenen, ungerichtete Meldungen und Hinweise aufzunehmen und zu interpretieren. Der Verkäufer kann teilweise nur Unbehagen ausdrücken, aber darin können wichtige Innovationen und Verbesserungen verborgen liegen. Auch institutionalisierte Analysen erfolgreicher und erfolgloser Kundenprojekte geben die Basis für bedeutende Impulse.

Tragfähige Beziehungen zwischen Mitarbeitenden

6. Beziehungen: interne, persönliche Beziehungen systematisch aufbauen und pflegen. Um wirksam zusammenarbeiten zu können, braucht es tragfähige und persönliche Beziehungen innerhalb des eigenen Unternehmens. Verkäufer und intern beteiligte Spezialisten müssen sich gegenseitig kennen und einschätzen können. Am stärksten verbinden gemeinsame Aufgaben und Projekte. Distanz fördert das Misstrauen, bis hin zu der gegenseitigen Vermutung, dass jeweils die anderen falsch arbeiten oder sogar faul sind. Flankierend kann es sinnvoll sein, gemeinsame Erfolge zu feiern oder von Zeit zu Zeit auch soziale Events durchzuführen. Gute Verkäufer behandeln ihre internen Partner wie Kunden, sie informieren über Zwischenschritte, diskutieren Herausforderungen, bedanken sich für geleistete Beiträge und Unterstützung usw. Und: Die häufigen Restrukturierungen in manchen Unternehmen würden sich fatal auswirken, wenn nicht die aufgebauten Beziehungen zwischen Mitarbeitenden weiter bestehen würden.

7. Begegnungen mit Kunden und Mitarbeitern: Kunden- und Mitarbeiterkontakte zusammen nutzen, Projekte verbinden und Erfolge oder Misserfolge gemeinsam tragen.
Begleitete Kundenbesuche sind ein wichtiger Bestandteil des Verkaufsmanagements, beschränken sich aber mehrheitlich auf die direkten Vorgesetzten, wie beispielsweise die Leiter von Niederlassungen oder First Line Manager. Obere Führungskräfte begrenzen sich oft nur auf besondere Probleme bei wichtigen Kunden oder Schlüsselkunden.

Einmischen oder nur coachen?

Bei **begleiteten Kundenbesuchen** geht es darum, die Aufträge gemeinsam zu holen. Hierarchisch soll das Verkaufsteam dem Beschaffungsteam entsprechen und dem Kunden Wertschätzung vermittelt werden. Gleichzeitig sollen Verkäufer beobachtet, unterstützt und gefördert werden (Coaching). Diese doppelte Aufgabe führt Manager leicht dazu, dass sie sich in Kundenbeziehungen zu stark einbringen und sogar Zugeständnisse machen, die der Verkäufer vermieden hätte. Das ist eine typische Managementfalle.

Helfen kann folgender Grundsatz: Bei Besuchsbegleitungen steht der Kunde im Vordergrund, beim Coaching der Mitarbeiter. Erst eine enge Zusammenarbeit zwischen Vorgesetzten und Verkäufern erlaubt ein strategieorientiertes Sales Excellence Development. Gleichzeitig wird den Verkäufern geholfen, damit sie sich selbst helfen können.

8. Führungsrhythmus: verschiedene Instrumente wie periodische Telefonkonferenzen, Begegnungen in der Zentrale, Sales Meetings, Workshops, Besuche vor Ort usw. aktiv nutzen und wirksam zeitlich und inhaltlich koordinieren.
Der richtige Mix an Begegnungen und Führungsgefäßen ist entscheidend für die Verkaufsführung. Einige Instrumente wurden erwähnt. Ihr Einsatz wird auch durch die Art des Geschäfts beeinflusst; so ist die Führung im kurzlebigen Konsumgütergeschäft oft enger als in Industriegüter-Unternehmen. Auch hier spielt die Balance zwischen enger Führung und Kontrolle sowie Spielräumen eine Rolle. Misstrauische Führung sucht den täglichen Kontakt.

Kundenfeedback systematisch nutzen

9. **Kundenfeedback: das qualifizierte Feedback des Kunden in spezifischen Zufriedenheitsuntersuchungen, Kundenworkshops und Kundenbeiräten (bis zu Crowd Sourcing) aktiv herbeiführen und nutzen.** Es gibt Analogien zum Feedback vom Verkauf. Es gilt, das **Feedback des Kunden** zu strukturieren und in geeigneter Form einzuholen. Leider sind etablierte Erhebungen und Analysen der Kundenzufriedenheit in der Realität oft wenig ergiebig. Damit Unternehmen einen tatsächlichen Nutzen aus solchen Befragungen ziehen können, müsste die Hälfte bis zwei Drittel der Fragen bei jeder Durchführung erneuert werden. Damit ließe sich das Instrument fokussieren, erneuern, vertiefen und gleichzeitig könnte Monotonie im Fragebogen verhindert werden. Manche Unternehmen führen regelmäßige Kunden-Workshops durch oder pflegen qualifizierte Kundenbeiräte, um systematisch qualifiziertes Feedback einzuholen. Diese Diskussionen sind jedoch anspruchsvoll zu führen, wenn die Ergebnisse brauchbar sein sollen. Mit Crowd Sourcing gehen manche Unternehmen noch einen Schritt weiter: Auf eigens dazu eingerichteten Internet-Plattformen und bezogen auf klare sowie konkrete Fragen werden innovative Kundenideen gesammelt, um das eigene Leistungsangebot zu verbessern; dazu gibt es auch Dienstleister.

Darüber hinaus pflegen Unternehmen den permanenten Draht zum Kunden, etwa mit einem geeigneten Vorgehen in Kundenservice-Zentren. Damit deuten wir an, dass Kundenfeedback nicht nur durch den Verkauf, sondern auch durch Callcenter sowie Mitarbeitende von Technik und Service einzuholen ist. Generell fördert und nutzt Inbound Marketing die Initiative der Kunden und steigert den ›Response‹ des Unternehmens. Zusätzliche Anregungen ergeben sich beispielsweise auch daraus, die Spuren von potenziellen und aktuellen Kunden im Internet zu tracken (z. B. Referenzen in Expertenforen oder E-Commerce-Plattformen).

Nur robuste und einfache Segmente sind ergiebig.

10. **Segmenterschließung: integrierte Segmentkonzepte mit Branchentrends und Kundenpotenzialen abstützen, mit der Leistungsfähigkeit des Unternehmens verbinden und Segmente gezielt erschließen.** Durch Segmentierung können Unternehmen die Nähe zu ihren Kunden vertiefen. Dies gelingt dadurch, dass unterschiedliche Segmente nicht mehr einheitlich, sondern zielgruppenspezifisch und entsprechend der spezifischen Bedürfnisse bearbeitet werden.

Voraussetzung dafür ist, dass stabile, ertragreiche und wachsende Segmente gebildet können, die sich ausreichend anhand ihrer Anforderungen an den Anbieter unterscheiden lassen. Zudem müssen die Anforderungen der angestrebten Segmente (auch völlig neue Kundengruppen) zur Leistungsfähigkeit des Unternehmens passen. Leider generieren die sophistizierten Segmentierungsansätze (etwa zu Lifestyle oder Einkaufsverhalten) von Unternehmen kaum genügend Erfolg. In der Regel bewähren sich nur robuste und einfache Segmente, ein Schreiner wird kaum zum Arzt. Für Segmente ist die Blickrichtung von Marketing und Verkauf unterschiedlich. Das Marketing bewegt sich mit Segmenten vom generelleren zum segmentorientierten Vorgehen, während der Verkauf damit die Schritte vom kundenindividuellen Vorgehen zum Segment verbindet.

Diese aufgeführten Maßnahmen haben inhaltlich recht starke Bezüge zu weiteren Hebeln.

Die folgende Abbildung 10.1 zeigt die Akzente der Praxis.

Mehr als 83% der Befragten bewerten die folgenden Maßnahmen für eine Steigerung der Nähe zum Verkauf und zu Kunden als besonders wichtig: (1) Begegnungen mit Kunden und Mitarbeitenden, (2) Führungsrhythmus, (3) Feedback des Verkaufs und (4) ergebnisorientierte Diskussionen. Im Mittelfeld bewegen sich mit einer hohen Priorisierung von immerhin noch mehr als 73% der Befragten die Punkte interne Beziehungen, Kundenfeedback und investierte Arbeitszeit des Verkaufsmanagements bei Mitarbeitenden und Kunden. Offensichtlich ist Close to People and Customers nicht nur ein wichtiger Hebel, auch die einzelnen Maßnahmen sind für Führungskräfte bedeutend. Close to People and Customers darf keine reine Floskel bleiben, sondern ist eine aufwendige Aufgabe, die zeitlich, physisch und psychisch belastend sein kann.

Close to People bedeutet harte Arbeit.

Um die nötigen Maßnahmen vor Ort zu diskutieren, reisen die Verantwortlichen viel. Typisch die Aussage von Arnd Nenstiel als Head of CRM von Bayer Crop Science: »Ich saß letztes Jahr 35 Tage nur im Flugzeug und bewegte mich 150 Tage im Ausland.« Ihr Aufgabenspektrum ist vielfältig: Sie analysieren die zahlreichen Herausforderungen jeder einzelnen Einheit, setzen individuelle Ziele, entwickeln konkrete Maßnahmen und unterstützen bei der Realisierung. Und: Sie festigen intern die persönlichen Beziehungen zwischen Headquarter und Niederlassungen und begleiten zu wichtigen Kunden.

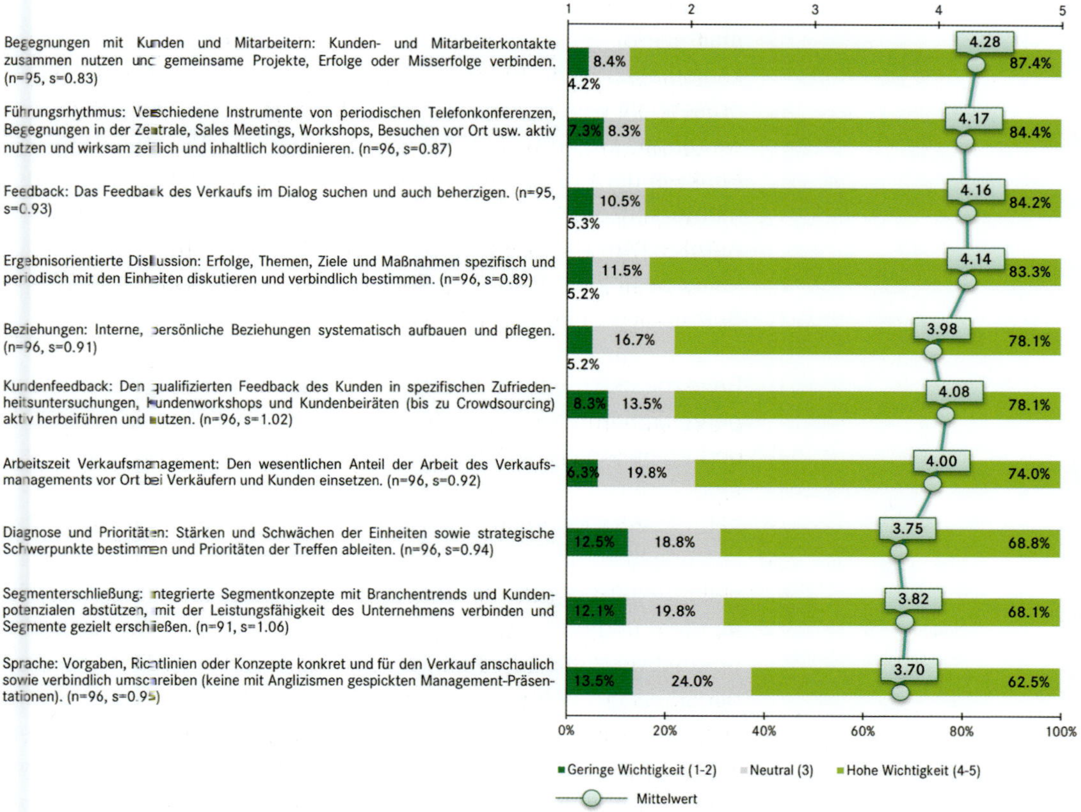

Abbildung 10.1: Schwerpunkte in den Aufgaben zum Hebel Close to People and Customers

Weil diese Verantwortlichen laufend ›auf Achse‹ sind oder fliegen, haben sie eher das Problem, sich in der Zentrale richtig zu positionieren. Weil sie immer weg sind, fehlt die Präsenz in den Gremien, Sitzungen und Workshops der Zentrale. Wohl deshalb meinte ein Verantwortlicher, dass er sich zu 80 % seiner Zeit in der Zentrale in Sitzungen befindet. Um die Anbindung an die Zentrale nicht zu verlieren, machte es sich der Verkaufsleiter von Schott zur Gewohnheit, per E-Mail immer sehr schnell zu reagieren und sich zu den relevanten Themen einzubringen. Auf beiden Seiten – zentral und dezentral – kann die ›elektronische Präsenz‹ helfen.

Um viele Niederlassungen konkret vor Ort zu begleiten, braucht es Ressourcen. Oft sind in der Zentrale nur eine Handvoll Leute für 40 bis 80 Länder zuständig, was den möglichen Einfluss und die Präsenz vor Ort stark begrenzt.

Diagnose und Prioritäten sowie Sprache stehen am Schluss und werden wohl in weiteren Maßnahmen integriert. Beobachtet man allerdings, wie häufig Unternehmensstrategien der Verkaufsmannschaft auf eine völlig unangemessene Art und Weise präsentiert werden und macht man sich bewusst, welche Auswirkungen dies auf die Umsetzung im Verkauf hat, sollte dieser Punkt in der Praxis etwas höher gewichtet werden. Bei der Segmenterschließung teilen die Befragten offenbar die Skepsis der Autoren. Am Rande soll erwähnt sein, dass alle Ansätze des Value Selling eine stärkere Kundenorientierung erfordern (vgl. Belz et al. 2016).

Begegnen sich Verkäufer und Verkaufsmanager oder -entwickler persönlich und häufig, so ist eine intensive formale, informale und emotionale Kommunikation möglich. Beispielsweise ist das eine Voraussetzung, um markt- und kundenorientierte Unternehmensstrategien mit dem Verkauf umzusetzen und in Verkaufsleistungen zu übersetzen (vgl. Lai 2016). Mit diesem Austausch gelingt es, wahrgenommene Rollenkonflikte für den Verkäufer zu mindern und die wahrgenommenen Ansprüche an den Verkäufer produktiver zu nutzen (vgl. ebd.). Dabei ist nicht nur der Informationsfluss der Führungskräfte zu den Verkäufern, sondern ebenso die umgekehrte Richtung wichtig. Ja es gilt, das Prinzip Close to People and Customers auf die Anspruchsgruppen im eigenen Unternehmen und bei Kunden auszudehnen (umfassend Belz/Brademann/Fuchs 1999).

Bevor wir uns dem nächsten Hebel widmen, folgen einige Aussagen aus der Praxis und für die Praxis schlagen wir einige Schlüsselfragen vor.

Aussagen der Praxis

Besonders bedeutend ist der Einsatz vor Ort, das Engagement gemeinsam mit den lokalen Leuten, gegenseitige Wertschätzung und Akzeptanz. Besserwisser der Zentrale sind nicht beliebt. Unterstützen, nicht knebeln ist die Haltung.

Es darf keine ›Ich-wünsch-mir-was-Session‹ des lokalen Vertriebs entstehen. Es geht darum, die Qualität im Verkaufsgespräch zu steigern.

Eine Stärke ist, dass wir am Konsens interessiert sind, um die Leiter der einzelnen Länder ins Boot mit hinein zu bekommen. Das bedingt dann längere Abstimmungsprozesse. Der Prozess ist relativ langsam, aufwendig, aber nachhaltiger.

Beim internationalen Vertrieb muss die persönliche Präsenz vor Ort sichergestellt und die Nähe zum Kunden gesucht werden.

You cannot fax or email a handshake! Proper management of the sales partner is the key for long-lasting success. The used method is less important than the consequent, persistent, periodic communication, and relationship care.

Es geht immer um Sinn gebende Mitarbeiterführung, klare Zielvorgaben und deren regelmäßige Überprüfung.

Sales Excellence Development ist ein Prozess: Wichtig ist die klare Definition der Ziele und ein umsetzbarer Aktionsplan, der die Verkäufer nicht überfordert, sondern aktiv einbindet. Der Erfolg ist davon abhängig, dass die Mitarbeiter insbesondere auch den Nutzen für ihre eigene Weiterentwicklung sehen. Es steht die kontinuierliche Verbesserung der Vertriebsorganisation im Vordergrund - nicht über Nacht alles zu ändern.

Das Change Management ist ein kontinuierlicher Prozess über Jahre. Führen durch gute Kommunikation ist dabei wichtiger als nur zu managen.

Sales Excellence Development bewirkt langfristig eine Änderung der Unternehmenskultur.

Rund 40% unseres Umsatzes realisieren wir nur, weil wir oft beim Kunden persönlich präsent sind.

Fragen für die Praxis:

1. Welche Personen im Unternehmen und bei Kunden sollen in den Hebel Close to People and Customers einbezogen werden? Gilt es, nach Gruppen zu unterscheiden?
2. Wie lässt sich eine starke persönliche Präsenz bei Kunden und Mitarbeitenden leisten und gestalten?
3. Wie gestalten Sie die Balance zwischen Begleitung und Anteilnahme sowie enger Kontrolle und Einschränkung?

Die Sterblichkeit der Geparde ist während des ersten Lebensjahrs hoch. Haben sie die erste kritische Phase überstanden, können sie ein Lebensalter von 15 Jahren erreichen.

11. Hebel 6: Digitalisation, CRM and Sales Methods – Customer Relationship Management und Prozesse zur Kundengewinnung

In der Praxis setzten die Führungskräfte diesen Hebel auf Platz 5 und die Verkäufer auf Platz 6.

Eingriffe in diesem Bereich sollen das Vorgehen im Verkauf vereinheitlichen, systematisieren und professionalisieren; teilweise geht es auch darum, den Verkauf zu entlasten und seine produktive Zeit zu steigern. Die Customer Face Time ist für manche Unternehmen eine wichtige Bezugsgröße für den Verkauf. Gelingt es, den Anteil der Präsenz beim Kunden zu erhöhen, wird auch die Wirkung des Verkaufs gesteigert. So verlangte beispielsweise Schott vor wenigen Jahren bereichsübergreifend im Konzern, die **Customer Face Time** auf 60% zu steigern. Diese Vorgabe provozierte die Betroffenen. Stimmen wurden laut, dass es leicht möglich wäre, unvorbereitet nahezu 100% beim Kunden zu verbringen. Es ist wohl ergiebiger, die produktive und unproduktive Zeit für den Kunden zu unterscheiden. So muss der Verkauf beispielsweise im Unternehmen viel und aufwendig koordinieren, was oft recht unproduktiv ist. Die angestrebte Customer Face Time trifft zunehmend auf Kunden, die Begegnungen mit Verkäufern in Zahl und Dauer einschränken.

Die meisten Aufgaben im Verkauf können methodischer angegangen werden.

Die Methoden hierzu sind ausgesprochen vielfältig; sie reichen von Digitalisierung, CRM bis hin zu verschiedenen Verkaufsmethoden. Methoden lassen sich besser standardisieren als Inhalte. Sie sind auch ein wichtiges Feld der externen Dienstleister und (vermeintlicher) Erfolgsautoren im Verkauf. Obschon viele Vorschläge vorliegen, ist es für Unternehmen in der Regel aufwendig, eigene Methoden zu wählen und sie anzupassen oder weiterzuentwickeln. Hierin liegt ohne Zweifel ein Schwerpunkt für die Arbeit des Sales Excellence Development.

Manche Ansätze dieses Hebels verbinden auch mit dem Hebel 2 zur Zusammenarbeit von Marketing und Vertrieb. Letztlich ist nicht bedeutend, wie die Aufgaben im Unternehmen zugeordnet sind, sondern **dass** sie umgesetzt werden.

11.1 Maßnahmen und Akzente

Unsere Vorschläge für Maßnahmen sind folgende:

10 Maßnahmen, um Kundengewinnung und Kundenmanagement zu optimieren

1. **Digitalisierung: ergiebige Anwendungen im Verkauf digitalisieren und automatisieren.** Die besondere Herausforderung für Unternehmen liegt darin, sich nicht von der Strahlkraft dieses Buzzwords blenden zu lassen. Statt einen übergeordneten Qualitätsanspruch oder eine Vision für das Unternehmen zu formulieren, geht es vielmehr darum, konkrete Schritte zu bestimmen und diese wirtschaftlich effizient umzusetzen. Einige Vertiefungen sind in Abschnitt 11.2 dargestellt.

Internet und Landing Pages werden oft auch im Marketing gestaltet.

2. **Internet: mit benutzerfreundlicher Information und Tools Kunden in frühen Phasen inspirieren, Bedarfsevaluationen unterstützen, das ›Self Advisory‹ der Kunden fördern, einfache Geschäftstransaktionen auf Internet/Chats/Foren verlagern.** Längst spielen Recherchen des Kunden im Internet über Plattformen, Stichwörter, YouTube-Videos usw. in Business-to-Consumer und Business-to-Business-Märkten eine große Rolle. Mit dieser Hilfe bewegen sich Kunden unabhängig von spezifischen Herstellern und Verkäufern in ihrem Kaufprozess. Eine große Herausforderung ist dabei, die Kunden früh im Prozess zu erreichen, wirksam zu begleiten und durch professionelles Lead Management in eine intensivere Bearbeitung durch den Verkauf zu überführen. Der Übergang zum E-Business ist fließend und vorerst sollen in der Regel einfache Transaktionen mit Kunden abgewickelt werden können.

Social Media im Verkauf kann für Sales Excellence Development wichtig sein.

Ohne Zweifel spielen **soziale Medien** im Verkauf eine wachsende Rolle: »With social selling, sales people use social media platforms to research, prospect, and network by sharing educational content and answering questions. As a result, they're able to build relationships until prospects are ready to buy« (Minsky/Quesenberry 2016). Soziale Medien sind auch aus dem Blickwinkel der Kunden wichtig, um sich zu möglichen Käufen auszutauschen - am Anfang (für 33%) und bis zum Kaufentscheid (für 53%) (vgl. ebd.). Zudem können soziale Medien auch im innerbetrieblichen Austausch eine wichtige Rolle spielen. Eine allgemeine Euphorie hilft aber wenig. Soziale Medien sind schlecht steuerbar, der Wust an Informationen führt den Kunden oft ins Nirgendwo und ermüdet ihn rasch, ohne dass er eine Antwort gefunden hat.

Entscheidend ist, dass der Kunde im Kaufprozess Schwung aufnimmt und am Ball bleibt.

3. **Landing Pages: für spezifische Leistungen, Themen und Aktionen handlungsorientierte Landing Pages für Kunden schaffen, um sie nicht in der Komplexität einer Homepage zu verlieren.** Die Homepage eines Unternehmens ist oft hierarchisch strukturiert und erlaubt es potenziellen Kunden, nach beliebigen Themen zu suchen. Befinden sich Kunden auf der Suche nach spezifischen Informationen, ist eine Homepage aufwendig und endet häufig in einer Sackgasse, nachfolgende Aktivitäten des Kunden werden nicht initiiert. Mehr und mehr Anbieter nutzen deshalb gezielte, gesonderte Landing Pages für Produkte, Themen, Evaluationen des Kunden oder Aktionen. Interessenten lassen sich dabei durch Direct Marketing und geeignete Suchwörter gewinnen oder auf diese Seiten führen. Für Rutschmann (2018) ist es wichtig, mit diesen Landing Pages einen Kundenprozess zu initiieren und fortzusetzen. Die Handlungen des Kunden auf der Landing Page oder unmittelbar danach sind entscheidend. Rutschmann nennt deshalb seine Lösung ›Lead Beschleuniger‹.

4. **Verkaufsansätze: Ausgewählte Verkaufsansätze firmenweit anwenden (zum Beispiel Value Selling, Challenger Sale, Social Selling usw.).** Ein Blick in die Bücherwelt des Verkaufs ist geradezu unterhaltsam. Da finden sich, alphabetisch aufgeführt, Verkaufsansätze von C-Level Selling, Consultative Selling, Emotional Selling, Hard Selling, Pencil Selling, Performance Selling, Power Selling, Solution Selling, Smart Selling, Social Selling bis zu Strategic Selling. Manche Perspektiven erweisen sich als anregend. Als grundlegende und ergiebige Ansätze erachten wir einerseits Value Selling

(vgl. Belz et al. 2016) und andererseits Challenger Sale (vgl. Dixon/Adamson 2016).

Es gibt zwar ein gutes Gefühl, mit dem Kunden übereinzustimmen; bewegen tut dies jedoch nicht.

Erfolgreiche Verkäufer fordern ihre Kunden heraus, stellen ihre Lösungen und das Vorgehen infrage, schlagen völlig neue Wege vor. Verkäufer nehmen zunehmend die Rolle eines Sparringspartners ein, der sich mit dem Kunden auf einer Augenhöhe bewegt. Auf dieser Grundlage entstehen wichtige und vertrauensvolle Geschäftsbeziehung. »Ein Challenger definiert sich durch seine Fähigkeit, drei Dinge zu tun – Erkenntnisse zu vermitteln, maßzuschneidern und Führung zu übernehmen. Er konzentriert sich darauf, in der Interaktion mit Kunden eine konstruktive Spannung aufzubauen, um diesen aus der Komfortzone zu locken« (Dixon/Adamson 2016, S. 50 und 44). **Challenger** sind in komplexen Verkaufssituationen und Krisen besonders erfolgreich. Challenger bieten ihren Kunden eine vollkommen neue Perspektive auf Altbekanntes, beherrschen die dialogische Kommunikation, kennen die Werttreiber des Kunden, scheuen keine finanziellen Debatten, behalten die Initiative und setzen den Kunden teilweise auch unter Druck. Challenger Selling ist für manche Verkäufer lernbar. Challenger brauchen aber fähige Unternehmen mit hoher Leistungsfähigkeit und nicht nur Verkaufsgeschick. Konzerne wie SAP verfolgen den Ansatz des Challenger Sale mit eindrücklichen Ergebnissen. Geschulte Verkäufer erreichten im Vergleich zum Rest 26% mehr Vertragsabschlüsse, ein Umsatzwachstum von 27% sowie 26% mehr Verkaufschancen, eine Steigerung der Vertragssumme um den Faktor 6 und eine Senkung der Zeit bis Vertragsabschluss um 25% (vgl. Stern 2016).

Kunden sind eigenständig und überfordert.

Toman, Adamson und Gomez (2017) weisen auf die Spannung zwischen Eigenständigkeit und Überforderung des Kunden hin. Reaktionsfähige Verkäufer, die Kunden helfen, alle Möglichkeiten zu erkennen, die flexibel auf sich ändernde Kundenbedürfnisse eingehen und möglichst viele Informationen liefern, komplizieren die Beschaffung aus Kundensicht. Zu viele und widersprüchliche Informationen, Konflikte der beteiligten Personen in Bezug auf Priorisierung und Kriterien oder die Menge an möglichen Optionen (die laufend noch ergänzt werden) mit unterschiedlichen Schritten des Kunden verlangsamen den Kaufprozess oder führen zum Abbruch (vgl. Belz 2017d). Demgegenüber erleichtert ein proaktives und vorschreibendes Verkaufen den Beschaffungsprozess des Kunden eindrücklich. Parallelen zwischen ›Prescriptive Selling‹ und ›Challenger Sale‹ sind offensichtlich.

Ob schlanke oder extensive Zusammenarbeit, das ist abhängig vom jeweiligen Verkaufsprozess.

5. **Verkaufsdifferenzierung: differenzierte Ansätze des Verkaufs von der schlanken bis extensiven Zusammenarbeit mit Kunden festlegen und umsetzen.** Heutige Kunden sind Multioptionskunden, einmal kaufen sie besonders günstig ein, das nächste Mal fordern sie eine aufwendige Unterstützung. Deshalb versuchen mehr und mehr Unternehmen auf der Grundlage von differenzierten Zusammenarbeitsmodellen schlank bis extensiv, aber immer ertragreich und profitabel mit Kunden zusammenzuarbeiten. Damit steigern sie ihr Gewinnpotenzial und erweitern ihren angestammten Markt. So unterscheidet beispielsweise BASF sechs Interaktionsmodelle mit Kunden. Auch Bucher Emhart Glas differenziert im Key Account Management zwischen einer schlanken und einer extensiven Zusammenarbeit (vgl. Belz 2015a, b und c).

Standardisierung oder individuelles Vorgehen – erkennen, was adäquat ist

6. **Verkaufsprozess: den Verkaufsprozess im Unternehmen spezifisch entwickeln und standardisieren (z. B. Sales Funnel, Verkaufsphasen, strukturierte Verkaufsgespräche, Verhandlungsführung usw., differenziert nach Auftragstypen).** Verschiedene Vorschläge zu Verkaufsphasen (besonders für komplexere Angebote) dominieren die Ansätze zum Verkaufsprozess. Typisch verwendete Phasen sind Awareness (get traffic), Consideration (get leads), Decision (get sales) und Retention. Dieses Denkmodell ist anbieterzentriert und entspricht nicht den realen Beschaffungsprozessen von Kunden. Auch lassen sich innere Zustände des Kunden nicht erkennen und sind ungeeignet, um spezifische Maßnahmen einzusetzen und Ergebnisse auszuweisen. Positiv beurteilen wir diese Sales Funnels, wenn sie schließlich dazu führen, dass sich Anbieter wirklich mit den Handlungsschritten des Kunden und den detaillierten Prozessen befassen, um Kunden wirksamer zum Kauf zu führen.

Es kann bereits sehr anspruchsvoll sein, wenn ein Ausschnitt im Verkaufsprozess verändert und weiterentwickelt werden soll. Fall 6 zu AXA zeigte den Ansatz für strukturierte Verkaufsgespräche ganzheitlich. Jeden Schritt gilt es zu optimieren. Solche Ansätze dienen dazu, auch die Geschäftsbeziehung mit Kunden zu erweitern und das Cross-Selling zu fördern. Die Anzahl der verkauften Produkte pro Kunde soll mit diesem Vorgehen wesentlich gesteigert werden. Dazu gilt es aber, die Gespräche der zahlreichen Verkäufer mit jeweils vielen Kunden zu verändern. Und zahlreiche Kundenberatungen mit einem strukturierten Vorgehen zu entwickeln, ist sehr anspruchsvoll. Je nach Art der Kundenbeziehung (Neukunde oder Bestandskunde) oder Leistung (Standard oder maßgeschneidert), ist ein jeweils anderes Vorgehen im Verkauf erforderlich. Auch ein individuelles Vorgehen ist möglich. Die Erfahrung zeigt aber, dass einfache Typen von Vorgehensweisen oder Aufträgen häufig das Repertoire des Verkaufs erhöhen, weil bewusster mit Unterschieden umgegangen wird. Unter dem Deckmantel der Individualisierung schleift sich nämlich oft ein sehr konformes Vorgehen des Verkaufs ein.

7. **Customer Relationship Management (CRM): mit Customer Relationship Management die Kunden professionell priorisieren und Kunden systematisch bearbeiten; mit der Transparenz Führung, Verkauf und Kunden unterstützen.** Umfassend sind die vielen Initiativen in Unternehmen, um ein weltweites CRM zu etablieren. Dabei werden oft viele Teillösungen in den lokalen Einheiten abgelöst.

CRM-Systeme effektiv nutzen

8. **Anwendung CRM: Im CRM-System ist viel möglich; auf die gezielte Nutzung durch den Verkauf konzentrieren.** Systeme für Customer Relationship Management sind inzwischen selbstverständlich. Ein Engpass bleibt die effektive Nutzung, um Vorteile für Kunden und das eigene Unternehmen zu realisieren. Kombiniert werden diese Ansätze beispielsweise mit Tablets, mit denen Verkäufer auf die richtigen Echtzeit-Informationen zugreifen können und die sich in der Interaktion mit Kunden wirksam nutzen lassen. Vertiefende Hinweise gibt Abschnitt 11.3.

9. **Planung und Reporting: Tools für Planung und Reporting auf das eigene Unternehmen zuschneiden und flächendeckend sowie professionell nutzen.** Werkzeuge für Planung, Budgetierung und Kontrolle lassen sich recht einfach konzipieren, die Hilfen der Informatik sind selbstverständlich. Trotzdem sind beispielsweise Budgetprozesse in Unternehmen zeitlich viel zu aufwendig und bleiben doch sehr unzuverlässig. Typisch ist folgendes Beispiel: Ein Unternehmen hat acht Sparten, die über den gleichen internationalen Vertrieb verkaufen. Jede Sparte verlangt eigene Reports und ist interessiert daran, sich stark in den Budgets zu positionieren, laufend die Ergebnisse zu verfolgen sowie Maßnahmen zur Verbes-

serung zu besprechen. Ziel muss jedoch in den meisten Unternehmen sein, die erwähnten Tools zu ›verwesentlichen‹ und zu vereinfachen. Sonderwünsche einzelner Unternehmensbereiche sollten vermieden werden.

Aufträge sind noch keine Erfolge.

10. **Offertenmanagement und -abwicklung: Erfolg von Offerten und Abwicklung von Aufträgen systematisch überprüfen und wichtige Hebel zur Ertragssteigerung nutzen.** Es ist anspruchsvoll, komplexe Aufträge zu gewinnen und zu erfüllen und dabei rentabel zu bleiben. Es lohnt sich, den gesamten Prozess von der Akquisition (mit dem Aufwand für Offerten, Verhandlung etc.) bis zur Erfüllung zu optimieren. Nach einem Zuschlag entwickeln sich komplexere Projekte und die Anforderungen des Kunden sowie die Lösungen des Lieferanten ändern sich. Nicht selten strebt der Kunde an, zusätzliche Leistungen in den ursprünglichen Projektumfang zu integrieren. Der Lieferant ist seinerseits bestrebt, entstehende Leistungen zusätzlich in Rechnung zu stellen. Überall lauern Lecks, die den Gewinn abfließen lassen. Für ertragreiche Kundenprojekte braucht ein Unternehmen Mitarbeitende, die bezogen auf ihre Aufgabe durchgängig kommerziell denken. Und: Das schwierige Projekt für den Lieferanten ist noch nicht das erfreuliche Projekt für den Kunden. Oft verlieren beide. Dann geht es nur noch um die Verteilung des Schadens (vgl. Belz 2017b).

Zentrale Lösungen stehen im Wettbewerb mit vorhandenen dezentralen Lösungen.

Bei neuen Methoden für das gesamte Unternehmen werden besonders die besten Einheiten und Verkäufer in einem Unternehmen bestraft. Die neuen und vermeintlich überlegenen Lösungen aus der Zentrale hinken meist ihren eigenen Ansätzen hinterher; oft werden sie im Vergleich zu eingespielten, eigenen Ansätzen als schlechter empfunden. Eine Umstellung führt damit zu mehr Aufwand und offenbar steigt nur der zentrale Nutzen einer Standardisierung, nicht aber der dezentrale. Zentralen tun gut daran, wichtige Themen aufzugreifen, die noch brachliegen, oder mit neuen Lösungen auch wesentliche Fortschritte für alle Betroffenen zu erreichen und zu kommunizieren.

Nach dieser Auslage von Maßnahmen folgen in Abbildung 11.1 die Akzente, die Führungskräfte in der Praxis setzten.

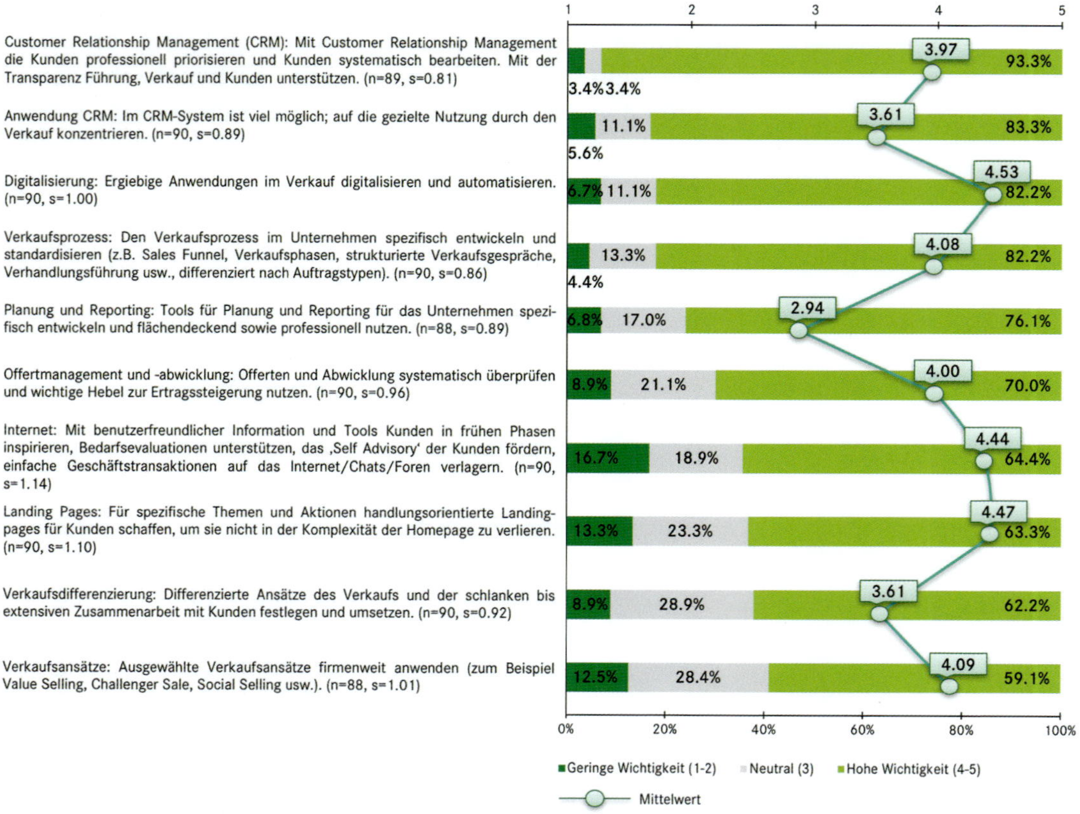

Abbildung 11.1: Schwerpunkte in den Aufgaben zum Hebel Sales Methods

Interpretation

Customer Relationship Management (CRM) beurteilen 93,3% der Befragten als besonders wichtig, gefolgt von den Herausforderungen der Anwendung von CRM mit 83,3%. Diese Spitzenwerte verdeutlichen, dass CRM einerseits eine Voraussetzung für den Erfolg ist, aber andererseits auch gewaltig herausfordert.

Auch Digitalisierung und Verkaufsprozess werden von über 82% der Befragten hoch priorisiert. Planungstools, Offertenmanagement, Internet, Landing Pages, Verkaufsdifferenzierung und Verkaufsansätze werden offensichtlich selektiver eingesetzt. Dass Verkaufsansätze wie Value Selling oder Challenger Sale nicht firmenweit genutzt werden, deckt sich wohl mit der Beobachtung, dass viele Unternehmen solche Ansätze nur verwenden, um ihre Verkäufer zu inspirieren. So wechseln die Ansätze nahezu in jeder durchgeführten Verkaufsschulung.

In der Folge vertiefen wir Aspekte zu Digitalisierung und Customer Relationship Management.

11.2 Digitalisierung im Verkauf

Digitalisierung ist ein großes Thema, auch im Verkauf. Folgendes Interview mit zwei der Koautoren dieses Buches vertieft einige Aspekte für den Bereich Business-to-Business (B2B).

Chancen und Grenzen der Digitalisierung für Business-to-Business – ein Interview mit Christian Belz und Michael Weibel

1. **Digitalisierung ist heute in aller Munde. Wird die Wirkung von Digitalisierung im B2B-Bereich überschätzt?**

Belz: Digitalisierung als Trend ist alt, unspezifisch und doch in aller Munde. Unternehmen bündeln eifrig ihre bisherigen Initiativen unter diesem Stichwort. Berater erkennen scheinbar flächendeckend den neuen Zugang zu ihren Kunden. Nur verändern Geschwätz und Kosmetik wenig. Das Stichwort Digitalisierung wirkt zunehmend etwas hohl.

»Hier Digitalisierung – wo Problem?«

Auch im Verkauf, ein Schwerpunkt im B2B-Bereich, ist beispielsweise die Digitalisierung omnipräsent. Allerdings ist es wenig ergiebig, nach dem Motto vorzugehen: »Hier Digitalisierung, wo Verkaufsanwendung?« Am Anfang stehen Kundenprozesse, Verkaufsarbeit, angestrebte Kommunikation und Zusammenarbeit mit Kunden sowie Möglichkeiten der Standardisierung und Modularisierung. Die Ansätze für eine Kundeninspiration in frühen Kaufphasen, für eigene Bedarfsabklärungen und Evaluationen der Kunden oder für ›Self Advisory‹ sowie einfache Geschäftstransaktionen im Internet lassen sich ableiten und dann digital umsetzen und unterstützen. Erfolgskriterien sind dabei Verbreitung, Wirksamkeit und Kosten.

Kurz: Digitalisierung wird zwar nicht überschätzt, ist aber der falsche Zugang. Oft wird das Ross damit quasi am Schwanz aufgezäumt. »Solutions looking for a problem«, nennt man das.

2. Hat B2B eine Sonderrolle?

Mengengerüst

Weibel: Erstens ist B2B sehr vielfältig, die Unterschiede zwischen Unternehmen sind oft riesig. Zweitens sind die Leistungen der B2B-Unternehmen oft komplex. Drittens haben manche B2B-Unternehmen nur wenige Kunden. Das beeinflusst das Mengengerüst. Digitalisierung lohnt sich nur, wenn wir große Zahlen haben und standardisieren können. Jede Digitalisierung ist eine große Investition. Die hohen Fixkosten lassen sich erst durch eine große Nutzung begründen.

Standardisierung

Belz: Generell meine ich, dass viel zu wenig über Standardisierung diskutiert wird. Es muss damit gelingen, von einer beliebigen Leistung ad hoc zu professionelleren Lösungen zu kommen, die Kundenvorteile bewirken.

3. Wo sehen Sie realistische Einsätze der Digitalisierung für B2B-Unternehmen? Wo macht Digitalisierung Ihrer Ansicht nach keinen Sinn?

Bereich High Tech

Weibel: Mit Industrie 4.0 gingen manche technischen Anbieter voraus. Da gilt es, in Marketing und Verkauf die Kunden für neue Leistungen zu gewinnen. Im Bereich High Tech ist nämlich alles ›high‹ die Technik, das Risiko, die Geschwindigkeit. Nur eines ist ›low‹ – die Aufnahme beim Kunden.

Bereich Marketing

Belz: Im Marketing gilt es, diese Initiativen fortzuführen. Aber bitte nicht mit den gleichen Fehlern. Es genügt nämlich nicht, überall zu messen und Sensoren anzubringen. Wir sollten mit dem entstehenden Datenwust auch etwas anfangen.

Weibel: Strategisch spielt eine Rolle, ob die Digitalisierung neue Geschäftsmodelle in der eigenen Branche ermöglicht. Entstehen hier neue Wettbewerber mit geringen Kosten? Gilt es, auch im B2B-Bereich die Mittler wie Amazon und Alibaba einzubeziehen? Für das eigene Unternehmen gibt es im Internetgeschäft vielleicht die Möglichkeiten, enge Nischen weltweit zu erschließen. Digitalisierung hat dann am meisten Wirkung, wenn die Lösungen neu gedacht und nicht einfach auf das Bestehende aufgestülpt werden.

Einige Anwendungen, die nützlich sein können

Operativ gilt es, die Möglichkeiten mit Customer Relationship Management, Social Media, Gestaltung der Kundenprozesse, Community Marketing, Suchmaschinen-Marketing, Augmented

Reality, neuen Formen der Vor- und Nachbearbeitung von Messen, Verkaufsunterstützung mit Tablets (und vor allem den integrierten Unternehmens- und Kundeninformationen) bis hin zu Chatbots (intelligente Systeme, die Kundenanfragen beantworten) auszuschöpfen. Prospekte lassen sich mit einer App so gestalten, dass der Kunde beim Durchblättern bereits mit Filmen zu Maschinen im Einsatz, Interviews mit dem Servicemitarbeiter usw. verbinden kann. Immer ist jedoch auch Vorsicht am Platz: Spielereien genügen nicht. Intern können neue Kommunikationslösungen helfen, die Distanzen zu überwinden und Silos zu vermeiden. Manchmal geben Best Practices im eigenen Markt oder fremden Märkten wichtige Impulse.

4. Digitalisieren die Kunden rascher als die Lieferanten und schaffen sie damit neue Spielregeln im Geschäft?

Belz: Auf alle Fälle standardisieren B2B-Kunden schrittweise ihren Einkauf. Ausschreibungen und E-Procurement sind die Stichworte dazu. Lieferanten müssen sich in den gesetzten Spielregeln bewegen und damit werden bisherige Chancen der Differenzierung geschmälert.

Kunden standardisieren zunehmend ihren Einkauf.

Weibel: Aber damit spielt besonders eine Rolle, was vor und nach den engeren Beschaffungsprozessen gestaltet wird. Vor dem E-Procurement gilt es bereits, eine qualifizierte Geschäftsbeziehung aufzubauen und die laufende Zusammenarbeit ist oft der Start für eine Erweiterung und Vertiefung der Zusammenarbeit. Unternehmen brauchen eine Eintrittskarte für den guten Platz bei Beschaffungen.

5. Wie verändert sich die Rolle von Vertrieb und Marketing durch die zunehmende Digitalisierung?

Belz: Gemeinsame Aufgabe von Vertrieb und Marketing ist, den Kunden zum Kauf zu führen. Kunden legen im B2B-Bereich bereits 60% ihres Weges zum Kauf alleine zurück. Erst dann setzen die Kontakte mit Lieferanten ein. Beispielsweise informieren sie sich vorher im Internet und bereiten sich intern für Beschaffungen vor. Besonders Marketing muss erreichen, dass wir im Kundenprozess bereits früh und positiv einsteigen können. Das nennt sich Lead Management. Der Verkauf soll qualifizierte Kundenleads übernehmen und weiterverfolgen. Und: Im besten Fall können sich Kunden schrittweise selbst qualifizieren und wir helfen ihnen dabei.

Die Diskrepanz zwischen der Diskussion von Möglichkeiten der Digitalisierung und den konkreten Situationen in Unternehmen scheint täglich zuzunehmen.

6. Lassen sich heute überhaupt noch Wettbewerbsvorteile realisieren, ohne dass Digitalisierung in irgendeiner Form eine Rolle spielt?

Weibel: Es gibt heute keine Aktion ohne Informatik. Nur meinte bereits John Naisbitt: High Tech braucht High Touch.

Belz: In Marketing und Vertrieb haben B2B-Unternehmen oft noch viele Hausaufgaben zu machen, die weit wichtiger sind als Digitalisierung. Manchmal kriegt man den Eindruck, dass die Verantwortlichen mit neuen Themen gerne den aktuellen Herausforderungen ausweichen.

»Vorwärts zum Wesentlichen« ist keine schlechte Empfehlung. Klassiker bleiben Mehrwertgeschäft, Zusammenarbeit mit Key Accounts und Small Accounts, Kundenprozesse, Umgang mit Ausschreibungen, Value Selling, Dokumentenmanagement, Messen, ... – die Liste ließe sich leicht erweitern. Vielleicht hilft Digitalisierung bei diesen Aufgaben, meistens aber wenig. Unternehmen brauchen relevante Themen und Inhalte für ihre attraktiven Kunden. Das ist die beste Voraussetzung. Die Themen lassen sich dann mit verschiedenen Instrumenten kommunizieren.

Unternehmen brauchen relevante Themen und Inhalte für attraktive Kunden.

»Alles wird neu. Kein Stein bleibt auf dem andern«, so die Gurus der Digitalisierung. Von wegen – der Grundsatz der Innovation bleibt nämlich: Alles bleibt. Neue Systeme ersetzen meistens keine alten, sie ergänzen sie. Und: Pioniere sind oft weniger erfolgreich als Nachfolger, diese vermeiden nämlich grobe und teure Fehler.

Das Interview verdeutlicht, dass Digitalisierung im Verkauf breit angelegt ist. Vorstehende Aussagen sind eher akzentuiert, sollen aber den Fokus auf die ›Hausaufgaben‹ und ergiebige Vertiefungen legen. Gleichzeitig lässt sich nicht wegdiskutieren, dass die Digitalisierung das Business-to-Business-Geschäft nachhaltig verändert.

Wollen Anbieter auch in Zukunft wettbewerbsfähig bleiben, führt für sie kein Weg an der Digitalisierung vorbei. Dabei liegt das größte ökonomische Potenzial nachweislich in der Digitalisierung der Schnittstelle zu Kunden, also im Verkauf. Im Folgenden wird dargelegt, wo Unternehmen ansetzen sollten und wie sie die digitale Transformation wirksam im Unternehmen implementieren.

Unternehmen müssen ihre Ausgangslage kennen, um die digitale Transformation erfolgreich zu bewältigen.

Digitalisierung im Verkauf wirksam realisieren

Damit Unternehmen das Potenzial der Digitalisierung für sich nutzen können, müssen sie zunächst ihre eigene Entwicklungsstufe einschätzen. Nur so lassen sich realistische Ziele für den jeweiligen Unternehmenskontext stecken und geeignete Maßnahmen ergreifen. Der digitale Entwicklungsstand wird durch die digitale Maturität des Unternehmens sowie den Integrationsgrad der angestrebten digitalen Lösung determiniert:

- Die **digitale Maturität** bezeichnet, inwieweit ein Unternehmen über die erforderliche Strategie und Kultur sowie Strukturen und Kompetenzen verfügt, um das Geschäft auf digitalem Wege zu bewältigen (vgl. Catlin/Segev/Singer 2016).
- Der **Integrationsgrad** zeigt auf, ob mit der geplanten digitalen Lösung eine einzige Phase des Vertriebsprozesses (z. B. Kontaktphase) oder ob der gesamte Vertriebsprozess mit einer Gesamtlösung abgedeckt werden soll.

Daraus resultieren **vier Entwicklungsstufen,** die Unternehmen in der Digitalisierung ihres Vertriebs einnehmen können: Einsteiger, Fortgeschrittene, Experten oder Überambitionierte (vgl. Weibel/Lindenau 2017). Die unterschiedlichen Stufen lassen sich wie folgt charakterisieren:

Eine Einstufung des eigenen Status quo hilft dabei, realistische Ziele zu stecken und geeignete Maßnahmen zu ergreifen.

1) **Einsteiger** sind Unternehmen, die erst damit beginnen, ihren Vertriebsansatz zu digitalisieren. Sie setzen noch keine oder nur einfache digitale Lösungen ein und sollten sich zunächst darauf konzentrieren, einzelne Schritte im Vertriebsprozess durch in sich geschlossene digitale Lösungen digital zu übersetzen.
2) **Fortgeschrittene** sind Anbieter, die durch Industrie 4.0 bereits Erfahrungen in einem anderen Fachbereich (z. B. Produktion und Logistik) gesammelt haben. Auf dieser Grundlage können sie es wagen, anspruchsvolle digitale Lösungen einzusetzen, um einzelne Schritte im Vertriebsprozess zu digitalisieren.
3) **Experten** weisen bereits eine hohe digitale Reife auf und haben ihren gesamten Vertriebsprozess größtenteils oder sogar vollständig digitalisiert. Sie beherrschen die kanalübergreifende Interaktion zum Kunden und integrieren diese durch komplexe digitale Technologien in ihren Wertschöpfungsprozess.
4) **Überambitionierte** sind Anbieter, die noch ganz am Anfang der digitalen Transformation stehen, aber gleichzeitig den

gesamten Vertriebsprozess auf einmal digitalisieren möchten. Derartige Vorhaben können solche Unternehmen in der Regel nicht aus eigener Kraft realisieren und erfordern überproportionale Investitionen. Hier sollten Unternehmen einen Schritt zurück machen und sich auf einzelne Schritte im Vertriebsprozess beschränken.

Digitalisierung ist ein bewegtes Ziel, das am Marktumfeld ausgerichtet werden muss.

Diese Einstufung bietet einen Orientierungsrahmen dafür, welche Digitalisierungsinitiativen im Vertrieb zum jeweiligen Zeitpunkt und in Abhängigkeit vom Reifegrad der Organisation sinnvoll sind. Anders als andere Initiativen sind Digitalisierungsprojekte keine statischen Lösungen, sondern wachsen laufend als System (vgl. Carlsson 2004). Nach erfolgreicher Realisierung eines Projekts ist kontinuierlich zu prüfen, welche Potenziale zur Verbesserung sich durch die Integration neuer technologischer Entwicklungen ergeben.

Entwicklungspfade der Digitalisierung

Auf Basis der zuvor vorgestellten Typologie ergeben sich **vier Entwicklungspfade** dafür, wie sich Unternehmen, ausgehend von ihrer Entwicklungsstufe, zu digitalen Experten entwickeln können, um ihre Wettbewerbsposition langfristig zu sichern. Abbildung 11.2 zeigt die möglichen Pfade Aufbauen, Ausbauen, Beschleunigen und Sichern (Weibel/Lindenau 2017).

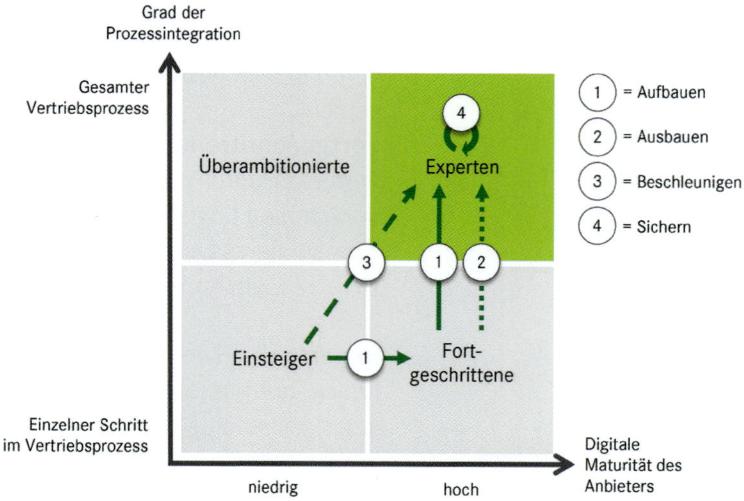

Abbildung 11.2: Entwicklungspfade der Digitalisierung (Weibel/Lindenau 2017)

1) **Aufbauen:** Dieser Entwicklungspfad in zwei Schritten eignet sich für Unternehmen, welche die digitale Transformation aus eigener Kraft bewältigen möchten. Dabei sollten zunächst einzelne Vertriebsschritte digitalisiert werden. Der Fokus liegt darauf, die digitale Maturität des Unternehmens aufzubauen. Dies kann bedeuten, dass bestehende Mitarbeiter aus- und weitergebildet, neue Mitarbeiter mit den erforderlichen Kompetenzen eingestellt oder die Kompetenzen durch Externe kurzfristig beschafft werden. Haben sich Unternehmen an die zunehmende Komplexität gewöhnt, gilt es anschließend, das aufgebaute Wissen auf den gesamten Vertriebsprozess zu übertragen und diesen kanalübergreifend und umfassend zu digitalisieren.

Langfristig sollten Anbieter den Expertenstatus anstreben, um zukunftsfähig zu bleiben.

2) **Ausbauen:** Unternehmen, die bereits einen hohen digitalen Reifegrad aufweisen, können es wagen, den gesamten Vertriebsprozess mit einer durchgängigen Lösung zu digitalisieren. Besonders wenn Unternehmen unter starkem Preisdruck stehen, sollte es ihr Ziel sein, durch die kostengünstige Abwicklung des Vertriebsprozesses Wettbewerbsvorteile zu realisieren. Der Fokus besteht darin, bereits vorhandene Insellösungen nahtlos zu integrieren, Medienbrüche in Front- und Backend zu reduzieren und die Kundeninteraktionen über den gesamten Prozess zu digitalisieren. Schlussendlich sollte der Vertriebsprozess in die eigene Wertschöpfung eingegliedert werden.
3) **Beschleunigen:** In einigen Fällen sind Unternehmen nicht in der komfortablen Situation, die Entwicklungsstufen chronologisch durchlaufen zu können. Häufig sind Anbieter dazu gezwungen, sich möglichst schnell von der Einsteigerstufe zum Experten zu entwickeln. Dabei handelt es sich um Unternehmen, deren Geschäftsmodell durch die Digitalisierung massiv bedroht wird. Die Herausforderung ist, gleichzeitig digitale Kompetenzen aufzubauen und den Vertriebsprozess ganzheitlich zu digitalisieren. Dieser Prozess ist radikal, anspruchsvoll in der Umsetzung und in den meisten Fällen nur dann realisierbar, wenn externes Know-how beschafft wird.
4) **Sichern:** Um ihre Vorreiterposition beizubehalten, dürfen sich digitale Experten nicht auf ihren Lorbeeren ausruhen, sondern müssen sich stetig weiterentwickeln. Der Fokus liegt für sie darauf, die eigene digitale Maturität kontinuierlich auszubauen und die Vertriebsorganisation dynamisch auf Veränderungen im Marktumfeld auszurichten. Im Vordergrund stehen technologisch komplexe Lösungen, wie z. B. intelligente Optimierungs- und Automatisierungsmöglichkeiten zur Digitalisierung der

gesamten Wertschöpfungskette. Dies kann durch die Weiterentwicklung der eigenen Kompetenzen geschehen oder durch Auslagerung an externe Partner.

Digitalisierung ist Chefsache.

Neben der Entwicklungsstufe bestimmen jedoch auch weitere Faktoren den Verlauf der digitalen Transformation. Verschärfter Wettbewerb, begrenzte Ressourcen oder die eigene Marktsituation können den Entwicklungspfad beeinflussen. Überall gilt jedoch: Die Digitalisierung muss im Unternehmen auf strategischer Ebene koordiniert und kontrolliert werden. Dazu gehört, dass dieses Vorhaben auch im Topmanagement höchste Priorität genießt und von diesem vorangetrieben wird.

Ein konkreter Anwendungsbereich der Digitalisierung stellt ein IT-gestütztes Customer Relationship Management (CRM) dar. Dieses wird im Folgenden vertieft.

11.3 Customer Relationship Management (CRM)

»Ich kenne meine Kunden« – so der typische Hinweis der Verkäufer.

Customer Relationship Management (CRM) ist heute selbstverständlich und die aufgezeigten Potenziale scheinen plausibel. Die meisten Unternehmen wollen sich in diesem Bereich mehr anstrengen. Ein professionelles CRM soll dem Vertrieb helfen, die Kundeninformationen zuverlässig zu erfassen. Darauf gestützt, lassen sich Kunden besser selektionieren und Gespräche des Verkäufers systematisch vorbereiten. Auf seinem Tablet trägt der Verkäufer quasi sein Unternehmen zum Kunden. Intelligente Beratungssysteme und Kurzfilme erlauben ihm, die Kundenanliegen qualifiziert mit gezielten, verbindlichen Echtzeit-Informationen zu verbinden. Aktionen des Marketing und des Verkaufs lassen sich im Lead Management besser verzahnen. Zudem zeichnet sich mit Big Data und professioneller Datenanalytik bereits eine attraktive Zukunft ab. Ansätze der Automatisierung von Marketing und Vertrieb entlasten den teuren Außendienst. Zusammenfassend soll CRM die kundenbezogenen Geschäftsprozesse unterstützen. Das muss alles so sein. Trotzdem werden CRM-Projekte in der Praxis vielfach kritisiert (vgl. Mussak 2016).

Viele CRM-Systeme sind zu komplex. Dann werden nicht nur 20% der Möglichkeiten genutzt, sondern das gesamte System wird kritisch.

CRM entwickelt sich in manchen Unternehmen zum umfassenden Wunschprogramm für Marketing und Vertrieb. Alles lässt sich leicht vorstellen, aber schwierig realisieren. CRM ist die laufend verschobene Priorität mancher Unternehmen. Viele CRM-Systeme sind zu umfassend und zu kompliziert, um sie im Alltag zu nutzen. Auch unterscheiden sie oft zu wenig zwischen großen und kleinen Kunden. Trügerisch ist auch die Hoffnung, dass sich Schritte der Entwicklung überspringen lassen. Die rege Diskussion um Big Data und Predictive Analytics kann also beispielsweise die chronischen Probleme der Datenqualität (z. B. schlecht gepflegte CRM-Daten) in Unternehmen nicht heilen.

Ziele des CRM klären

Systematischer muss doch besser sein! Nur nutzen die besten Verkäufer CRM-Systeme weit weniger als durchschnittliche, schlechte oder Anfänger. Es stellen sich also die Fragen, was tun Spitzenverkäufer anders und lässt sich das in CRM-Systemen abbilden? Trotz CRM haben Verkäufer oft eine eigene Agenda. Vermeintliche Kundenprojekte im CRM können beispielsweise in der Realität nahezu inaktiv sein. Eine angemessene Antwort kann nur eine aktive Verkaufsführung sein, welche die Pflege des CRM-Systems einfordert.

CRM schlägt sich nicht direkt im Gesamterfolg des Unternehmens nieder und der Einsatz des CRM kann sämtliche Verkaufsaufgaben verändern. Hier gilt es zu wählen und die Wirkungen differenziert zu erfassen.

Typische Fragen zur **Effizienz von CRM** sind beispielsweise:

Eine größere Unabhängigkeit vom Verkäufer ist meistens angestrebt – und vom Verkäufer befürchtet.

- Welche konkreten Einsatzmöglichkeiten des CRM in der Aufgabe des Verkäufers sind ergiebig?
- Gelingt es mithilfe des CRM-Systems, den Anteil der produktiven Zeit im Vertrieb für Kunden zu steigern (dazu gehört auch die Customer Face Time)?
- Lassen sich durch einzelne Verkäufer mehr Kunden wirksamer bearbeiten?
- Können neue und attraktive Kunden durch Lead Management besser gewonnen werden?
- Lassen sich die Schritte im Verkaufsprozess durch CRM selektiv verbessern, um den Kunden wirksamer zum Kauf zu führen?
- Ist es möglich jene ›Trigger‹ bei Kunden zu erfassen, bei denen diese ihre Zusammenarbeit mit Lieferanten überdenken?
- Lassen sich Cross-Selling und Share of Wallet bei bestehenden Kunden steigern, weil zusätzliche Geschäftsmöglichkeiten erkannt werden?
- Lässt sich die Beratung durch den Verkäufer mit aktuellen Informationen und sinnvollen Kombinationen verbessern,

oder können sich Kunden selbstständig elektronisch beraten lassen?
- Sinkt durch CRM die Abhängigkeit des Unternehmens von einzelnen Verkäufern und sind damit neue Mitarbeiter im Außendienst rascher produktiv?
- Entlastet das CRM die internen Abstimmungen und sind deshalb wenige Gespräche und Treffen nötig?

Die Liste dieser Fragen ließe sich leicht erweitern. Erst auf dieser Ebene lässt sich CRM wirksam gestalten (vgl. Belz/Mussak 2016).

CRM ist Vehikel oder Plattform für vielfältige Veränderungen; von Pricing bis Opportunity Management. Im Vertrieb muss CRM jedoch besser ausgerichtet und genutzt werden. Unternehmen sollten abschätzen, wo ein Optimum der Marktbearbeitung und demgemäß auch die richtigen Ressourcen im Vertrieb liegen. Die Wünsche zum Vertrieb mit CRM bewegen sich möglicherweise bereits jenseits des Optimums und werden deshalb schlecht realisiert. Um CRM zu führen, gilt es, die internen Hürden zu beachten. Der Engpass für CRM ist selten das System selbst, sondern seine Nutzung durch die Mitarbeitenden.

Die angemessene Nutzung ist der Engpass.

Bevor wir uns dem Hebel Sales Metrics zuwenden, folgen einige Aussagen von Führungskräften und Fragen für die Praxis. Zwischen CRM und den nachstehend erfassten Sales Analytics lassen sich enge Verbindungen herstellen.

Aussagen der Praxis

›The way of selling‹ entscheidet über unseren Erfolg.

Sales Excellence ist ein lokales Thema. Weil der Erfolg im Feld nur von Tools unterstützt und nicht getrieben wird.

Customer Segmentation ist für mich ein wichtiger Eckpfeiler; darauf basierend dann die Entwicklung vom klassischen Produktverkäufer hin zum Mehrwert-Verkäufer/Value Seller.

Besserer Verkauf und Betreuung, die hilft, für den Kunden mehr Wert zu generieren. Der Verkauf soll zur strategischen Ressource werden.

Letztes Jahr wurde das weltweite CRM-Tool umgesetzt. Der Lernprozess CRM geht aber noch über Jahre. Der Weg zur Disziplin und analytischen Arbeitsweise ist langwierig.

Fragen für die Praxis:

1. **Welche zwei bis vier Schlüsselmethoden wählen Sie, um Ihren Verkauf zu professionalisieren und zu entlasten?**
2. **Wo setzen Sie im Verkauf konkret mit Digitalisierung an?**
3. **Wie nutzen Sie Customer Relationship Management pragmatisch und wirksam?**
4. **Welche Verkaufsansätze (Value Selling, Challenger Sale usw.) verfolgen Sie im Unternehmen nachhaltig? Wo liegt der Nutzen für lokale Verkaufseinheiten?**

Der Gepard ist beim Jagen zu 50 bis 70% erfolgreich; kein anderes einzeln jagendes Raubtier hat eine höhere Erfolgsquote.

12. Hebel 7: Sales Metrics and KPIs – Sales Analytics und Controlling bestimmen

In der Praxis setzen Führungskräfte diesen Hebel an die 9. Stelle und die Verkäufer an die 10. Stelle.

Mit dem Ansatz der **Sales Metrics** wollen Unternehmen Leistungen und Ergebnisse des Vertriebs messen und damit besser steuern. Das Messbarmachen liegt im Trend. Modebegriffe wie Analytics und Big Data dominieren in den Medien. Durch Controlling gelingt es Unternehmen, schneller auf Leistungen und Vertriebseinheiten zuzugreifen und diese auch über Distanzen hinweg zu führen.

... also recht weit hinten. Offenbar gilt es, diesen Hebel mit qualitativen Ansätzen zu kombinieren und Metrics abzuleiten.

Manche Unternehmen betonen diesen Zugang besonders, wenn sie die Vertriebseinheiten durch den Controller führen lassen, natürlich im Zusammenspiel mit der Geschäftsführung. Der Controller hat jedoch einen sehr einseitigen Zugang zur Vertriebsprofessionalisierung und vernachlässigt vor allem qualitative Faktoren. Metrics alleine ersetzen keine starke Führung (vgl. auch Belz 2004 zur Kritik der Metrics; Akzoy/Keiningham 2016).

Während das Sales Performance Management (siehe Kapitel 13) qualitative und quantitative Größen berücksichtigt, stehen an dieser Stelle Kennzahlen oder Key Performance Indicators (KPIs) im Vordergrund. Beispiele sind Umsätze nach Kunden und Leistungen, Anteile neuer Produkte und Services, Umfang der Angebote (oder Preisqualität), Erträge oder Besuchszahlen. Besonders im Projektgeschäft spielt die Nachkalkulation von erfüllten Aufträgen nach Projektabschluss eine Rolle.

Was messbar ist, muss nicht gleichzeitig wichtig sein.

Nicht verhandelbare Vorgaben der Zentrale für die Verkaufsarbeit wurden bereits erwähnt; die Schlagzahl des Verkaufs scheint hier eine große Rolle zu spielen. Schließlich prägen Kostensenkungsprogramme in Unternehmen auch den Vertrieb und sind quantitativ geprägt. Auswüchse entstehen mit restriktiven Spesenregelungen, die eine optimale und flexible Kundenbearbeitung erschweren.

Weniger ist mehr, dafür richtig und konsequent.

Das Management stützt sich in der Regel auf ein Cockpit mit Kennzahlen zu einzelnen Vertriebseinheiten. Dabei ist es gefährlich, sich nur auf die negativen Ausreißer zu konzentrieren, ihre Ursachen zu analysieren und entsprechende Maßnahmen abzuleiten. Ebenso wichtig ist es, die besonders erfolgreichen Einheiten noch mehr zu fördern.

Der Vertrieb lässt sich dabei nicht (nur) von den Ergebnissen her managen. Wichtig sind auch der Weg und die erforderlichen Schritte, welche zu Umsatz und Ertrag führen. Ergebnisse lassen sich erst im Nachhinein feststellen; sie wurden verfehlt, erreicht oder übertroffen. Die Führung will aber dann und dort eingreifen, wo es noch möglich ist, die Ergebnisse zu erreichen.

Zu diesem Hebel schlagen wir folgende Maßnahmen vor:

10 Maßnahmen zum besseren Einsatz von Sales Metrics

1. **Klärung: Strategie, Ziele und Maßnahmen für den Verkauf als Bezug für Kennzahlen und Messung klären.** Die wichtigen Bezüge für Controlling sind Strategie, Ziele und erforderliche Maßnahmen. Sie definieren die Inhalte, die es systematisch zu prüfen gilt. Zu häufig werden Zielgrößen erfasst, nur weil sie aus dem Rechnungswesen abgeleitet werden können oder in internen Statistiken vorliegen. Das Motto könnte dann lauten: Hier ist eine Kennzahl, wo kann ich sie brauchen? Dazu gibt auch der Punkt 5 weitere Hinweise.

   Die Verkaufsarbeit soll sich auf kritische Erfolgsvariablen konzentrieren. Übergreifend wollen sich manche Unternehmen vermehrt an ihren Kunden orientieren. Dabei kritisieren aber

Aksoy und Keiningham (2016), dass sich viele Unternehmen beispielsweise auf Kundenzufriedenheitsindizes und Net Promoter Scores stützen und dabei zu wenig berücksichtigen, dass es nicht das Ziel ist, als »money loosing delighter« zu agieren. Vielmehr lohnt es sich, den Fokus nur auf eine kleine, eingeschworene Gemeinschaft, eine kleine, zufriedene Kundengruppe zu richten. Auch bilden Kundenzufriedenheit und Net Promoter Score nicht das konkrete Verhalten von Kunden ab, sondern messen lediglich Einstellungen und Intentionen. Die Autoren empfehlen besonders, die eigene Position gegenüber dem Wettbewerb zu gewichten.

Kernaufgaben im Verkauf messen

Edinger (2013) identifiziert **vier Schlüsselaufgaben** für den Verkauf, die es zu gewichten und mit Kennzahlen zu steuern gilt:

- **»Sales leaders who need to improve call management –** that is, the quality of interaction between individual sales people and prospects or clients.
- **Sales leaders who need to improve opportunity management –** the ability of their sales people to vet, pursue, and close a multistage sale.
- **Sales leaders who need to improve account management –** the ability to enhance long-term value of a single client.
- **Sales leaders that need to concentrate on territory management –** on how you allocate sales reps' time among all the customers in a given territory.«

Auch solche Vorschläge sind jedoch allgemein. Die Anforderung besteht darin, Strategie und Verkauf abzustimmen und relevante Kennzahlen dazu festzulegen. Mercuri International spricht hier vom Aktivitäten-Management: Die Dimensionen Qualität, Quantität und Richtung sollen ›gemanagt‹ werden, um eine Strategie wirksam umzusetzen.

2. **Markt- und Kundentransparenz: Markt- und Kundenpotenziale (international) zuverlässig einschätzen und priorisieren, Market Intelligence entwickeln und Targeting der attraktiven Kunden.** Eine gültige Verkaufsführung ist kaum möglich, wenn sich die Markt- und Kundenpotenziale (und Voraussetzungen im Wettbewerb) nicht zuverlässig abschätzen lassen.

Beispiel: Starrag Group

Ein typisches Beispiel ist die Herausforderung für die Starrag Group, welche sich seit 2015 rigoros auf internationale Kernsegmente fokussierte, um mögliche Synergien der zehn Produktionseinheiten auszuschöpfen. Es gilt, die Trends in den Segmenten, spezifische Wettbewerber, eigene Leistungen und Standorte zu klären und in jedem Segment realistische Marktpotenziale zu ermitteln. Kurz: Es braucht fundierte Konzepte für die Segmente. Für jedes Segment braucht es eine Transparenz über Kunden, um den Verkauf wirksam einzusetzen.

Manche Zentralen beklagen, dass die Vertriebseinheiten ihre Potenziale eher innenpolitisch statt realitätsnah einschätzen. Teilweise werden diese Potenziale deshalb parallel in der Zentrale erfasst. Gleichzeitig soll eine Methodik zur Potenzialeinschätzung die Zuverlässigkeit steigern. Aus Diskrepanzen zwischen Zentrale und Vertriebseinheiten kann ein produktiver Dialog in Bezug auf die Möglichkeiten in jedem Markt entstehen.

Blindflug ohne realistische Einschätzung der Potenziale der Kunden?

Oft lässt sich das Potenzial auch grob abschätzen, indem beispielsweise Zusammenhänge zwischen Mitarbeiterzahl der Kunden und Bedarf hergestellt werden. Manchmal sind beispielsweise Statistiken für Verbrauchsmaterial zugänglicher und dienen deshalb auch den Maschinenlieferanten als Bezug. Die Herausforderung liegt hier in der Identifkation des richtigen Hebels für die Einschätzung des Potenzials. Gleichzeitig müssen Scheingenauigkeiten auf Basis von unberechtigten Kausalzusammenhängen vermieden werden.

Potenziale realistisch einzuschätzen, ist bereits ein wichtiger Schritt. Zur Marktintelligenz braucht es aber noch viele Bausteine und aktuelle Informationen zu Entwicklungen auf Märkten, bei Kunden, von vertikalen Partnern und bei Wettbewerbern.

Jeder fühlt sich gleich als Kapitän, wenn er ein Cockpit bedienen soll. Zahlenorientierte Führung braucht aber mehr als ein gutes Gefühl.

3. **Vertriebscockpit: Key Performance Indicators für den Vertrieb auswählen und in einem übersichtlichen Cockpit darstellen.** **Cockpits** fassen die wesentlichen Kennzahlen zur Arbeitsweise des Vertriebs und zum Erfolg des Unternehmens zusammen. Abbildung 12.1 zeigt zwei Szenarien zur Ausrichtung des Verkaufs. Weil Szenario 2 zunehmend dominiert, sind die Verantwortlichen auch zunehmend herausgefordert. Zwar sollen Vorgaben und Messung benutzerfreundlich und einfach gestaltet werden, aber die Bedingungen verhindern dies zunehmend.

Verkaufsszenario 1	Verkaufsszenario 2
Fokus der Verkaufsaufgabe und klare Produktverantwortlichkeit	vielfältige Verkaufsaufgaben, viele beteiligte Spezialisten, viele Kanäle
bewährtes Vorgehen im Verkauf	neues Vorgehen im Verkauf mit neuen Wirkungsmechanismen (und laufend neuen Erkenntnissen aus Datenanalysen)
ein Verkäufertyp	differenzierte Verkaufsspezialisten mit verschiedenen Rollen
viele Kunden und Aufträge	wenige Kunden und Aufträge
rasche Erfolge und rasches Feedback	langfristige Erfolge und intensive Arbeit für Kundenpflege und den Aufbau neuer Kunden
einfache und wenige Vorgaben für Umsatz/Ertrag	viele Ziele; heruntergebrochen auf Verkäufer, Produkte und Kunden; Kundenzufriedenheit und -betreuung als Bezug
kontinuierliche Verbesserung des Verkaufs	dynamische Initiativen zur Verbesserung des Verkaufs
globale und zentrale Verkaufsführung	lokale und dezentrale Verkaufsführung
stabile Märkte und Wachstum	schwankendes Geschäft, wachsender Erfolgsdruck oder Stagnation/Rückgang

Abbildung 12.1: Verkaufsszenarien für die Vertriebskennzahlen

Beispiel Geberit

In vielen Unternehmen wird die **Balanced Scorecard** als Basis für derartige Vertriebscockpits verwendet. Diese kombiniert vier Perspektiven: Finanzen, Kunden, Mitarbeiter und Prozesse. Abbildung 12.2 zeigt als Beispiel den Aufbau des Vertriebscockpits von Geberit (mit Anpassungen der Scorecard). Mit dem CRM werden die richtigen Kundenprioritäten und ein optimales Partnerportfolio festgelegt. Die Statistik zum Absatz richtet sich besonders auf Fokusprodukte und neue Produkte. Der Umsatz nach Produktlinien und -familien prägt den optimalen Sortimentsmix im Verkauf. Deckungsbeiträge (Stufe 4), Kosten und weitere Finanzkennzahlen fördern die Wirtschaftlichkeit. Rahmenbedingung ist die Arbeit von Geberit in mehr als 120 Ländern mit eigenen Verkaufsorganisationen in 44 Ländern.

Die aufgeführten Kennzahlen sind bei Geberit relevant für die einzelnen Dimensionen und werden in einem einseitigen Fact Sheet zusammengefasst (angedeutet und nicht lesbar in der Abbildung). Vorteile dieses Systems sind Entlastung im Tagesgeschäft (durch klare Spielregeln), unternehmerisches Engagement des Vertriebs, professionelle Führung und Betreuung, messbare Erfolge.

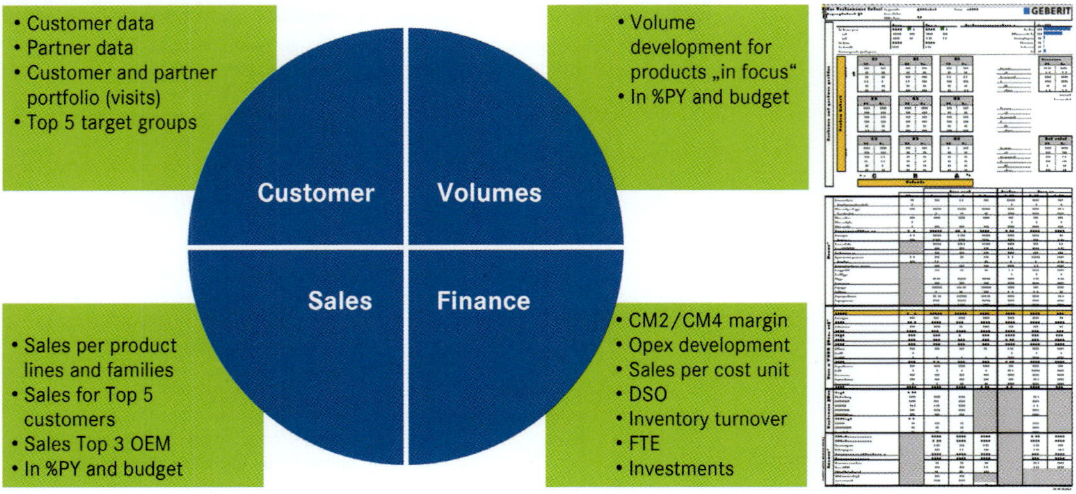

Abbildung 12.2 Aufbau des Vertriebscockpits von Geberit (interne Quelle 2017)

Allgemein untersuchten Huckemann und Schmitz (2014), wie sich der Verkauf steuern lässt. Nützlich sind die zusammengefassten Ergebnisse in Abbildung 12.3.

KPIs im Verkauf – eine Studie

- Wichtigste Anforderungen an das Kennzahlensystem im Vertrieb sind Konformität zur Strategie und Einfachheit/Verständlichkeit. Auf einen Blick sollten Ergebnisse und Potenziale erkennbar sein.
- 55% bestimmen ihre Verkaufsbudgets wechselseitig Bottom-up und Top-down.
- Der Anteil der Vertriebskosten am Umsatz beträgt durchschnittlich 16%. Bei 44% stiegen diese Kosten in den letzten Jahren.
- Durchschnittlich steuern die Unternehmen den Vertrieb mit acht KPIs (50% mit fünf bis zehn), bei ihren Entscheiden konzentrieren sie sich aber auf fünf. Dabei ist zu beachten, dass manche Kennzahlen für Produkte- und Kundengruppen differenziert werden. Allerdings messen nur 48% den Umsatz nach Kundensegmenten und nur 38% nach Kundenklassen. 74% steuern den Vertrieb mit Deckungsbeiträgen pro Produktgruppe.
- 88% steuern die Verkäufer mit der aktiven Verkaufszeit (von durchschnittlich 27%). Bei 31 % verbringen Verkäufer mehr als 15 Stunden pro Woche ›Face-to-Face‹ bei Kunden; bei 24% 11 bis 15 Stunden, bei 32% nur 6 bis 10 Stunden. Die Vorbereitungen und internen Aktivitäten dominieren.
- Wichtige Führungsgrößen sind: Zahl der Aufträge (64%), Anzahl Angebote in einer gewichteten Pipeline (59 %), Zahl neuer Kundenkontakte (45%) und Hit Rate (45%).
- Branchenübergreifend führen Verkäufer zehn Besuche pro Woche durch. Besuchsvorgaben werden kritisch betrachtet, weil sie die Qualität der Besuche nicht einbeziehen.
- Nur 40% meinen, dass es mit den bestehenden KPIs gelingt, die wichtigen Leistungsreserven im Vertrieb zu identifizieren.
- Acht wichtige KPI-Kategorien sind
  - Marktperspektive (z. B. Marktanteil),
  - Ergebnisse und Prognosen (z. B. Umsatz und differenzierter Profit),
  - Effizienz im Vertrieb (z. B. Vertriebskosten in % vom Umsatz),
  - Produktivität im Vertrieb (z. B. Umsatz pro Kopf, verlorene und gewonnene Kunden, Kundenzahl),
  - Vertriebsaktivitäten (z. B. differenzierte Anzahl der Besuche),
  - Vertriebsmitarbeiter (z. B. Fluktuation),
  - Produkte und Innovationen (z. B. Umsatzanteil neuer Produkte) sowie
  - Führung (z. B. Anzahl Besuchsbegleitungen, Coaching-Tage, Entwicklungsgespräche).
- Für verschiedene Vorgaben gilt es, die Optima zu bestimmen, immer mehr ist nicht besser. So kann es nicht Ziel sein, so viel Zeit wie möglich bei Kunden einzusetzen.

Abbildung 12.3: Ergebnisse zur KPI-Studie im Verkauf (n=130) (Huckemann/Schmitz 2014)

Angewendete Kennzahlen im Vertrieb sollten allen Positionen gerecht werden und einfach und nachvollziehbar sein, sie sollen die Transparenz zwischen den Positionen herstellen und nachhaltig genutzt werden. Die Anforderungen stehen teilweise im Widerspruch zur wachsenden Komplexität des Vertriebs und zur Dynamik in den Märkten und bei Kunden. Die Folge sind immer Kompromisse.

Es braucht eine Hierarchie der Kennzahlen, um stufengerecht damit umzugehen. Dabei sollen die Kennzahlen durchgängig sein, damit sich die Stufen an den gleichen Zielen orientieren.

Cockpits sind oft statisch, es lässt sich kurzfristig kein zusätzliches Instrument im Führungsraum installieren.

4. **Führungsrhythmus und -intensität: optimalen Rhythmus und Intensität für die Führung mit Vertriebszahlen bestimmen und einhalten (z. B. Konsequenzen bei Misserfolg).** Es genügt nicht, die Vertriebszahlen aktuell verfügbar zu haben. Entscheidend ist, welche Zahlen in welcher Frequenz im Verkauf zur Verfügung stehen und wie mit positiven und negativen Abweichungen umgegangen wird. Wirksames Controlling ist die Basis für ein System in Unternehmen, um rascher zu lernen und zu verbessern. Kennzahlen zu haben und sie breit zu nutzen, ist zweierlei. Ohne Zweifel kann sich dabei ein Unternehmen mit seinen Verantwortlichen auch zu intensiv und zeitlich zu aufwendig mit Messung befassen.

5. **Beweglichkeit: permanente und zeitlich begrenzte Messung des Vertriebserfolgs unterscheiden.** Das System des Controlling im Vertrieb wird meist auf lange Dauer angelegt. Wichtig ist ja dabei, dass die Mitarbeitenden lernen, mit den Zahlen umzugehen. Fortschritte sollen auch über eine längere Zeit verfolgt werden. Damit hinkt die Messung des Vertriebserfolgs laufend den aktuellen Akzenten hinterher oder berücksichtigt sie gar nicht. Deshalb gilt es, zwischen einer konzentrierten, permanenten und einer aktuellen (zeitlich begrenzten) Erfolgsmessung zu unterscheiden. Dazu lässt sich das System durchaus mit ›händisch‹ dokumentierten Erfolgskriterien anreichern.

Was kostet beispielsweise ein kleiner Kunde?

6. **Kundenrentabilität: die Rentabilität von Kunden, Aufträgen und Kundenprojekten prüfen und systematisch steuern.** Will ein Unternehmen ein tragfähiges und optimiertes Kundenportfolio aufbauen, so gilt es, die Rentabilität von Kunden und Kundengruppen zu bewerten. Dazu genügen nicht die groben Margenanalysen nach kleinen bis großen Kunden,

auch die von Unternehmensseite investierten Aufwendungen müssen erfasst sein. Diese Forderung ist alt, lässt sich aber offensichtlich in einem Rechnungswesen, welches sich auf Produkte oder Abteilungen/Einheiten konzentriert, schwer umsetzen.

Trotz aller Euphorie über Sales Analytics werden Diskussionen doch oft nur durch Meinungen geprägt.

7. **Sales Analytics: mit Sales Analytics neue Muster für Vertriebs- und Kundenerfolge erfassen und Maßnahmen ableiten.** Seit jeher erstellen Unternehmen verschiedene Statistiken im Verkauf und nutzen sie in der Führung. **Sales Analytics** soll weiterführen. Zu diesem Zweck setzen Unternehmen statistisch versierte Spezialisten dafür ein und nutzen moderne Software-Tools (inkl. z. B. Sales Force). Inhaltlich werden die Kundenselektion besser abgestützt und die Zusammenhänge mit dem Erfolg breiter als bisher ausgelotet. Das Feld für Analysen ist weit. Abbildung 12.4 zeigt, was beispielsweise für Cross-Selling Analytics vorgelegt werden müsste, damit sich in Unternehmen vernünftig über den Ansatz diskutieren lässt. In der Praxis beobachten wir aber, dass solche Diskussionen oft nicht datenbasiert geführt werden.

Cross-Selling Analytics

Ein einfacher ›Analytics Report‹ für Cross-Selling müsste Antworten zu folgenden Fragen umfassen:

- **Leistungs-/Kundenanalyse:** Wer kauft was mit was?
- **Kundenanalyse:** Sind unterschiedliche Entscheider verantwortlich oder entscheiden sie über alles?
- **Vertriebsanalyse:** Welche Verkäufer verkaufen über die ›Grenze‹?
- **Länder- und Niederlassungsanalyse:** Welche Niederlassungen verkaufen über die ›Grenze‹?
- **Preisanalyse:** Welche Preise werden bei Kunden realisiert, die bei mehreren Sparten beschaffen? Wie rentabel sind diese Kunden?
- ...

Entscheidend sind dabei die Gruppenbildung, die Interpretation und Folgerungen für Maßnahmen.

Abbildung 12.4: Sales Analytics am Beispiel Cross-Selling

Big Data ist in den meisten Unternehmen kein großes Problem und keine große Lösung.

Die Zusammenarbeit von Datenspezialisten und Verkaufsmanagement ist kritisch, weil das Verständnis für die Ergebnisse im Management oft fehlt oder sich erfahrene Führungskräfte darüber hinwegsetzen. Rasch flammt in diesem Zusammenhang die Hoffnung auf ›Big Data‹ auf. Wir beurteilen die Entwicklung jedoch kritisch und verbreitete Erwartungen als naiv. Zummindest wäre zu empfehlen, dass vor der Durchführung von Analysen gute Fragen gestellt werden, die den Augangspunkt bilden (Belz/Wortmann 2017).

8. **Nicht verhandelbare Vorgaben: Kontrolle zwingender Vertriebsvorgaben (z. B. Besuchszahl nach Segmenten).** **Unverhandelbare Vorgaben** beruhen darauf, dass Unternehmen eine klare Vorstellung davon haben, was die Basis für den Erfolg im Verkauf ist. Diese Vorgaben werden damit aus dem Zielsystem des Unternehmens herausgehoben und unterliegen nicht den Kompromissen des Alltags, weil in einem Bereich immer etwas mehr, in einem anderen etwas weniger erreicht wird. Inhaltlich betreffen die Vorgaben in der Regel Besuchshäufigkeiten für Kundengruppen als Zahlen der Besuche von neuen Kunden, von A- bis C-Kunden, Kundensegmenten usw. Wer unverhandelbare Vorgaben setzt, muss auch die Sanktionen kommunizieren und einhalten, wenn die Vorgaben nicht eingehalten werden.

9. **Kostenteilung: Kosten und Investitionen optimal zwischen Zentrale und Niederlassungen aufteilen.** Was trägt die Zentrale und was eine Niederlassung? Typisch sind Initialkosten für die Ländererschließung, die Zentralen abstützen. Permanent wird der Einsatz von Personen aus der Zentrale in Vertriebseinheiten meistens nicht verrechnet, allerdings ist die Umlage von Fixkosten der Zentrale ein häufiges Thema. Marketingkosten werden verschieden aufgeteilt; typischerweise werden etwa wichtige Messen zentral und lokale Messen dezentral getragen. Die Aufteilung der Kosten verändert die Verantwortlichkeiten. Diese Signalwirkung im Unternehmen darf nicht unterschätzt werden.

Ziele – KPIs – Lohn: Stimmt ein Baustein nicht, kränkelt das System.

10. **Ziele, KPIs und Lohn: Ziele, Kennzahlen und Lohnsystem im Verkauf optimal abstimmen und damit Verzerrungen der Verkaufsleistung vermeiden.** Ziele, KPIs und Lohn müssen sich gegenseitig verstärken. Das ist nicht trivial. Oft verwenden beispielsweise die lokalen Einheiten andere KPIs, als von der Zentrale vorgegeben. Sie wehren sich, kompliziertere oder andere Vorgaben zu verwenden.

Sales Metrics sind in Unternehmen auch die Basis, um die variablen Lohnanteile im Vertrieb zu bestimmen. Dabei werden meist Individual- und Unternehmensbonus berücksichtigt. Auch gibt es Anteile von einzelnen Verkäufern und Teams. Zudem kann es eine Rolle spielen, die **Lohnsysteme** der Unternehmenseinheiten maßvoll zu harmonisieren. Maßvoll, weil beispielsweise die Unterschiede zwischen amerikanischen, asiatischen und europäischen Ländern oft recht groß bleiben müssen. Unternehmen suchen in der Regel das flächendeckende Lohnsystem. Es ließe sich durchaus mit Varianten vorgehen, sodass Mitarbeiter im Verkauf selbst das System wählen können.

Sales Metrics verbinden auch die Vertriebsorganisation mit dem Management und Topmanagement des Unternehmens. Bei vielen Märkten und Produktbereichen werden einzelne Einheiten in deren Gremien oft nur mit einer Zeile in Excel-Tabellen dargestellt, mit groben Ergebnissen (etwa Umsatz, Ertrag, Mitarbeiterzahl, Anteile der Hauptgeschäfte nach Produkten, Regionen oder Segmenten usw.). Entsprechend grob sind mögliche Folgerungen und abgeleitete Maßnahmen. Meistens lässt sich mit Sales Metrics erst nachträglich der Erfolg oder Misserfolg einfach feststellen.

Nach dieser Übersicht zeigt Abbildung 12.5, welche Akzente die befragten Führungskräfte für Sales Metrics setzen.

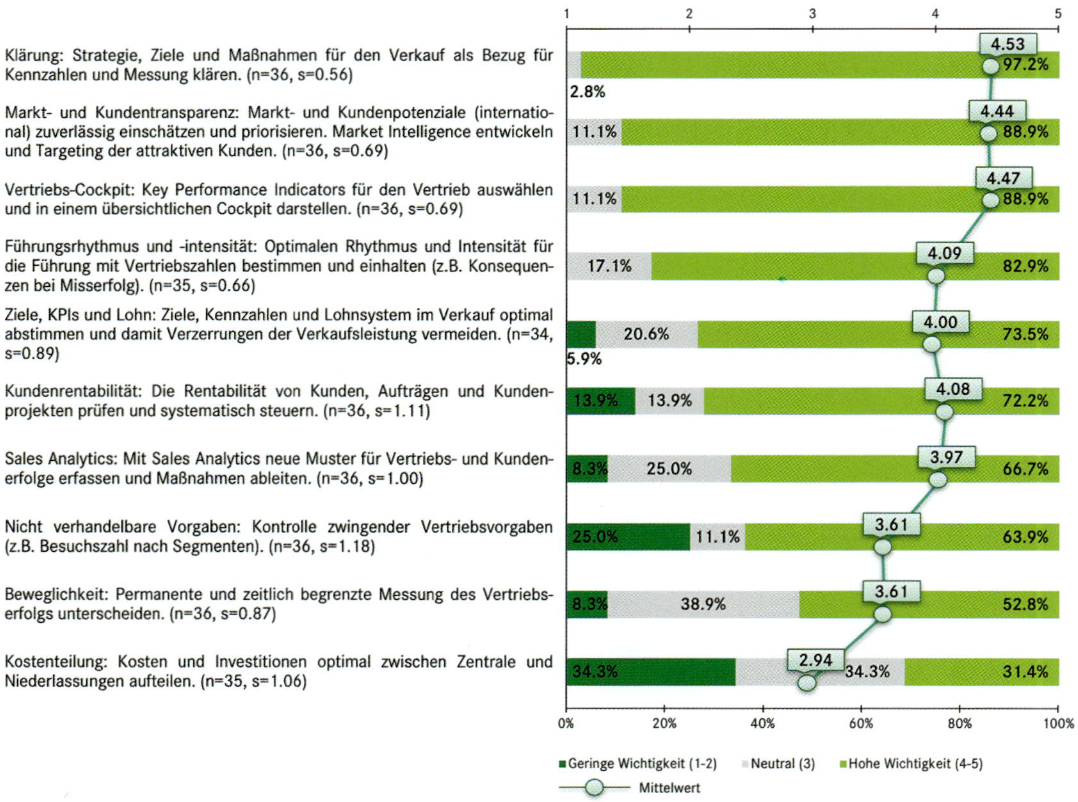

Abbildung 12.5: Schwerpunkte in den Aufgaben zum Hebel Sales Metrics and KPIs

Interpretation

Zu den Top 4 Aufgaben in Bezug auf Sales Metrics und KPIs zählen für mindestens 82% der Befragten (1) Klärung von Strategie und Zielen, (2) Markt- und Kundentransparenz, (3) Vertriebscockpit und (4) der Führungsrhythmus. Damit legen sie den Schwerpunkt eher auf Führungs- als Entwicklungsaufgaben im Verkauf. 74% der Befragten bewerten die Abstimmung von Zielen, KPIs und Lohn als sehr wichtig. Zwar finden sich in diesem Bereich in den meisten Unternehmen ungelöste Probleme, nur lohnt es sich kaum, immer dem perfekten System nachzuhängen. Im Mittelfeld finden sich eher die abgeleiteten Aufgaben zur Unterstützung mit Kundenrentabilität und Sales Analytics. Nicht verhandelbare Vorgaben, Beweglichkeit der Erfolgskontrolle und Kostenteilung sind lediglich spezielle Vertiefungen und stehen naturgemäß am Schluss.

Immer prägen Kennzahlen und Auswertungen die Aufmerksamkeit des Vertriebs. Im positiven Fall regen sie die Diskussion über mögliche Ursachen herausragender Vertriebsergebnisse im Unternehmen an. Sie motivieren so alle Einheiten, sich zu verbessern. Die Zusammenhänge zum Hebel Share Best Practices in Sales sind auch hier offensichtlich.

Bevor wir uns dem nächsten Hebel widmen, regen einige Aussagen der Praktiker an und wir stellen Schlüsselfragen für die Praxis.

Aussagen der Praxis

Wir versuchen aus der Zentrale heraus, Berechnungen für regionale Marktpotenziale anzustellen. Damit ›challengen‹ wir die Einschätzungen der lokalen Zeiss-Manager. Man sollte sich nicht zu stark auf die Urteile der lokalen Märkte verlassen.

In den Pilotländern UK und Frankreich haben wir mit zentraler Unterstützung ein System zur Ermittlung lokaler Marktpotenziale erarbeitet. Die genaue Kenntnis lokaler Potenziale ist für uns sehr wichtig.

Persönliche Prioritäten sind selbstverständliches Controlling und Einsatz des CEOs vor Ort (50 % der Zeit bei wichtigen Kunden in den Regionen und Standorten).

Weitere Aussagen der Praxis

Controlling ist in der multiplen Organisation ein Schlüssel.

Die Entlohnung der Vertriebsmitarbeiter im internationalen Umfeld stellt eine Herausforderung dar. Bei Vertragsabschluss für eine Lösung, die beim Kunden weltweit eingesetzt werden soll, erhält der Account Manager eine anteilsmäßige Vertriebsprovision. Obwohl der Kunde den Support für Pre-und After-Sales aus der lokalen Vertriebsgesellschaft bezieht, ist für die lokalen Verantwortlichen keine anteilige Kompensation vorgesehen.

Auf keinen Fall sollte die Verbindung zwischen Zielen und Vergütung der verantwortlichen Personen verzerrt sein.

Fragen für die Praxis:

1. **Wie lassen sich Strategie, Ziele und Maßnahmen in relevante Messgrößen übersetzen, ohne dass eine zahlenorientierte Führung zu komplex wird?**
2. **Wie erfassen oder schätzen Sie zuverlässige Potenziale in Teilmärkten und bei Kunden?**
3. **Was gehört in ihrem Unternehmen in ein übersichtliches Vertriebscockpit und wie nutzen Sie und Ihre Mitarbeitenden dieses im Tagesgeschäft?**

Die afrikanischen Geparde sind gefährdet bis stark gefährdet, die asiatischen sind vom Aussterben bedroht.

13. Hebel 8: Sales Performance Management – Sales Excellence im Unternehmen definieren

Diesen Hebel setzten Führungskräfte im Verkauf und Verkäufer an die 7. Stelle.

Ziel des Sales-Performance-Management-Ansatzes ist, die Leistung des Vertriebs systematisch und umfassend für das Unternehmen zu spezifizieren und nach Ländern bis hin zu einzelnen Vertriebsmitarbeitern selektiv zu verbessern. So können beispielsweise für ein Land von 15 definierten Leistungskriterien nur zwei besonders wichtig sein. Die Defintion von Performance ist die Grundlage für intensive Diskussionen hinsichtlich Qualifikation und Ergebnisse. Inhaltlich ist dieser Ansatz vielfältig und schließt auch weitere Hebel und ihre jeweiligen Maßnahmen ein. Grundsätzlich ist dieser Hebel sogar der systematische und ganzheitliche Ansatz für Sales Development und beansprucht deshalb eine Sonderstellung (vgl. Belz/Bußmann 2002). Wenn die Praxis den Hebel erst auf die siebte von zehn Positionen setzt, so lässt sich vermuten, dass selektive Verbesserungen im Verkauf überwiegen. Das bedeutet im positiven Fall bewusste Akzente und im negativen Fall nur Flickwerk.

Ganzheitlicher und systematischer Ansatz

Die Systematik unterscheidet also jene Unternehmen, die für jede Vertriebseinheit nur sehr situativ und oft auch reaktiv vorgehen. Leicht springen zentrale Verantwortliche nur noch von einer zur nächsten ›Feuersbrunst‹ in Niederlassungen und werden bereits durch negative Vorkommnisse oder Krisen überlastet.

Unsere Vorschläge für den Hebel **Sales Perfomance Management** folgen. Im Vergleich zu den weiteren Hebeln konzentrieren sich die Maßnahmen 2 bis 5 alle auf ein Vorgehen im Sales Performance Management und hängen damit stark zusammen. Für Sales Excellence Development sind eher die Maßnahmen 1 und 3, für die Verkaufsführung die Maßnahmen 4 und 5 relevant.

5 Maßnahmen, um Sales Performance Management zu optimieren

1. **Vertriebsaudit: bestehenden Vertrieb umfassend prüfen und Konsequenzen ziehen.** Vertriebsaudits oder ›Gesundheits-Checks‹, oft von externen Dienstleistern durchgeführt, überprüfen die Vertriebsarbeit im Unternehmen umfassend, um sowohl herausragende Leistungen als auch auch Lücken festzustellen. Die Einheiten müssen dabei bereit sein, auch ihre ›offenen Flanken‹ zu zeigen und nicht nur eine Leistungsschau abzuziehen. Die Offenheit ist dabei auch stark durch die Führungskultur geprägt.

   Abbildung 13.1 zeigt, wie sich das **Vertriebsaudit** in das Lernsystem des Vertriebs einbetten lässt. Damit werden auch enge Bezüge zu KPIs, Erfolgsmessung und Lohnsystemen sowie Customer Relationship Management sichtbar. Es spielt beispielsweise auch für das Controlling des Vertriebs eine große Rolle. Wir beobachten dabei, dass Customer Relationship Management in manchen Unternehmen als Herzstück betrachtet wird.

   Es geht darum, die Effektivität (die richtigen Dinge tun) und die Effizienz (die Dinge richtig tun) einzubeziehen. Für das Marketing schlagen Kotler, Gregor und Rodgers (1977) die Auditbereiche Umfeld (inkl. Frühwarnung), Strategie, Organisation, Systeme, Produktivität und Funktion/Aufgabe vor. Diese Teile betreffen den Verkauf ebenfalls. Morgan, Clark und Gooner (2002) nehmen in ihrem erweiterten Konzept die Faktoren Anpassungsfähigkeit, Effektivität und Effizienz als Bezug und wollen die Effektivität und damit die langfristige Orientierung des Unternehmens stärken. Sie unterscheiden die Kategorien Ressourcen (z. B. Finanzen und Infrastrukturen), Fähigkeiten (z. B. persönliche und organisatorische

›Capabilities‹), Vorteile der Positionierung (z. B. Produkte, Services oder Kosten), Markt-Performance (z. B. Wahrnehmung durch Kunden, Marktanteil) sowie finanzielle Leistung (z. B. Umsatz, Margen). Flankiert wird dieses System durch die situativen Antworten des Unternehmens in Bezug auf Strategie, unternehmerischen Kontext (z. B. Macht des Marketing oder des Verkaufs), Ziele, Charakteristika der Verkäuferleistung (z. B. Konsistenz des Belohnungssystems oder Rhythmus der Audits) bis hin zur effektiven Leistung (mit Strategieumsetzung und organisatorischem Lernen). Die Komplexität steigt damit jedoch erheblich.

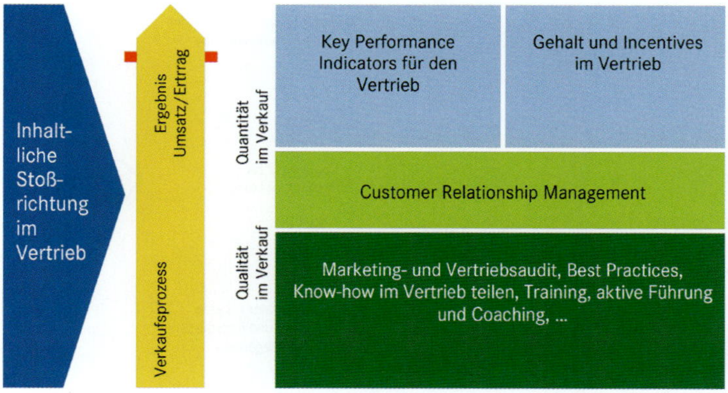

Abbildung 13.1: Lernsystem Verkauf und Audits

Analytik ist auch mühsam; ›Paralyse durch Analyse‹ heißt der geflügelte Hinweis.

Ein Problem mit solchen Analysen ist, dass die Ergebnisse sehr vielfältig ausfallen und die Beteiligten im Unternehmen manche Aspekte kontrovers beurteilen. Der Weg von analytischen Bewertungen über wenige Arbeitsstränge hin zur Verbesserung des Vertriebs ist also anstrengend; hier wird der Trade-off in Bezug auf Vollständigkeit gemacht. Eine Alternative ist, in wenigen Workshops mit qualifizierten Vertriebsleuten direkt auf diese Arbeitsstränge hinzuarbeiten. Gleichzeitig werden solche Audits wegen ihres Aufwands oft zu selten durchgeführt und es fehlt eine permanente Basis. Die Ergebnisse sind häufig zu wenig in das gesamte Management des Unternehmens eingebettet und vom Controlling getrennt. Anhang 1 enthält unseren umfassenden Vertriebsaudit.

2. **Sales Performance: umfassende Sales Performance für das Unternehmen (quantitativ und qualitativ) bestimmen (evtl. gestützt auf die erfolgreichsten Vertriebseinheiten).** Basis für diesen Hebel ist, die Performance des Verkaufs systematisch zu bestimmen. Als Benchmark dienen die besten Einheiten im Unternehmen. So entwickelten wir beispielsweise für den internationalen Vertrieb folgende Grundlage, um die Leistungsfähigkeit des Vertriebs zu bestimmen (siehe Abbildung 13.2).

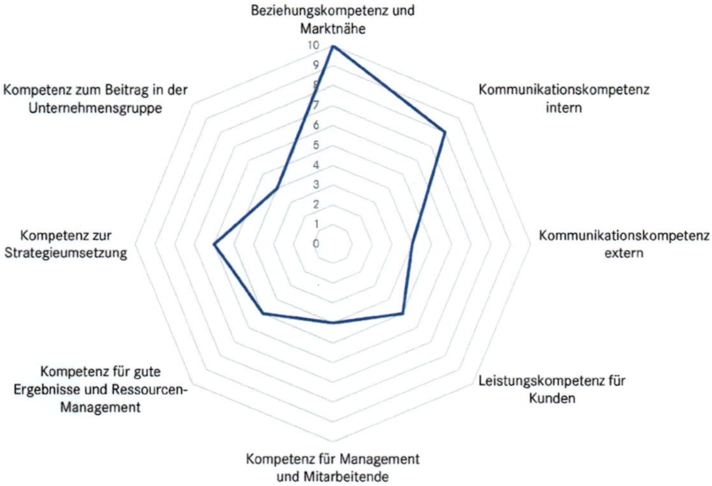

Abbildung 13.2: Kompetenzprofil für eine internationale Vertriebseinheit X (vgl. Belz/Reinhold 2012, S. 174 (angepasst): typisches Profil einer neuen, unabhängigen Vertretung)

Das Profil der Kompetenzen zeigt die Möglichkeiten zur Verbesserung.

Die einzelnen Kompetenzen sprechen wohl für sich. Das Profil zeigt das Beispiel einer Vertriebseinheit, die im Markt über ein sehr gutes Beziehungsnetz verfügt und gut mit potenziellen Kunden kommunizieren kann. Es könnte sich um eine (neue) lokale Vertretung handeln, die noch nur wenige Bezüge zur Zentrale des Konzerns aufweist. Umso wichtiger ist es, diese Kompetenzen zu erweitern, wenn sich die Einheit längerfristig nicht verselbstständigen und zu sehr von der Zentrale entfernen soll.

Beispiel Bayer Crop Science: Management der Lücken

Bayer Crop Science orientierte die Strategie seit 2014 intensiv auf Farmer. Das unterscheidet sich vom bisherigen Fokus auf den Großhandel. Um diese Strategie international umzusetzen, definierte das Unternehmen, wie sich Sales Excellence in der neuen Strategie niederschlägt. Abbildung 13.3 zeigt die zusammengefassten Anforderungen.

		Competencies	
	Customer segmentation/Insights	1 Scope of the market defined at a granular level (crop, subregions, growers) 2 Buying process is maped and understood 3 Actionable segmentation of growers in place	4 Need profilies and grower profitability drivers for each segment are documented and understood 5 All grower segments are prioritized based on value potential to BCS
M&S Capabilities	Grower Pull Creation	6 Tailored value proposition by grower segments are established 7 Key account methodology for grower interaction implemented and operational (where applicable)	8 Grower segments addressed with targeted communication by the organization 9 Grower focus reflected in organizational roles and responsibilities
M&S Capabilities	Brand Equity Management	10 Brand benefit edge used to position product and service brand clearly 11 Relevant and consistent brand communication is employed to bring brand positioning to life	12 Brand portfolio is managed relentlessly to focus on high value and eliminate non-value adding brands 13 Brand P&I spend allocation is optimized, including allocation to brand/media/segments
M&S Capabilities	Channel Management	14 Actionable segmentation of distributors and retailers in place 15 Clear understanding of distributor, retailer and influencer landscape by segment and micro-market level 16 Current and alternative route-to-market evaluated and explored as applicable (e.g., direct, co-operations with other industry partners)	17 Documented and quantified value proposition of BCS relative to distributors, retailers, and competition 18 Best practice training and incentivizing for distributor/retailer reps 19 Driving annual performance dialogues with distributors/retailers
M&S Capabilities	Key Account Management	20 Efficient key account mgmt. With tailored approach for key distributors/retailers/and other channel partners	
M&S Capabilities	Sales Excellence	21 Grower insights and strategic targets translated into sales force KPIs 22 Channel insights and strategic targets translated into sales force KPIs 23 Sales incentives optimized and tied to performance 24 Territory mapping, route planning, call frequency and call duration defined for optimal time management	25 Activity planning conducted to maximize sales effectiveness 26 Customers are clearly prioritized and number and mix of inside (call center, customer service) and outside (field force) sales roles is aligned
M&S Capabilities	Integrated pricing & rebates	27 Value pricing principles executed (for products priced by country) 28 New product pricing balances objectives of market penetration and value capture and consistent with strategic objectives	29 Products priced dynamically with high responsiveness after major market events 30 Price discounts optimized and tied to actual performance
M&S Capabilities	Product and service offering	31 Product portfolio coverage optimized 32 «Solution» offers established and promoted (e.g., packages, CP+BS, financing)	33 Co-operations established with key partners in the value chain (e.g., food industry)
Enablers & Activation	Performance Mgmt. & Organization	34a Grower/channel insights and strategic priorities translated into shared country KPIs 34b Performance dialogues consistently conducted with documented outputs 35a Talent management, career paths, and training programs established	35b Appopriate talent deployed and developed in key commercial roles 36a Clear roles and responsibilities established for sales and marketing personnel 36b Processes to ensure cross-department collaboration established 37 Supporting information systems available, with accurate data and used in day-to-day business operations
Enablers & Activation	Implementation planning	38 Desired behavior change specified 39 Action plan for improvement areas defined	40 Finacial planning for key levers conducted and identified in budget 41 Return on investment calculated and measured over time

Abbildung 13.3: Performance im internationalen Vertrieb von Bayer Crop Science (interne Quelle 2017)

Mit dieser Übersicht lassen sich gemeinsam mit den Länderverantwortlichen die wichtigen Lücken bestimmen und verfolgen.

Das Beispiel verdeutlicht, dass hier bei Vertriebseinheiten auch Kompetenzen im Management wichtig sind. Es handelt sich also nicht nur um die engeren Vertriebsfähigkeiten der Verkäufer. Natürlich ließe sich aber ein System der Performance ebenso auf Verkäufer konzentrieren.

Kompetenz für Kunden

3. Teilperformances: Jede Teilperformance konkret vertiefen und mit Qualifikationsstufen (z. B. 1–5) definieren. Dieser Bereich vertieft die festgestellte **Leistungsfähigkeit** (vgl. 2). Im Beispiel Bayer Crop Science sind die einzelnen Leistungen bereits etwas konkretisiert. Es würde zu weit führen, alle Teilleistungen zu spezifizieren. Mit Bezug auf Abbildung 13.2 vertiefen wir als Beispiel in Abbildung 13.4 die Performance »Leistungskompetenz für Kunden«.

Fähigkeit, die unternehmerische Leistung zu beherrschen und für attraktive Kunden umzusetzen	
Mögliche Maßnahmen	**Mögliche Erfolgskriterien**
• Leistung strukturieren und Servicestandards bestimmen (inkl. Dokumentationen/Internet) • den regionalen Markt segmentieren und besondere Anforderungen und Nutzen erfassen • Trends in Kundenstrukturen erfassen, Kundenpotenziale bestimmen und prioritär bearbeiten • Veränderungen im Beschaffungsprozess von Kunden erfassen und kritische Hebel im Weg zum Kauf gestalten • Lernprozesse für Kunden gestalten und sie qualifizieren • CRM des Unternehmens proaktiv im Vertrieb nutzen (Besuchsergebnisse); Datenbanken für Anwender und evtl. eigenen Internetauftritt pflegen (z. B. Konfiguration für Kunden) • kontrolliertes Leadmanagement und Ausrichtung des Verkaufs auf ergiebige Prioritäten; Vertriebseinsatz optimieren • Großkunden gezielt bearbeiten und überregional vernetzen (übergreifende Teams für Projekte und permanente Kundenbetreuung) • Kleinkunden wirtschaftlich erfolgreich bearbeiten • Standards für Value Selling im Vertriebsbereich konkretisieren und umsetzen • effiziente Zusammenarbeit mit Vertretern • Beitrag an die Kundenbearbeitung des Konzerns mit eigenen Success Stories • Vertriebsschulung für Leistungen und Kunden • Prozesse für die Leistung bei Kunden optimieren (inkl. Service) • ...	• Qualität der Diagnose von Kunden und Einkaufsprozessen • Professionalität von Leistungs-/Kundenkonzepten und Offerten • Kundenbezug und Nutzenorientierung sämtlicher Dokumentationen, Prospekte, Internet-Auftritte usw. • Begründung der Kundenprioritäten • Spezialisierung für unterschiedliche Kundensegmente • Reklamationen, kritische Projekte, Umfang von Garantiearbeiten und Nacharbeiten für Kunden • Projektcontrolling für Kunden • Kennzahlen wie Kundenstruktur (z. B. verlorene/gewonnene/treue oder große/kleine Kunden), Offertenzahl und Trefferquote, Share of Wallet, Customer Face Time des Verkaufs • Umsatz- und Ertragsentwicklung nach Leistungen, Kunden, Regionen, Kanälen • Preisqualität • Umfang und Erfolg von Kunden-Events (inkl. Messen) • ...

Abbildung 13.4: Teil »Leistungskompetenz für Kunden« (angepasst an Belz/Reinhold 2012, S. 186 und 191)

Alle Themen sind überall vorhanden, aber die Professionalität zählt.

Hier noch nicht erfasst sind die **Qualifikationsstufen.** Sie erlauben zu beurteilen, ob eine Vertriebseinheit schlecht, mittel oder ausgezeichnet vorgeht. Es ist möglich, alle definierten Variablen mit Bewertungsskalen zu versehen (z. B. 1-10). Einzelne Schritte lassen sich aber auch sprachlich präzise unterscheiden.

Das Erbringen der Leistungskompetenz für Kunden fordert aber auch die Zentrale, weil ›vorne‹ nicht geleistet werden kann, was ›hinten‹ fehlt. Ihre Aufgabe ist es, den Lernprozess der Vertriebseinheiten für Leistungskompetenz wirksam zu fördern und die Leistung für Segmente bis Einzelkunden zu optimieren. Versprochene Leistungen der Vertriebseinheiten müssen teilweise auch zentral durch Leistungserbringung (inkl. Termine), Service und Logistik eingelöst werden.

4. **Evaluation: Vertriebseinheiten und Verkäufer nach der definierten Sales Performance bewerten und die wichtigen Bereiche zur Steigerung der Performance selektionieren.** Nach den wichtigen Leistungsbereichen gilt es, die Vertriebseinheiten zu bewerten und gemeinsam mit ihnen die verbindlichen Verbesserungen und das Vorgehen zu bestimmen. Allenfalls dient ein gutes Performance-System auch dazu, dass sich die Vertriebseinheiten selbstständig prüfen. Immer spielen der Anspruch der Führung und die Identifikation der Betroffenen eine wichtige Rolle. Gute Einheiten entwickeln sich selbst. Schlechtere Einheiten wehren eher ab, rechtfertigen schlechte Ergebnisse, suchen externe Gründe (auch in der zentralen Unterstützung) oder vertrösten laufend auf eine bessere Zukunft.

5. **Lücken und Erfolge: Festgestellte Lücken in der Sales Performance jeder Einheit gezielt schließen und außergewöhnliche Leistungen fördern.** Nun gilt es, solche Systembausteine für mehrere Einheiten zu trainieren oder in der gezielten Führung zu verwenden. Denkbar ist es auch, Sales Performance Management im Qualifikationssystem der Verkäufer (inkl. Gespräche zum Jahresprogramm und zu individuellen Zielen, Zwischengespräche zur Zielerreichung und Bewertung) zu verankern.

Die Akzente der Praxis in dieser kürzeren Liste zum Hebel Sales Performance Management zeigt Abbildung 13.5.

Interpretation

Hinsichtlich Sales Performance Management sind Unternehmen Beginner.

88,5% der Befragten weisen der Erfassung der Sales Performance eine hohe Wichtigkeit zu, aber nur 45,9% bewerten es als hochrelevant, die Teilperformances zu konkretisieren. Das eigene System des Unternehmens für Sales Performance ist Voraussetzung für ein umfassendes und zugleich gezieltes Sales Performance Management. Allenfalls wäre ein Vertriebsaudit (erst an 4. Stelle) mit nur 51,5% hoher Wichtigkeit eine Analyse dazu. Das Management der Lücken und Erfolge (85,5%) und die Evaluation (75%) können erst auf dem etablierten Performance-System aufsetzen. Zusammenfassend lässt sich also folgern, dass die beteiligten Unternehmer mit diesem Hebel eher Beginner und nicht Fortgeschrittene sind.

Es folgen zum Abschluss dieses Kapitels Aussagen der Praxis und dann die Fragen für die Praxis.

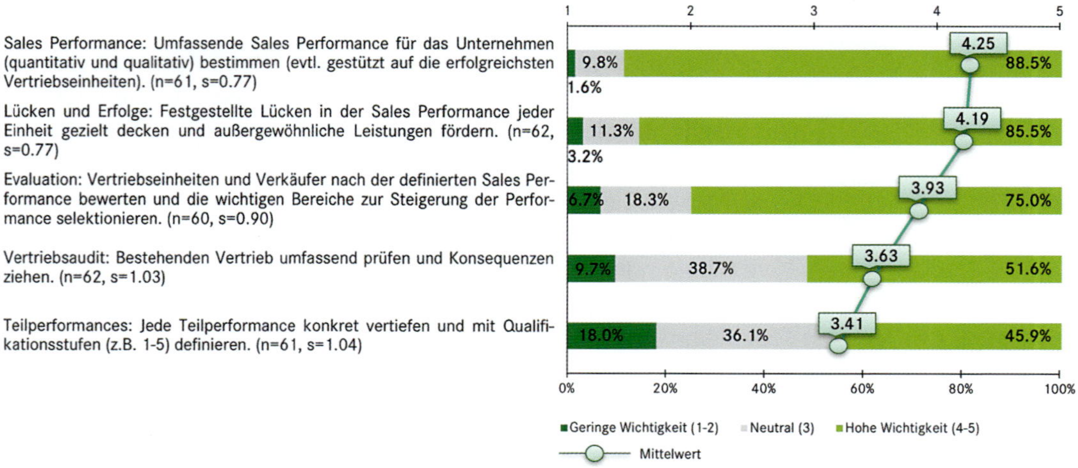

Abbildung 13.5: Schwerpunkte in den Aufgaben zum Hebel Sales Performance Management

Aussagen der Praxis

Ein einfaches Tool erlaubt es, den Standort der Niederlassungen und Vertriebsmitarbeiter zu prüfen und periodisch sowie standardisiert zu diskutieren. Darauf gestützt, werden Maßnahmen festgelegt (und auch Schulungen gehören dazu). Damit ist es möglich, die lokale Vielfalt zu beherzigen und gezielt/selektiv für Verbesserungen anzusetzen.

Mit guten Niederlassungen diskutieren wir zu 95 % über Potenziale, Ziele und Mittel und zu 5 % über »Wer trägt was?« Mit schlechten genau umgekehrt.

Der durchschnittliche Umsatz und Ertrag pro Auftrag sinkt drastisch. Wir müssen lernen, sehr schlank zu verkaufen.

Fragen für die Praxis:

1. Wie ergiebig ist es, einen systematischen Vertriebsaudit oder Vertriebs-Health-Check durchzuführen?
2. Wie erfassen Sie die Sales Performance in Ihrem Unternehmen quantitativ und qualitativ?
3. Wie führen Sie die Sales Performance gezielt in den Vertriebseinheiten?

14. Hebel 9: Global Account Management – globale Kunden (auch) zentral bearbeiten

In der Praxis setzten die Führungskräfte dieser Hebel auf Platz 8 und die Verkäufer auf Platz 9.

Internationale Anbieter arbeiten mit internationalen Kunden zusammen. Ziel ist, für den Kunden weltweit qualifizierte Leistungen (nach zentral definierten Standards) zu bieten. Naturgemäß gelingt das nur, wenn der Kunde nicht nur länderbezogen bewertet und bearbeitet wird. Trotzdem spielt das Zusammenspiel zwischen einem zentralen Account Management und den dezentralen Einheiten eine wichtige Rolle. Zentrale Abmachungen müssen mit der eigenen Organisation dezentral für die lokalen Einheiten des Kunden erfüllt und eingehalten werden.

Die Interessen von globalem Key Account Management und lokalen Vertriebseinheiten entsprechen sich oft nicht. Häufig wird die Zuordnung von Margen und Preisen diskutiert. Ein Account, der für den Anbieter global gesehen zu den Top 3 zählt, kann in einem Land zu den unwichtigen Kunden gehören. Damit steht beispielsweise das globale und regionale Konditionengefüge im Wettstreit. Analog ist die Situation zwischen Sparten und Gesamtunternehmen. Von jeder Einheit wird schließlich erwartet, dass sie ihre Ziele realisiert, wodurch Interessenkonflikte entstehen.

Global Accounts sind je nach Anbieter die großen Kunden, die weltweit oder in mindestens zwei oder drei Weltregionen tätig sind. Dabei bezieht sich die Tätigkeit des Kunden sowohl auf seine Produktions- als auch Vertriebsgesellschaften. An Komplexität ist es kaum zu übertreffen, wenn ein internationaler Anbieter mit einem internationalen Kunden zusammenarbeitet. Trotzdem stellen sich ähnliche Herausforderungen und Fragen wie bei den übrigen Kunden. Deshalb müssen wir einige Überschneidungen akzeptieren.

Entwicklung mit globalen Kunden

Es ist für viele Unternehmen entscheidend, wie sich ihre globalen Kunden entwickeln. Gerade deshalb findet sich wahrscheinlich Global Account Management im Sales Excellence Development in den hinteren Rängen. Global Account Management und Sales Excellence Development werden getrennt geführt. Ersteres wurde meistens weit früher eingerichtet. Trotzdem trafen wir verantwortliche Verkaufsentwickler an, die zusätzlich Key Accounts und globale Großkunden mit verantworten.

Intensiv befassen wir uns bereits seit Jahrzehnten mit dem Thema. Das **St.Galler-Konzept des Key Account Management** zeigt Abbildung 14.1.

System des Key Account Management

Zusammenfassend unterscheiden wir durchgängig die zwei Ebenen der Unternehmensvoraussetzungen (Corporate Key Account Management) und den Arbeitsbereich des Key Account Managers oder des Vertriebsteams (Operatives Key Account Management) für einen großen Kunden. Die Corporate-Ebene spielt naturgemäß für die Verkaufsentwicklung eine größere Rolle. Jeder Fachbereich eines professionellen Key Account Management stellt an zentrale und dezentrale Einheiten recht vielfältige Aufgaben. Diese Fachbereiche sind Screening, Strategy, Solution, Skills, Structure und Scorecard. Für eine Vertiefung verweisen wir auf Belz, Müllner und Zupancic (2015). Das System dient auch hier dazu, einen fundierten Überblick zu gewinnen, um dann im Unternehmen begründete Akzente zu setzen.

Anspruchsvolles Key und Global Account Management

Global Account Management ist anspruchsvoll. So meinen Yip und Bink (2007), dass nur rund ein Drittel der Lieferanten mit ihrem Global Account Management glücklich sind. Die Pioniere führten ihre ersten Programme bereits in den 1980er- und

1990er-Jahren ein. Heute etablierte Anbieter benötigten Jahre oder Jahrzehnte des intensiven Ausprobierens, in denen sie Erfahrungen sammeln und aus Fehlern lernen konnten, um ihr Global Account Management optimal auszurichten und globalen Kunden gegenüber nicht nur zu verlieren (z. B. niedrigere Preise und hohe Bearbeitungskosten), sondern den Anteil beim Kunden zu erhöhen und zu wachsen. Kritische Urteile sind allerdings auch darauf zurückzuführen, dass sich die Zusammenarbeit mit internationalen Kunden laufend verändert und das Thema damit herausfordernd bleibt. Raffinierte Gegenbeispiele zeigen allerdings bereits beeindruckende Ergebnisse im ersten und zweiten Jahr (vgl. Guenzi/Storbacka 2015, S. 95).

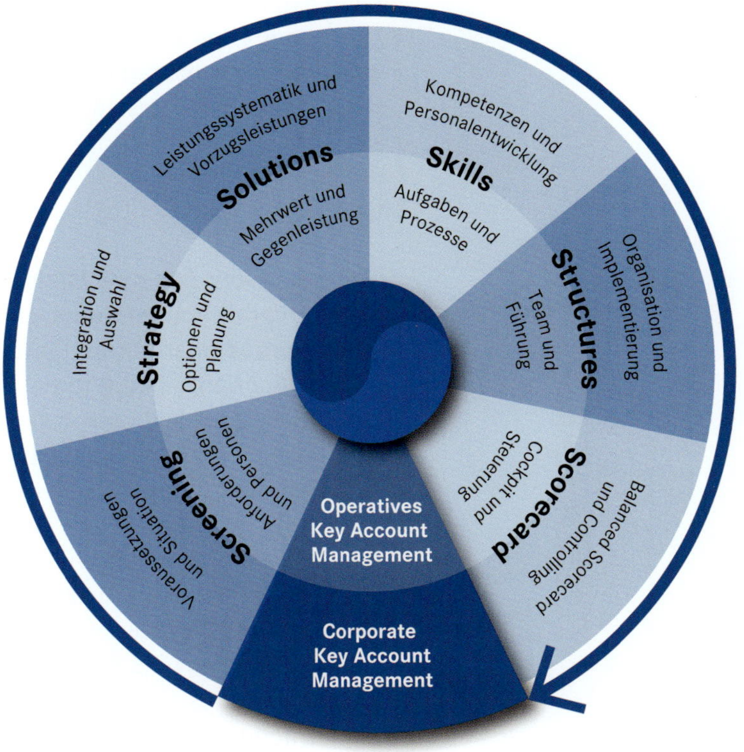

Abbildung 14.1: St.Galler Konzept für Key Account Management (und Global Account Management) (Belz/Müllner/Zupancic 2015)

Erfolgsfaktoren für Global Account Management

Workman, Homburg und Jensen (2003) belegten empirisch die **Erfolgsfaktoren.** Der Kundennutzen für einzelne Global Accounts ist zentral und ein proaktives Vorgehen ist erfolgreich. Zu oft geht die Initiative nämlich nur von den Kunden aus und Lieferanten reagieren lediglich auf ihre Forderungen und Druck. Ebenso wichtig ist der Zugriff des Global Account Management auf die Ressourcen des Unternehmens. Wichtiger als Formalisierungen sind ein gemeinsamer ›Esprit de Corps‹ im Unternehmen und das Commitment des Topmanagements. Guenzi und Storbacka (2015) akzentuieren die Fähigkeiten der verantwortlichen Global Account Manager und fordern eine geeignete Auswahl, Schulung und Entwicklung, wobei auch weitere Funktionen (und nicht nur der Verkauf) einzubeziehen sind. Ihre weiteren Hinweise sind beispielsweise neue Konzepte für die Value Proposition, innovatives Value Management für Kunden, Konzentration der Ressourcen auf wenige Kunden, stärkeres Management von Risiken und Kundenportfolio. Entscheidend sind Teamwork, Innovation und Kundenorientierung als geteilte Werte, dazu gehört auch, interne und externe Netzwerke aktiv zu pflegen und zu führen. Die Systeme betreffen Kundeninformationen und Controlling sowie installierte Zusammenarbeit zwischen beteiligten Abteilungen (»cross functional teams specialized by customers«).

Gestützt auf die Grundlagen aus Forschung und Praxis sind unsere Vorschläge zum Hebel Global Account Management:

6 Maßnahmen, um das Global Account Management zu optimieren

1. **Zentrales Key Account Management: wichtigste globale Kunden gezielt selektionieren und intensiv aus der Zentrale heraus bearbeiten. Eine Organisationseinheit für Global Accounts installieren.** Nach festgelegten Kriterien werden aktuelle und potenzielle Global Accounts selektioniert und bestimmt, welche Aufgaben für diese Key Accounts aus der Zentrale übernommen werden. Dabei sind folgende Parameter zu bedenken: Welche Anzahl von Global Accounts betreut ein Unternehmen? Wie sind die aktuellen und potenziellen Umsätze in unterschiedlichen Absatzmärkten der einzelnen Kunden verteilt? Realisiert beispielsweise eine Vertriebsniederlassung heute rund 80% des weltweiten Umsatzes mit einem Kunden, kann es sinnvoll sein, dass sie statt der Zentrale den weltweiten Lead übernimmt. Dabei bestimmen die zu erledigenden Aufgaben, welche Ressourcen benötigt werden; ein grobes Maß ist dabei, ob ein Key Account Manager einen oder beispielsweise drei Großkunden betreut. Das Global Account Management ist organisatorisch meistens sehr nahe am Topmanagement angesiedelt.

Kundenkenntnis systematisch vertiefen

2. **Kundenanforderungen: Kundenanforderungen und -prozesse für Kundengruppen und individuelle Kunden zuverlässig erfassen.** In Plänen für Großkunden beanspruchen Kundenstrategien, Kundenanforderungen, Schmerzpunkte des Kunden, Buying Center des Kunden, Beschaffung und Kundenprozesse usw. einen großen Teil. Weil mit größeren Kunden häufig ein neues Geschäftsmodell zur Zusammenarbeit entwickelt wird, lässt sich die Struktur des **Business Canvas** sehr gut auf Key Account Management übertragen. Abbildung 14.2 gibt dazu die Hinweise.

Key Partners	Key Activities	Value Propositions	Customer Relationships	Customer Segments
Who are our key partners? Who are our key suppliers? Which key resources are we acquiring from partners? Which key activities do partners perform?	What key activities do our value propositions require? Our distribution channels? Customer relationships? Revenue streams?	What value do we deliver to the customers? Which one of our customers' problems are we helping to solve? What bundles of products and services are we offering to each segment? Which customer needs are we satisfying? What is the minimum viable product?	How do we get, keep, and grow customers? Which customer relationships have we established? How are they integrated with the rest of our business model? How costly are they?	For whom are we creating value? Who are our most important customers? What are the customers' archetypes?
	Key Resources		**Channels**	
	What resources do our value propositions require? Our distribution channels? Customer relationships? Revenue streams?		Through which channels do our customer segments want to be reached? How do other companies reach them? Which ones are most cost efficient? How are we integrating them with customer routines?	

Cost Structure	Revenue Streams
What are the most important costs inherent to our business model? Which key resources are most expensive? Which key activities are most expensive?	For what value are our customers really willing to pay? For what do they currently pay? Which is the revenue model? What are the pricing tactics?

Abbildung 14.2: Business Canvas (vgl. Osterwalder/Pigneur 2011)

Die detaillierte Analyse von Kundenprojekten ist sehr wichtig.

3. **Kundenprozesse: Kaufschritte der Kunden für verlorene und gewonnene Aufträge im Detail analysieren und Hebel für den Erfolg bestimmen.** Detaillierte Analysen von erfolgreichen und erfolglosen Kundenprojekten sind bei globalen Großkunden besonders wichtig. Erstens gilt es dazu, den Erfolg und Misserfolg differenziert zu betrachten. Einzubeziehende Aspekte sind Rentabilität der Aufträge, Risiken,

Zeitbedarf, Innovation, Referenz usw. Allerdings hat das wenig mit der Neigung zu tun, in jedem schlechten Kundenauftrag noch positive Aspekte zu finden. Zweitens sind die detaillierten Kaufschritte und Beteiligten relevant (vgl. Abschnitt 7.2).

Die Koordination von Ländereinheiten und Sparten ist erfolgskritisch.

4. **Wertschöpfung für Kunden: die Kraft des Unternehmens von Ländereinheiten und Sparten für Großkunden bündeln und effizient koordinieren.** Global Account Management schafft Vorteile für Kunden. Allerdings sollten diese nicht nur in niedrigeren Preisen des Anbieters liegen. Erfolgskritisch ist dabei die Koordination zwischen den Einheiten von Ländern und Sparten. Diese entscheidet darüber, ob es gelingt, den Kunden weltweit qualifiziert zu beraten und zu unterstützen, hohe Standards für Produkte und Service zu sichern, ein harmonisiertes Preisschema anzuwenden oder rasch zu liefern und zu installieren. Diese Koordination ist Aufgabe des Key Account Managers, weil das Unternehmen nicht nach den Anforderungen einzelner Global Accounts aufgestellt ist.

5. **Zentrale und lokale Kundenbetreuung: das Zusammenspiel von zentraler und lokaler Kundengewinnung und -betreuung wirksam abstimmen. Rollen und Erfolgsanteil von Zentrale und lokalem Verkauf festlegen.** Es gibt nicht nur die zentral ausgehandelten Kontrakte. Die festgelegte Zusammenarbeit mit Global Accounts muss meistens in vielen Ländern, Produktionseinheiten oder Sparten der Kunden erfüllt werden. Dazu braucht es das Engagement vor Ort, von der Akquisition bis zum Fulfillment mit den Global Accounts. Dieses Engagement gilt es, auch in den zentralen und dezentralen Erfolgsanteil umzusetzen.

6. **Konflikte: Konflikte zwischen der globalen und länderbezogenen Bearbeitung von Global Accounts erfassen und Spielregeln definieren.** Weil Unternehmen für den großen Teil ihres Geschäfts nach Ländern und Sparten optimieren, liegen die Lösungen für Key Accounts oft quer und stehen im Konflikt mit dieser Ausrichtung. Hinzu kommen Geschäftsrisiken, Arbeit ohne Belohnung, Preisrisiken, erhöhte Abhängigkeiten, Widersprüche zwischen Landesentwicklung und weltweiter Entwicklung oder zwischen Sparte und weltweiter Entwicklung. Solche Konflikte sollten erfasst werden. Teilweise lässt sich die Zusammenarbeit besser als bisher regeln. Kommunikation und Transparenz sind dazu eine wichtige Voraussetzung.

Nach dem Überblick zeigt Abbildung 14.3, wie Praktiker die Akzente für Global Account Management setzen.

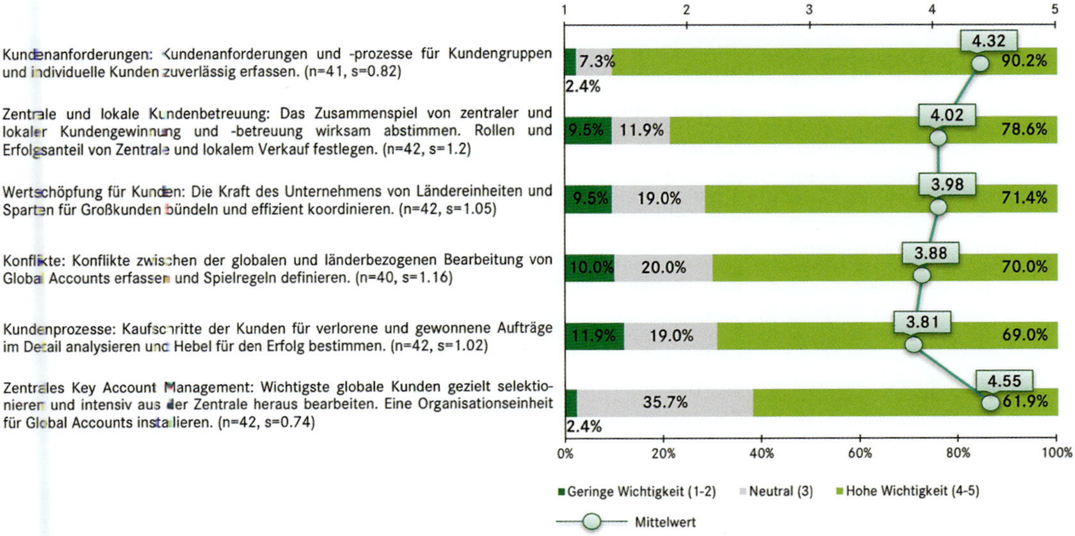

Abbildung 14.3: Schwerpunkte in den Aufgaben für den Hebel Global Account Management

Interpretation

90% der Befragten bewerten die Diagnose der Anforderungen des Kunden als sehr wichtig. Diese Priorität scheint richtig, obschon in jeder Befragung alles stark gewichtet wird, wo Kunde draufsteht. An zweiter bis vierter Stelle (70 bis 78,8%) stehen interne Probleme: Abstimmung von zentraler und lokaler Kundenbetreuung, koordinierte Wertschöpfung für Kunden, interne Konflikte und Spielregeln der Zusammenarbeit. Die Kundenprozesse an fünfter Stelle ließen sich auch in den Kundenanforderungen (Platz 1) integrieren. Interessant ist die hohe Gewichtung des zentralen Global Account Management (62% der Befragten). Möglicherweise hat der Begriff des zentralen Key Account Management etwas abgeschreckt. Dies ändert jedoch nichts daran, dass Global Accounts auch global bearbeitet werden müssen. Zusammenfassend scheint es für Unternehmen besonders wichtig, sich auf Global Accounts auszurichten und interne Probleme der Zusammenarbeit besser zu lösen.

Beispiel Bilfinger

Der Konzern Bilfinger für Bau und Facility-Management richtete 2015 eine zentrale Stelle für New Business und Key Account Management ein, um die 20 Sparten mit rund 60 operativen Einheiten für die wichtigsten Kunden zu koordinieren. Strategische

Korrekturen führten bereits wieder zur Auflösung der zentralen Stelle in dieser Form.

Beispiel TÜV Süd

Bei der globalen TÜV Süd (mit Aktivitäten in mehr als 50 Ländern für Auditing & System Certification, Global Market Access, Inspection, Knowledge Services, Product Certification, Testing and Training für viele Kundenbranchen) ist der zentrale Verkaufsverantwortliche mit seinem Team für die elf Global Accounts des Konzerns zuständig. Das Sales Development konzentriert sich damit auf Großkunden. Darüber hinaus fehlen die Ressourcen, um die zahlreichen Ländereinheiten im Verkauf vorwärts zu bringen.

Eine weitere Möglichkeit besteht darin, dass jeweils ein Land die zentrale Verantwortung für einen Account übernimmt, wobei weiterhin verschiedene Vertriebsgebiete in die Bearbeitung involviert werden. Es gilt ebenso, die Kunden mit Standorten in mehreren Gebieten ganzheitlich zu bearbeiten und die laufende Zusammenarbeit zu optimieren. Probleme und Lösungen sind analog denen beim Global Account Management, wenn auch weniger komplex.

Aussagen der Praxis

Wenn sich Organisationseinheiten zentral und dezentral um Kunden kümmern, dürfen die Interessen nicht verschieden sein. Lokales Engagement ist der Schlüssel (frühere Ansätze des globalen Kundenmanagements funktionierten nicht oder nur bei wirklich globalen Key Accounts). Es braucht die dezentrale Verkaufsunterstützung von Kundenakquisitionen und -projekten – sonst läuft gar nichts.

Die Etablierung eines starken und professionellen Key Account Managements gehört zu den wichtigsten Initiativen in den letzten Jahren und zukünftig: Selektion, Kategorisierung, Koordinationsprozesse, Lead. Die Landschaft der Kunden verändert sich rasch – innerhalb von zwei Jahren sind aus 40 Topkunden 30 geworden.

Für die Global Accounts werden internationale Teams definiert. Kritisch ist der Informationsfluss von den Regionen zum Global Account Manager und umgekehrt. Kritisch ist auch, dass die Regionalvertriebe bei globaler Betreuung nur ein Drittel ihrer Marge behalten.

Es braucht multikulturelle Teams in interkulturellen B2B-Verhandlungen.

Fragen für die Praxis:

1. Wie erfassen Sie Ihre globalen, potenziellen und aktuellen Kunden und deren Anforderungen und Voraussetzungen?
2. Wie erschließen Sie potenzielle Großkunden schrittweise und wie bearbeiten Sie Ihre bestehenden Global Accounts?
3. Lässt sich die zentrale und dezentrale Bearbeitung der Global Accounts optimieren? Wie lassen sich die lokalen Einheiten wirksam einbeziehen?
4. Wie wird die Führung ohne Linienverantwortung gesichert?

15. Hebel 10: Restructuring Sales and Resources – Verkauf reorganisieren

In der Praxis setzen die Führungskräfte diesen Hebel auf Platz 10 und die Verkäufer auf Platz 8.

Ziel von organisatorischen Eingriffen ist, die Strukturen und personellen Ressourcen auf die Strategie auszurichten und die Zusammenarbeit von zentralen Abteilungen und Spezialisten mit dezentralen Vertriebsregionen zu erleichtern und zu sichern. Die Organisation teilt und verbindet die Arbeit. Dazu sind Strukturen, Prozesse, Teams und laufende Zusammenarbeit notwendig. Grundsätzliche Ausrichtungen sind Ausbau oder Abbau. Ein kritischer Punkt ist beispielsweise, wie Unternehmen mit temporären Krisenmärkten umgehen. Soll die Infrastruktur gehalten oder sofort redimensioniert werden?

Verkäufer empfinden stärker, wenn sie mit den Nachteilen einer Organisation leben müssen.

Organisatorische Eingriffe sind heikel und Widerstände von Mitarbeitenden bis hin zu Kunden sind vorprogrammiert. Trotzdem plädieren Zoltners, Sinha und Lorimer (2006) dafür, die Verkaufsorganisation in Unternehmen rascher anzupassen und nicht zu lange auf bestehenden Strukturen zu beharren. Kritische Punkte sind dabei die Rolle der Verkäufer und Verkaufspartner (inklusive der Aufteilung zwischen Außendienst und internen Verkäufern), die Zahl der Verkäufer, die Spezialisierung des Verkaufs und die Nutzung der Verkaufsressourcen für Kunden (diese wirkt sich direkt in den Ergebnissen aus). Sie schlagen vor, die Verkaufsorganisation im Lebenszyklus des Unternehmens zu optimieren (»match your sales force to your business life cycle«) (ebd.):

- Start-up-Phase: »Create awareness and generate quick uptake.«
- Wachstumsphase: »Penetrate deeper into existing segments and develop new ones.«
- Reifephase: »Focus on efficiently serving and retaining existing customers.«
- Schrumpfungsphase: »Emphazise efficiently, protect critical customer relationships, exit unprofitable segments.«

Reorganisationen sind oft politisch bedingt und auf ›Köpfe‹ bezogen. Sie erleichtern Eingriffe des Topmanagements.

Dieser Ansatz zeigt grob die nötigen Anpassungen auf, wobei aber Verkaufsstrategien vielschichtiger sind. Zwar plädieren wir nicht für eine dauernde Reorganisation (wie manche Berater), aber Unternehmen zögern oft zu lange, bis sie anpassen. Zum Beispiel lassen sich Umsatzgewinne von zwei bis sieben Prozent erzielen, wenn es gelingt, die Verkaufsgebiete so zu justieren, dass Verkaufsressourcen und Kundenbearbeitung zusammenpassen (vgl. Zoltners/Sinha/Lorimer 2015).

Unsere Ansätze zu diesem Hebel sind:

14 Maßnahmen für eine gelungene Reorganisation des Verkaufs

1. **Positionierung: Vertrieb hoch in der Unternehmung verankern.** Der Vertrieb sollte unbedingt im Topmanagement verankert sein; besser noch als eigenständige Kernaufgabe eines Chief Sales Officer, denn als eine Nebenaufgabe des CEO oder Spartenverantwortlichen. Zur Positionierung gehören auch die Wertschöpfung und Wertschätzung des Vertriebs. Bei Anbietern für komplexere Leistungen und anspruchsvolle Kunden ist das Marketing ein Teil des Vertriebs, nicht umgekehrt.

2. **Ressourcen: Ressourcen von Zentrale und Vertriebseinheiten richtig gewichten.** Setzt ein Unternehmen große zentrale Ressourcen für die Verkaufsentwicklung ein und hält die Aufwände für Vertriebseinheiten schlank, so funktioniert das Zusammenspiel, ebenso umgekehrt. Erst bei je größeren zentralen **und** dezentralen Ressourcen beschäftigen sich die Verantwortlichen gegenseitig und Konflikte werden verstärkt. Es lohnt sich deshalb, sorgfältig zu prüfen, welche Funktionen zentral bzw. dezentral angesiedelt werden.

3. **Hierarchie: Stufen und Hierarchie des Vertriebs von global über regional bis hin zum Vertriebsgebiet optimieren.** Es gibt verschiedene Möglichkeiten, im einfachen Fall gibt es die Zentrale und einzelnen Länder- sowie Spartenverkauf. Dazwischen lassen sich Verantwortliche für Regionen (beispielsweise Europa, Asien usw.) eingliedern. Im Land sind die Vertriebsgebiete wichtig. Vor wenigen Jahren fasste beispielsweise 3M die Regionen neu zusammen und schuf damit neue Hierarchiestufen. In diesem Zusammenhang spielt eine Rolle, ob Deutschland (D), Österreich (A) und die Schweiz (CH) eigenständig operieren und direkt an das Topmanagement berichten oder ob sie in einer DACH-Region unter einer Leitung zusammengefasst sind. Auch lassen sich die Aufgaben und Kompetenzen jeder Stufe verschieden ausgestalten. Solche Anpassungen verändern die Machtverhältnisse in Unternehmen grundsätzlich und sind häufig auch personell motiviert. Grundsätzlich ist es möglich, Sales Excellence Development auch in Regionen anzusiedeln und damit die übergreifende Verkaufsentwicklung innerhalb der Länder einer Region zu stärken.

Sind Vertrieb und Zentrale verschieden organisiert, so folgen daraus Probleme der Abstimmung.

4. **Entsprechung: zentrale und dezentrale Organisationseinheiten abstimmen; lokale Ansprechpersonen für zentrale Initiativen ernennen.** Häufig ist die Zentrale stärker spezialisiert, als die Vertriebseinheiten. Damit haben zentrale Funktionen (z. B. CRM, Produktmanagement) keine direkten Ansprechpersonen in den Einheiten und ihnen fehlt der Durchgriff. Es wird schwierig, wichtige Initiativen dezentral umzusetzen. Durch bestimmte Sonderaufgaben für Personen in den Vertriebseinheiten, lässt sich diese Problematik teilweise mildern. Allerdings stehen diese Spezialaufgaben dann laufend in Konkurrenz zur Hauptaufgabe der betreffenden Mitarbeitenden. Akzentuiert wird die Herausforderung im Zusammenspiel zwischen Zentrale und kleinen Vertriebseinheiten.

5. **Organisation von Ländereinheiten: Blueprint für die wirksame Länderorganisation vorgeben und Abweichungen nach Marktgröße, Kundenstruktur usw. zurückhaltend akzeptieren.** In manchen Unternehmen ist die Struktur von Niederlassungen recht zufällig gewachsen und jede Einheit organisiert sich unabhängig von den anderen. Entsprechend vielfältig sind die Schnittstellen.

Beispiel Geberit

Nach der Übernahme von Sanitec entwickelte Geberit einen Blueprint für die angestrebte Organisation von Niederlassungen mit einer Organisation nach Kundengruppen als Vorgabe. Erforderliche Abweichungen werden intensiv diskutiert und sind teilweise nötig, weil bestimmte Länder nicht die gleichen Zielsegmente aufweisen oder kleinere Einheiten die Funktionen zusammenfassen müssen, um wirtschaftlich zu bleiben. Abbildung 15.1 zeigt die Organisationsstruktur.

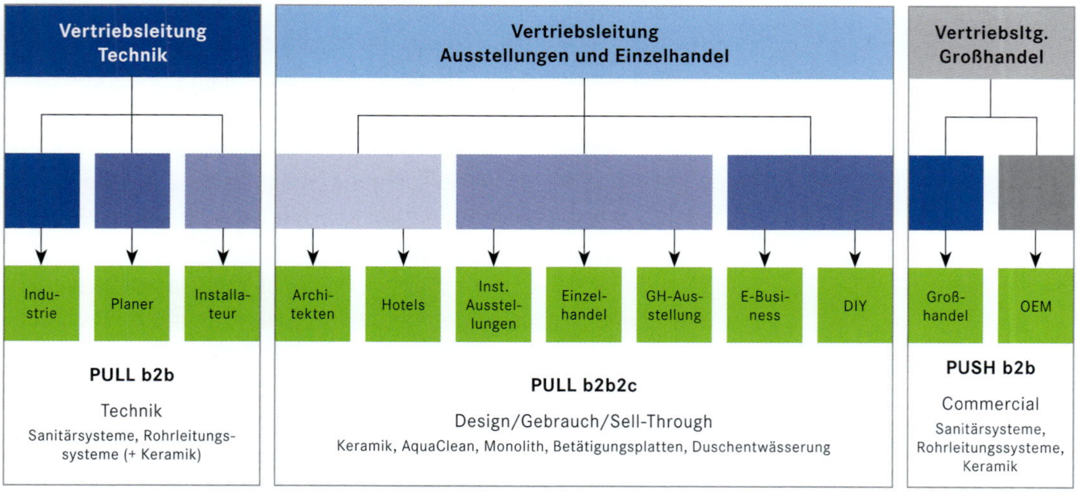

Abbildung 15.1: Blueprint der Organisation für Ländereinheiten von Geberit (interne Quelle 2017)

Auch wenn kleinere Einheiten verschiedene Funktionen zusammenlegen, ist damit die angestrebte Struktur für Wachstum vorbereitet.

Oft ist es sinnvoll, verschiedene Organisationstypen für Cluster von Ländern (nach Größe, Marktpotenzial, Markt- und Vertriebsstruktur) zu entwickeln. Das fördert die Akzeptanz durch die betroffenen Einheiten, also beispielsweise der Länderniederlassungen.

Gleiche Personen besetzen mehrere ›Kästchen‹.

Weiterhin ist folgende Frage relevant: Ist es generell sinnvoll, besonders in kleineren Unternehmen und Einheiten, komplexere Organigramme mit Länder-, Produkt-, Kundenverantwortlichen und Funktionen aufzustellen? Die Folge kann sein, dass mehrere ›Kästchen‹ jeweils mit den gleichen Personen besetzt sind. So betreuen dann einzelne Verantwortliche besondere Produkte, ausgewählte Großkunden und Regionen. Grundsätzlich ist eine zu starke Spezialisierung kontraproduktiv, weil sie mit den geringen Ressourcen ihre Wirkungsschwelle gar nicht erreichen kann. Es ist also Zurückhaltung angesagt. Gleichzeitig können solche Organigramme auch verdeutlichen, dass Verantwortliche klar zwei bis drei Aufgaben erfüllen müssen. Auch wird, wie oben erwähnt, das Wachstum organisatorisch vorbereitet.

40% Einsatz für 20% Umsatz/Ertrag?

6. **Mobilisierung dezentraler Einheiten: systematische Mobilisierung dezentraler Einheiten für eine Business Area oder Sparte.** Vertriebseinheiten fassen häufig mehrere Sparten des Unternehmens für ihre Kunden zusammen. Letztlich ist das Unternehmen bestrebt, dem Kunden gegenüber mit einem einheitlichen Verkauf sowie einer Stimme zu arbeiten und alle Sparten bei Kunden wirksam ins Spiel zu bringen. Aus Anbietersicht ist eine Sparte dann erfolgreich, wenn es ihr gelingt, die Aufmerksamkeit und das Engagement des Vertriebs zu gewinnen. 40% Einsatz für 20% Umsatz/Ertrag lautet die Kurzformel, um die Voraussetzung für Wachstum zu schaffen. Damit stehen die Sparten im Wettbewerb, um die Ressourcen der Vertriebseinheiten. Außerdem optimieren sich Sparten und Vertriebseinheiten auf unterschiedliche Art und Weise. Ansätze reichen von attraktiven Margen für Vertriebseinheiten, Unterstützung, Anerkennung bis hin zu einer generell einfachen und erfreulichen Zusammenarbeit zwischen Sparte und Vertrieb.

Beispiel Gallus

Ergiebig ist das Beispiel von Gallus (Maschinen für Etikettendruck). Das Unternehmen wurde schrittweise in den Konzern von Heidelberger Druck integriert. Ab 2017 sollte der Vertrieb, abgesehen vom bestehenden Key Account Management, in den weltweiten Vertrieb des Mutterunternehmens Heidelberger Druck eingegliedert werden. Dadurch entsteht eine internationale Präsenz, die das mittelgroße Unternehmen im Alleingang bisher nie realisieren konnte. Allerdings stellt sich die Herausforderung, wie Gallus den Vertrieb an die Zentrale von Heidelberger Druck delegieren und sichern kann, dass der Vertrieb die Kunden im Land kompetent und wirksam bearbeitet; Ziel ist der gemeinsame Erfolg. Gallus steht innerhalb der Unternehmensgruppe mit sechs weiteren Business Units (und insgesamt 14 definierten Produktbereichen) im internen Wettbewerb um die Vertriebsressourcen. Jede Einheit will den Vertrieb für sich mobilisieren und mit steuern. Dazu erfolgte eine umfassende Reorganisation. Gallus verlagert sich stärker auf eine Produktorganisation, um den technischen Kundensupport des Vertriebs zu stärken. Eine Arbeitshilfe sind die definierten Aufgaben in Abbildung 15.2. Nicht berücksichtigt ist dabei, dass auch die Zentrale von Heidelberger Druck gewisse Funktionen übernimmt; ein Teil ist das zentrale Marketing für die Anbahnungsphase bei Kunden.

Support Gallus	Aufgabe der Vertriebseinheiten
1. Blueprint Organisation; Selektion dedizierter Mitarbeiter 2. Vorgehen und Ergebnisse; Potenzial bestehender HD-Kunden; außerhalb; Analysen kritisch herausfordern 3. Planungsprozess HD; Leistungs- und Kundenschwerpunkte verfolgen 4. Training, nutzenorientierte Verkaufs-/Kundenhilfen, Präsentationen, Marketing-Support usw. 5. Transparentes System für Leistung/Preise 6. Lead Management, früher Einstieg bei Kunden, Verkaufstools, Challenger Sales, Kundeninteraktionsmodelle 7. KAM Gallus professionell gestalten 8. Incentive Vorschlag 9. Events, Arbeitsteams, Best Practice 10. Führung und Reporting zwischen Aufbau und raschen Ergebnissen (Rhythmus)	1. Organisatorischen und personellen Fit installieren, Ressourcen sichern 2. Das Marktpotenzial realistisch abschätzen und attraktive Kunden identifizieren; CRM proaktiv nutzen 3. Geschäft planen und budgetieren; Strategie für das Land entwickeln 4. Know-how im Verkauf von Produkten und Services aufbauen und nutzen 5. Leistungen und Konditionen beherrschen 6. Leads liefern, Kunden zum Kauf begleiten und Verkaufstools nutzen Offerten selbstständig abwickeln. 7. Gallus im HD-KAM beteiligen; dezentrale Gallus-KAM-Betreuung 8. Incentives 9. Interne Fachbeziehungen pflegen (Kultur) 10. Ergebnisse und Ziele/Verbesserungen periodisch besprechen; Feedback vom Markt geben

Abbildung 15.2: Arbeitsteilung im Verkauf zwischen Gallus und Heidelberger Druck

Dabei sind die Voraussetzungen in jedem Land verschieden und erfordern Anpassungen. Kritisch ist gleichzeitig, dass der Vertrieb erst schrittweise und dann über eine längere Zeit wirklich delegiert werden kann. Alte und neue Lösung müssen damit parallel bedient werden.

Bewegen in der Matrix?

7. **Komplexität und Spezialisierung: Komplexität der Verkaufsaufgabe, Verkaufsspezialisierung (nach Produkten, Kunden, Ländern, Kanälen, Verkaufsfunktionen) und Ressourcen im Verkauf abstimmen.** Jedes Unternehmen ist auf verschiedene Dimensionen ausgerichtet: Produkte und Technik, Kunden, geografische Märkte, Kanäle, Funktionen. Zwar wird eine Matrixorganisation bereits als komplex betrachtet, neben den zwei Dimensionen gilt es aber offensichtlich, mindestens drei weitere zu berücksichtigen. Abbildung 15.3 zeigt die Dimensionen im Überblick.

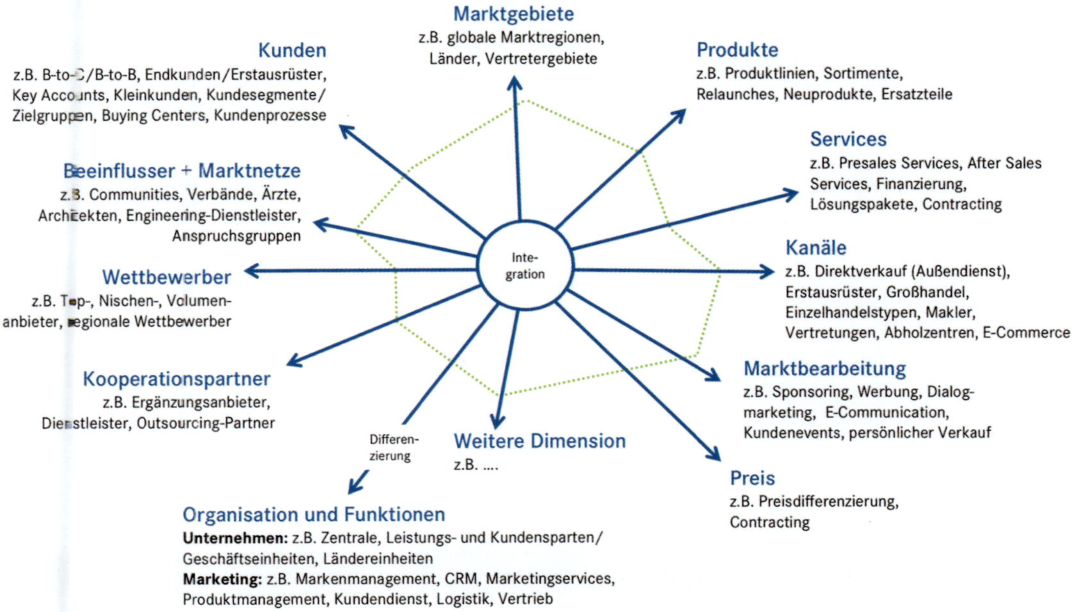

Abbildung 15.3: Dimensionen der Differenzierung für Vertrieb und Marketing

Verkaufskomplexität

Die grün gepunktete Linie in Abbildung 15.3 deutet an, dass jedes Unternehmen die Dimensionen verschieden gewichten kann. Während bis heute oft Sparten/Produkte und Länder im Vordergrund stehen, erwarten wir zukünftig, dass Unternehmen stärker auf Kunden und Kanäle setzen. Für den einzelnen Fall mit einem Kunden ergeben sich unzählige, mögliche Kombinationen im Verkauf. Das nennen wir **Verkaufskomplexität.** Nicht zuletzt aus wirtschaftlichen Gründen neigen Unternehmen dazu, die Aufgaben des Verkaufs zu erweitern. Versucht man beispielsweise, all die Vorgaben für den Verkauf in einem Kundengespräch von 30 oder 60 Minuten umzusetzen, so wird rasch ersichtlich, welche unmöglichen Anforderungen viele Unternehmen an ihre Verkäufer stellen (vgl. Belz 2014). Kompetente Generalisten gilt es, zu entwickeln. In der Regel sind sie in der Lage, den Kundenzugang zum Unternehmen zu führen. Zudem müssen Verkäufer umso stärker auf die interne Organisation zurückgreifen, je breiter sie verkaufen. Diesen Support gilt es, vernünftig zu organisieren. Ohnehin empfinden Verkäufer nämlich inzwischen, dass es leichter ist, dem Kunden etwas zu verkaufen als die internen Kräfte im Unternehmen für Kunden zu gewinnen.

Verkaufsspezialisierung

Der Sales Excellence Survey 2017 (vgl. Mercuri International 2017, S. 35; n=926) zeigte übrigens, dass 47% der Unternehmen im Verkauf nach Regionen (bei den erfolgreichsten Unternehmen nur 44%), 22% nach Industriesegmenten oder Kunden (bei den Besten 21%), 19% nach Produkten (bei den Besten nur 13%) und 12% nach verschiedenen Verkaufsaufträgen (z. B. Akquisition und Wiederverkauf) (bei den Besten stärker mit 22%) organisiert sind.

Während manche Unternehmen den Verkäufern nur sehr enge Produktbereiche und Segmente zuordnen, versuchen komplexe Konzerne, ihr Angebot über Generalisten zu verkaufen. Manchmal scheint das eher eine Glaubensfrage, aber beide Lösungen lassen sich erfolgreich einrichten.

Abbildung 15.4 zeigt die Stellgrößen der Spezialisierung.

	Spezialist	Generalist
Kundenzahl	Wenige Kunden	Viele Kunden
Kundenvielfalt	Ausgewählte Segmente	Alle Kunden
Produkt/Service Zahl	Wenige Produkte	Viele Produkte und Services
Produkt/Service Vielfalt	Spezifische Produkte	Sehr unterschiedliche Produkte und Services
Gebietsgröße	Kleines Gebiet	Überregional oder großes Gebiet
Aufgabe und Aufwand Verkaufsprozess	Nur Akquisition; erste Schritte mit Kunden	Umfassende Kundenbetreuung von A–Z
Stärke Verkaufssupport	Starke Entlastung durch Innendienst, Marketing, Produktmanagement, Tender Factory	Keine Entlastung; eher Zusatzaufgaben für weitere Einheiten

Abbildung 15.4: Stellgrößen der Spezialisierung im Verkauf

Es ist anspruchsvoll, diese Stellgrößen zu optimieren. Oft wäre es sinnvoll, hier mit Pilotprojekten in abgegrenzten Märkten oder Verkaufsgebieten zu experimentieren.

Man kann sich den Verkaufsmanager oder -entwickler als Ingenieur vorstellen, der gekonnt mit den Variablen der Spezialisierung spielt, um ein Optimum zu bestimmen und das zukünftige Wachstum zu realisieren (vgl. Abbildung 15.4). Neue Spezialisten im Verkauf würden dann als ›Business Case‹ gerechnet **(Business-Case-Ansatz)**.

Wachsende Defizite im Verkauf kompensieren

Das haben wir aber mit unserer Diskussion mit Vertretern aus der Praxis kaum erlebt. Vielmehr steht die Problematik im Vordergrund, dass der Verkauf mit den geforderten Zusatzaufgaben und Leistungssteigerungen nicht Schritt halten kann. Die Schere zwischen Anforderungen und Wirklichkeit geht weiter auseinander. Deshalb versuchen die Verantwortlichen, den angestammten Verkauf zu flankieren und ihm Aufgaben abzunehmen, wahren dabei aber seinen Besitzstand. Das heißt, Unternehmen honorieren dem Verkauf auch Leistungen, die er gar nicht selbst erbringt. Um flankierende Spezialisierungen zu beurteilen, lassen sich die neuen Aufgaben im Verkauf klären **(Aufgabenansatz)** und die Möglichkeiten in der konkreten Interaktion mit Kunden einschätzen **(Interaktionsansatz)**. Oft lassen sich sinnvolle Spezialisierungen auch bei ausgewählten Gruppen von Verkäufern beurteilen, die im Gegensatz zu den übrigen Mitarbeitern im Außendienst die erwünschten Aufgaben schon gut erfüllen **(Personenansatz)** (vgl. Belz in Vorbereitung).

Prioriäten setzen für neue Aufgaben im Verkauf

Wichtig ist es, generell abzuklären, welche neuen Aufgaben im Verkauf mit Priorität aufgegriffen werden sollen. Braucht es neue Stellen für das Sales Excellence Development, für die Gestaltung der Initialphase im Beschaffungsprozess des Kunden, für Social Selling und Netzwerkförderung, für das CRM, für Sales Analysts, für Sales Automation oder automatisierten Transaktionsverkauf? Zurückhaltung ist dabei angebracht, besser sind wenige Aufgaben und genügend Ressourcen. Teilweise lassen sich neue Aufgaben zudem im Nebenjob durch bestehende Mitarbeitende erfüllen oder zumindest vorbereiten. Dazu kommt, dass sich manche Aufgabe besser im Unternehmen statt im Außendienst erfüllen lassen. Typisch sind besondere erste Akquisitionsschritte bei Kunden, Offerten bis zu dezidierten ›Ausschreibungs-Fabriken‹ (vgl. Belz/Reinhold 2014). Manche Autoren nennen das Inside Sales, leicht verwechselt man das aber mit dem Verkauf nach innen. Mit Letzterem meinen wir die Aktivitäten des Verkäufers, um weitere Mitarbeitende im Unternehmen für Kundenprojekte zu gewinnen und einzusetzen. Erste flankierende Lösungen suchen die Unternehmen meistens im Umgang mit Key Accounts (vgl. Belz/Müllner/Zupancic 2015) und mit kleinen Kunden oder Smart Accounts (vgl. Belz/Schmitz 2008).

Im Zusammenhang mit dem Trend der zunehmenden Digitalisierung werden gegenwärtig die meisten neuen Aufgaben im Vertrieb diskutiert (vgl. Kovac 2016).

Cross-Selling überwindet Distanzen im Unternehmen und bei Kunden.

8. **Cross-Selling: bereichsübergreifenden Verkauf im Unternehmen fördern und ›Distanzen‹ bei Kunden und intern abbauen.** Ziel ist, bei Kunden möglichst alle geeigneten Leistungsbereiche des Unternehmens einzubringen und so Synergien im Verkauf auszuschöpfen. Cross-Selling fordert die Unternehmen deshalb heraus, weil die Zuständigkeiten des Verkaufs und der Bedarf des Kunden oft nicht ineinandergreifen. Cross-Selling ist im Grunde ein organisatorisches Problem, denn die Organisation bestimmt, für was ein Verkäufer zuständig ist. Grundsätzlich geht es darum, die Distanz im Unternehmen (z. B. Verkauf für andere Sparten und andere Bezugspersonen) und die Distanz bei Kunden (z. B. mit anderen Einkäufern und Entscheidern) zu überwinden (vgl. Belz/Lee 2017; auch Malms 2012). In Abschnitt 16.2 gehen wir noch einmal stärker auf diesen Ansatz ein, wenn es darum geht, den Verkauf spartenübergreifend zu optimieren.

Grobe Rollen genügen

9. **Rollen und Schnittstellen: Rollen von Vertrieb, Marketing, Service, Produktmanagement, Controlling usw. klären und Schnittstellen optimieren.** Verantwortliche in komplexen Unternehmen sind oft versucht, das Zusammenspiel in allen Facetten mit detaillierten Stellenbeschreibungen der Beteiligten zu regulieren. Wir meinen, dass eine grobe Klärung der Rollen genügt. Es nützt zum Beispiel wenig, wenn gewisse Leute in Kundenprojekten für Aufgaben zuständig wären, aber gerade überlastet sind. Die Zusammenarbeit muss genügend flexibel bleiben.

Stellen Sie sich vor, dass sich Ihre Kundenteams ähnlich flexibel über soziale Medien organisieren, wie Jugendliche ihr Ausgehen abstimmen, während sie bereits auf dem Weg sind.

10. **Prozesse: Kernprozesse für Markterschließungen, Eröffnung von Niederlassungen, Einführung neuer Produkte usw. professionell gestalten.** Während sich die Technik längst intensiv an Prozessen orientiert und kontinuierlich verbessert, gewichtet die Praxis im Vertrieb die Kernprozesse noch zu wenig. Das mag damit zusammenhängen, dass äußere Abhängigkeiten von Markt und Kunden weit größer bleiben. Trotzdem sind Prozesse die Antwort darauf, Silos und Abteilungsdenken aufzubrechen. Prozesse für Kundenakquisition und -pflege, Produkteinführung und -pflege, Markterschließung und -ausbau bis hin zur komplexen und

einfachen Auftragsabwicklung sind für den Erfolg des Vertriebs und des Unternehmens entscheidend und sollten professionalisiert werden. Erfolg und Geschwindigkeit sind dabei die wichtigen Maßstäbe. Die träge Technokratie für perfekte Prozesse (auf dem Papier) gilt es zu vermeiden. Es ergeben sich Querbezüge zu Punkt 13.

11. **Direkter Vertrieb: Vorgehen mit indirektem und direktem Vertrieb entscheiden und umsetzen.** Organisatorisch spielt auch eine Rolle, ob ein Unternehmen den direkten oder indirekten Vertrieb wählt. **Indirekter Vertrieb** ist für kleinere Märkte oder spezifische Kundenzugänge geeignet. Grundsätzlich können aber eine Tochtergesellschaft oder eine Vertretung die Strategie eines Unternehmens gleich gut oder schlecht umsetzen. Manchmal verselbstständigen sich auch Vertretungen, weil sie von der Zentrale nicht professionell betreut und unterstützt werden. Rechnerisch lässt sich leicht die Schwelle bestimmen, ab welchem Umsatz es sich für ein Unternehmen lohnt, vom indirekten (höhere variable Kosten) auf den **direkten Vertrieb** (höhere Fixkosten) umzustellen. Jede Umstellung ist aber ausgesprochen kritisch und entsprechend tief gehend zu beurteilen; Aspekte sind beispielsweise Kundensicht, vertragliche Bindungen, Kosten, Risiken von Einbrüchen, Konkurrenz durch bisherige Vertretungen.

Lieber eine professionelle Vertretung als eine dilettantische eigene Niederlassung

12. **Vertretungen: qualifizierte Händler oder Vertreter gewinnen, unterstützen und führen.** Besonders in neuen Märkten oder Nebenmärkten stützen sich Unternehmen häufig auf unabhängige Vertretungen oder sie verfolgen generell ein indirektes Vertriebssystem, bei dem sie beispielsweise den Verkauf an Großhändler delegieren. Ein umfassendes Partnermanagement von Selektion (inkl. Bereinigung und Erneuerung), Führung und Unterstützung (in Strategie, Beschaffung, Management und Verkauf) ist dazu erforderlich. Besonders formalisiert sind dabei die Systeme des Franchising, die sich in der Industrie bisher erstaunlicherweise kaum verbreiteten. Es gibt dabei eine Grundregel: Wer sich später wenig um Vertretungen und Händler kümmern kann, muss sie sorgfältig einführen.

Der Aufbau von Märkten dauert zu lange.

13. **Neue Märkte: neue Infrastrukturen (z. B. Tochtergesellschaften) für Marktgebiete und Marktsegmente aufbauen.** Wachsende Unternehmen expandieren schrittweise in weitere Märkte. Kritisch ist dabei die Initialphase für neue Län-

der, neue Segmente oder neue Leistungen. Wir können kaum akzeptieren, dass die Fristen zum Break Even der neuen Einheiten im Vergleich zu den verabschiedeten Business-Plänen meistens verdoppelt oder verdreifacht werden oder das Engagement gar abgebrochen werden muss.

Beispiel BEGO

BEGO setzt für innovative Bereiche im deutschen Markt gezielt neue Verkaufsmannschaften ein, die in einem Zeitraum von zwei Jahren beweisen sollen, ob sich für das neue Produkt ein erfolgreiches Geschäft aufbauen lässt. Bei Erfolg wird der neue Bereich integriert. Offensichtlich klappte das schon drei Mal sehr gut und der vierte Ansatz läuft bereits (Axel Klarmeyer, BEGO - CAD Solutions, 3D Printing - Zahnbereich; vgl. dazu Fall BEGO in Abschnitt 2.5).

Die meisten Unternehmen verfolgen zu viele Projekte.

14. **Projektteams: interfunktionale Projektteams für relevante Vertriebsthemen führen.** Übergreifende Teams, zusammengesetzt aus verschiedenen Funktionseinheiten, Ländern oder Sparten können (auch virtuell) die wichtigen Themen des Verkaufs gemeinsam mit dem Sales Excellence Development vorantreiben. Sind sie richtig zusammengesetzt, dann sind sie genügend schlank, um vorwärts zu kommen, vereinen wichtige Erfahrungen und Fachkenntnisse und erleichtern die spätere Akzeptanz und Umsetzung. Deshalb gilt es ausdrücklich, solche Mitarbeitende in Projektteams einzubeziehen, die eher ablehnen und eher befürworten. Inhaltlich zeigten beispielsweise die Abbildungen 4.2 und 4.5 verschiedene Themen und Projekte. Ein starker Fokus auf wenige Projekte ist zu empfehlen.

Die Akzente der Praxis hinsichtlich Restructuring Sales and Resources zeigt Abbildung 15.5.

Interpretation

Top 3 des Hebels (hohe Wichtigkeit für über 75% der Befragten) sind die (1) hohe Positionierung des Vertriebs im Unternehmen, (2) die Klärung von Rollen und Schnittstellen zwischen Vertrieb und weiteren Unternehmenseinheiten sowie (3) Cross-Selling. Ein Cluster an Maßnahmen, das 60 bis 65% der Befragten als hoch priorisiert haben, betrifft die Erschließung neuer Märkte mit bestehendem Geschäft, den Einsatz von Projektteams sowie die Regulierung von Hierarchien zwischen Zentrale, Regionen und Ländern. Für etwa die Hälfte der Befragten (50 bis 55%) spielen Spezialisierung, Prozesse, New Business, Entsprechung der Organisation von Unternehmen und Vertriebseinheiten, direkter/indirekter Vertrieb, Vertretungen sowie Händler und Mobilisierung dezentraler Einheiten für die Sparte eine Rolle. Es handelt sich teilweise um spezifische Aufgaben, die nicht für alle Unternehmen wichtig sind oder um gewohntes Geschäft. Abgeschlagen und auf der Prioritätenliste ganz hinten befinden sich der Blueprint für die Länderorganisation und die zentrale oder dezentrale Allokation von Ressourcen.

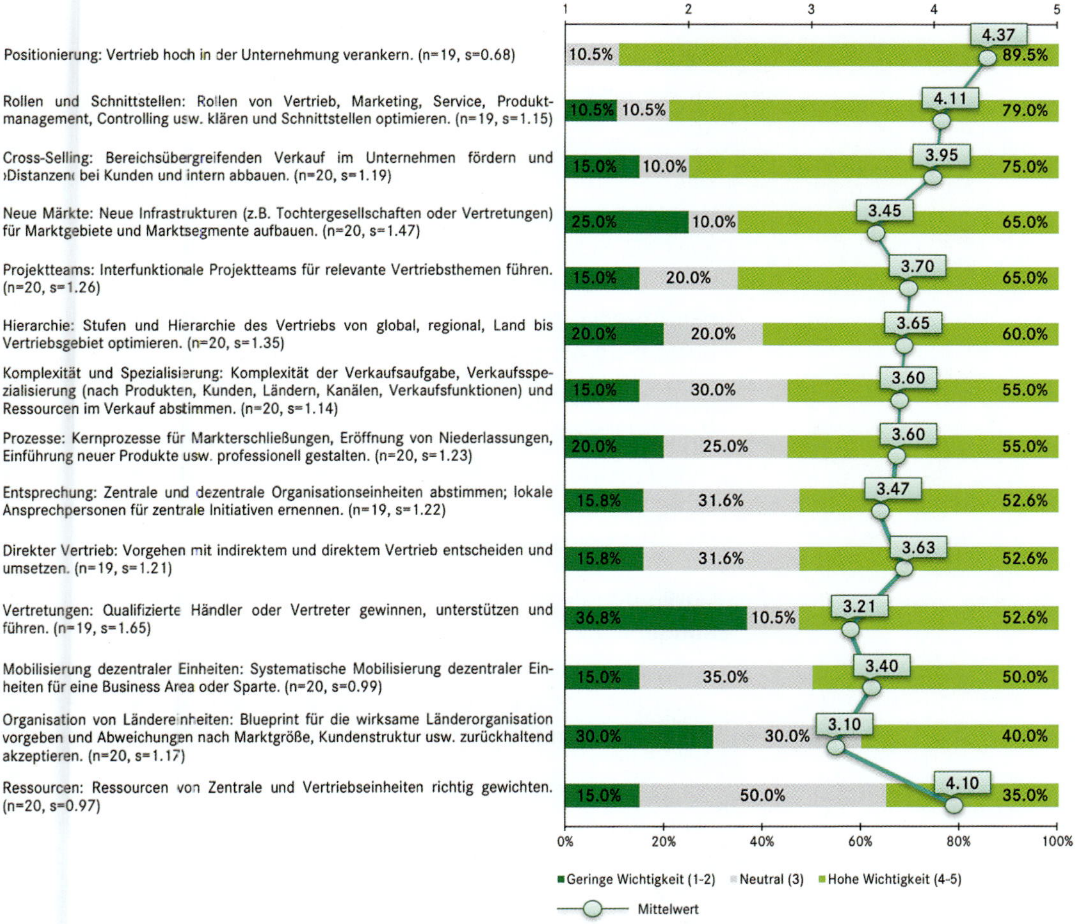

Abbildung 15.5: Schwerpunkte in den Aufgaben für den Hebel Restructuring Sales and Resources

Diese Akzente sind soweit plausibel. Schon der gesamte Hebel für Reorganisation und Ressourcen ist in der Gesamtbetrachtung verhältnismäßig schwach gewichtet. Hier zeigen sich deutlich die Unterschiede, weil je nach Situation auch verschiedene Eingriffe nötig sind. Zusammenfassend stellen wir eine gewisse

Scheu der Verantwortlichen fest, die Aufgaben mit Tiefgang und dem damit verbundenen Aufwand sowie die permanente Knochenarbeit zu leisten.

Vor dem nächsten Hebel folgen einige Aussagen der Praxis und unsere Fragen für die Praxis.

Aussagen der Praxis

Die Positionierung des Verkaufs innerhalb des Unternehmens und der Zugang zu allen Bereichen sind substanziell für die Entwicklung von individuellen Lösungen für den Kunden.

Das Executive Committee ist global für den internationalen Vertrieb zuständig. Das Vertriebssteuerungsteam fungiert als Schnittstelle zwischen den Kundenberatern an der Front mit direktem Kundenkontakt und weiteren internen Abteilungen. Veränderungsprozesse werden sowohl Bottom-up als auch Top-down implementiert.

In den letzten Jahren wurde eine Trendwende eingeleitet: You cannot delegate your business! Umstellung auf den Direktvertrieb (für China, Malaysia, Singapore und Indonesien); Loslösung von Partnern. Ich bin ein klarer Vertreter für Direktvertrieb in Emerging Markets.

Durch die Mehrstufigkeit im Vertrieb verliert man oft an Kundennähe, die Sortimentspolitik wird erschwert, es bestehen Schwierigkeiten bei der Erzeugung von Marketing-Synergien und die Produktverfügbarkeit von Topseller-Produkten kann nur bedingt gewährleistet werden.

Wir müssen mit einer Stimme zum Endverbraucher sprechen. Wir müssen in dieser Silo-Organisation, die wir brauchen, um zielgerichtet bestimmte Themen zu erledigen, in virtuellen Teams denken. Wir müssen sehen, dass wir die Mitarbeiter, die wir an verschiedenen Standorten haben, gedanklich verbinden, verknüpfen.

Einbindung der Vertriebsorganisation in die Weiterentwicklung von Prozessen und Methoden. Entwicklungen müssen einen Beitrag bezüglich Steigerung der Effizienz und Effektivität der Vertriebsmannschaft leisten.

Wir könnten aktuell einen Werkstattleiter von Norwegen nach Frankreich versetzen – er würde sich dort sofort zurechtfinden, weil die Prozesse identisch sind. Im Vertrieb sind wir davon noch meilenweit entfernt. Dort dominiert noch viel ›Lokalkolorit‹.

In der Verkaufsarbeit nimmt der Anteil der internen Orchestrierung zu, während die tiefere, fachliche Mitarbeit am Kundenprojekt abnimmt. Dadurch verändert sich das ganze Selbstverständnis des Vertriebs.

Fragen für die Praxis:

1. Wie ist der Vertrieb in das Unternehmen eingebettet, und mit welchen weiteren Bereichen arbeitet er zusammen? Wie steigert der Vertrieb seinen Beitrag zum Erfolg des Unternehmens?
2. Wie ist der Vertrieb organisiert? Wie spezialisieren und unterstützen Sie Ihren Vertrieb optimal? Wie steuern Sie die Verkaufskomplexität und Verkaufsressourcen?
3. Gilt es, neue Verkaufsaufgaben abzudecken? Wie fördern Sie den Marktaufbau und neue Geschäftsbereiche?
4. Wie gestalten Sie im Vertrieb das optimale Zusammenspiel von Struktur, Prozessen, Führung, Projektteams und laufender Zusammenarbeit?

16. Zentralisierung im Verkauf

Das Verhältnis von zentralen und dezentralen Einheiten ist nicht unbelastet.

Kunisch, Müller-Stewens und Collis (2012) belegten mit ihrer umfassenden Studie: In der Krise 2007 bis 2010 haben 44% der Konzerne ihr Personal in der Konzernzentrale aufgestockt und nur 28% abgebaut. 2010 haben 27,5% die Zentrale umgebaut. Heute führen CEO & Co. ihre Sparten anscheinend wieder an der kürzeren Leine. Offenbar ist Zentralisierung ein Trend. Zumindest schlagen die Autoren den Corporate Centers einige Regeln vor, um ihre Effizienz zu steigern: »Definieren Sie Ihre Ziele. Legen Sie das Verfahren fest. Ergänzen Sie den Jahresbericht. Finden Sie den guten Zeitpunkt. Führen Sie Bereiche individuell. Ordnen Sie Aufgaben und Rollen. Vermeiden Sie simple Lösungen.«

Sales Excellence Development ist eine zentrale Stelle. Ihre Wirkung ist deshalb davon abhängig, wie Corporate Centers mit den Niederlassungen oder Sparten zusammenspielen. Verbreitet sind hier Klischees anzutreffen, wie Abbildung 16.1 am Beispiel des internationalen Vertriebs zeigt.

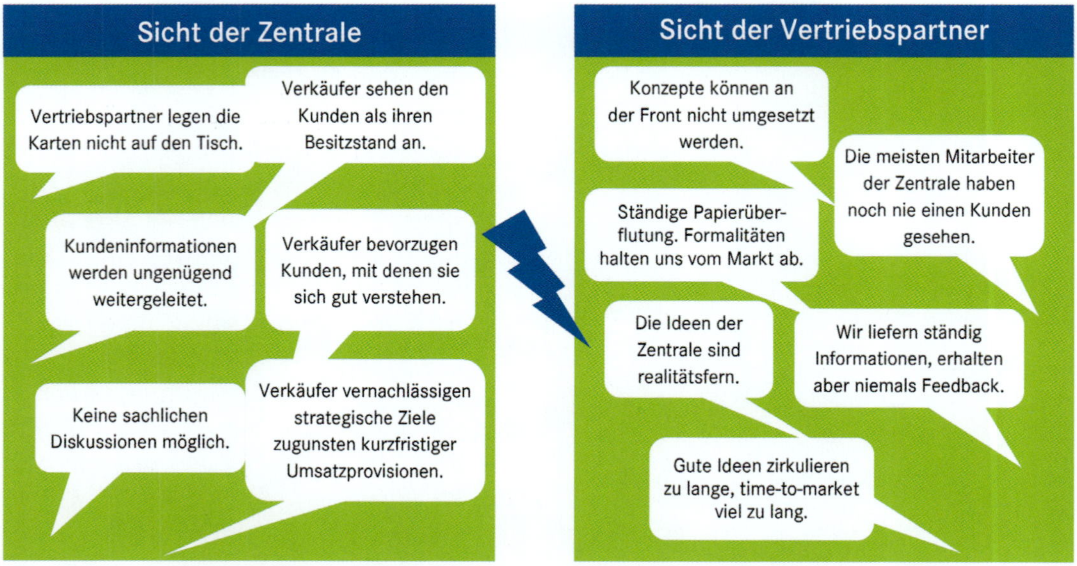

Abbildung 16.1: Gegenseitige Vorwürfe von Zentrale und Niederlassungen (vgl. Schmitz 2006, S. 3 und 5)

Manche Vorwürfe werden nie explizit geäußert, denn dezentrale Stellen machen mit Vorteil oft gute Miene zum bösen Spiel oder bejahen, ohne umzusetzen. Unter diesen Umständen bleibt es zweifellos anspruchsvoll, eine Kultur für produktive Zusammenarbeit zu erreichen.

Zentralisierung ist gefährlich.

Die Gefahren der Zentralisierung sind groß. Treffend beschreibt Otto Belz in seinem Artikel **Die Gnome aus dem Konzern**, wie ein einst selbstständiges und blühendes mittelständisches Unternehmen als Sparte im übernehmenden Konzern verwelkt. Um einzelne einschränkende Vorgaben und Regeln lohnt es sich kaum, zu diskutieren: Hier braucht es mehr Begründungen und Bewilligungen, dort gibt es neue Reglemente für Spesen, da wird für ein einheitliches Controlling und die verwendete Software angeglichen. Der Prozess wirkt als Ganzes schleichend, aber durchaus kräftig: »Überall dort, wo Führungskräfte (des Konzerns) ihre Geschäfte nicht im Detail kennen und gleichzeitig unerschütterlich an die Messbarkeit alles Wichtigen glauben, wo Prozesse nach Sparpotenzialen durchforstet werden, wo immer dichtere Regelwerke das Verhalten der Mitarbeiter steuern und Bonussysteme motivieren sollen, besteht die Gefahr, alles über einen Leisten zu schlagen: die Mitarbeiter, die Kunden, die Geschäfte. Sie alle werden auf den kleinsten gemeinsamen

Nenner reduziert, sie werden gleichgemacht« (O. Belz 2015, S. 32f.). Bei jeder neu eingeführten Regelung beteuern zentrale Stellen, dass selbstverständlich intelligent und mit Augenmaß damit umgegangen wird. Trotzdem wirken sie laufend stärker. Diese Argumentation bezieht sich auf eine Sparte, ähnliche Effekte sind aber auch in Ländern festzustellen. Viele Dinge funktionieren in kleinen Einheiten einfach besser; sie sind schneller, flexibler und persönlicher.

Haben zentrale Lösung Vorteile für Vertriebseinheiten?

Kernfragen:
1) Nutzen der lokalen Einheiten?
2) Wer bezahlt?

Immer stehen die neuen zentralen Lösungen im Wettbewerb zu vorhandenen Lösungen und Vorgehensweisen in den Vertriebseinheiten. Natürlich ist es leichter, wenn diese zentralen Lösungen besser sind und das auch von den Einheiten akzeptiert ist. Allerdings bewerten manche Vertriebseinheiten eine Änderung nicht als genügend wichtig. Zudem entsteht auch ein hindernder Aufwand für die Umstellung. Mit ihren Lösungen suchen aber die Zentralen den Kompromiss in der Vielfalt und unterliegen damit häufig den spezifischen Ansätzen. Zudem bestrafen zentrale Lösungen immer die besten Vertriebseinheiten, weil diese bereits lange vor der Zentrale die Lösungen selbst und vielleicht besser entwickelten. Der Umgang mit den Vorteilen der Einheiten ist entscheidend für den Erfolg. Manchmal lässt sich an den besten dezentralen Lösungen gerade anknüpfen, teilweise lassen sie sich für alle übernehmen. Am leichtesten ist ein Engagement der Zentrale in Bereichen, die von den Beteiligten als wichtig empfunden werden, aber bisher vernachlässigt wurden.

Dynamik der Zusammenarbeit

Beispiel Steeltec

Was die Zentrale tut und was eine Vertriebseinheit, sollte zudem nicht statisch sein. Beispielsweise können sich die Aufgaben je nach Kunden, aber auch je nach Land unterscheiden. So definierte z. B. Steeltec (Spezial- und Hochleistungsstähle, Mitglied der Schmolz & Bickenbach Gruppe) die spezifischen Aufgaben des Unternehmens in den Märkten. Auf dieser Grundlage bestimmte Steeltec die Basisaufgaben von Zentrale und Niederlassungen sowie die Aufgaben, die je nach Voraussetzung oder Verhandlung von der Zentrale oder den Niederlassungen erfüllt werden. Auf dieser Basis wird auch die Höhe der Provisionen für Vertriebsmitarbeitende bestimmt. Niederlassungen, die nur die Verbindung zu Kunden herstellen, verdienen weniger als jene, die mit Infrastrukturen vor Ort, ganze Projekte oder anspruchsvolle Formen der Zusammenarbeit mit Kunden realisieren.

Zwischen Ländern, Sparten, Kundensegmenten und Kanälen bestehen Distanzen. Sie müssen akzeptiert werden, um spezifisch vorgehen zu können. Übergreifendes Sales Excellence Development kann diese Distanzen aber auch im eigenen Unternehmen und bei Kunden überwinden (vgl. Abbildung 16.2). Sämtliche Kombinationen sind möglich.

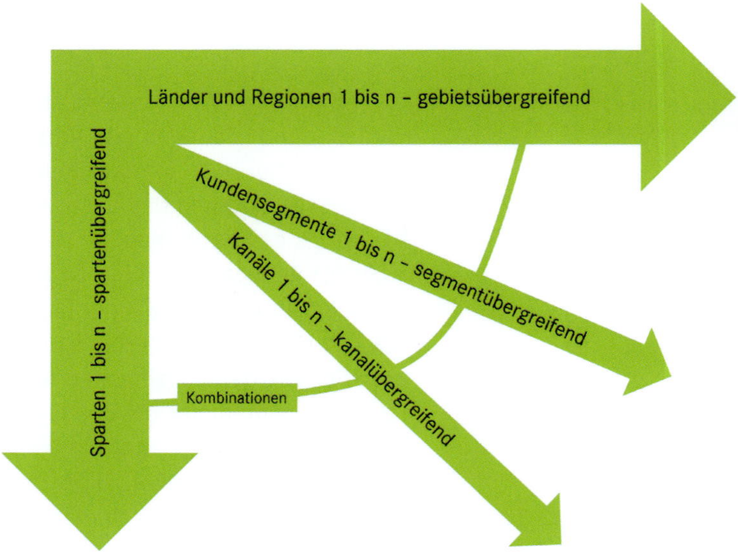

Abbildung 16.2: Übergreifende Verkaufsoptimierung

Unterscheiden sich länder- und spartenübergreifende Optimierung?

Uns interessiert, wie sich ein spartenübergreifendes und ein länderübergreifendes Sales Excellence Development unterscheidet (obschon auch die Gemeinsamkeiten groß sind). Grundsätzlich sind die in Abbildung 16.3 gezeigten Konstellationen möglich, sie werden durch die Untersuchungsergebnisse inhaltlich konkretisiert.

Die empirischen Ergebnisse zu den Unterschieden wirken plausibel. In Forschung und Praxis gilt es jedoch, die spezifischen Anforderungen an das Sales Excellence Development in einem oder mehreren Ländern für eine oder mehrere Sparten zu klären. Entscheidend sind die Unterschiede und Gemeinsamkeiten zwischen den Ländern und Sparten. Typisch wird dazu das Bild eines Y verwendet: Interne Zusammenhänge werden verstärkt (unterer Teil), aber wo der Kunde es spürt und wichtig findet, wird ein getrenntes Vorgehen gewählt (oberer Teil des Y). Länderübergreifende und spartenübergreifende Optimierungen verbinden naturgemäß beide Aufgaben und dominieren. Erstaunlich ist auch der recht große Anteil von Verkaufsentwicklung in einer bestimmten Sparte und einem Land. Dann spielen die Themen der Verkaufsentwicklung im bestehenden Bereich eine Rolle. Die sparten- und/oder länderübergreifende Optimierung erhöht die Anforderungen stark.

	Verkaufsentwicklung in einer Sparte/in einem Produktbereich (n=152)	Verkaufsentwicklung in mehreren oder allen Sparten (n=237)
Verkaufsentwicklung in einem Land (n=161)	**Themen zur Verkaufsoptimierung konsequent aufgreifen** **Strategie:** Cross-Selling im Land, Kanäle und Kundendifferenzierung **Ziele von Sales Excellence Development (SED):** Standardisierung **Relevante Hebel:** Marketing und Sales Fit, Close to People and Customers, Digitalisation, CRM and Sales Methods (n=77)	**Spartenunterschiede und -gemeinsamkeiten im Verkauf managen** **Strategie:** Cross-Selling Sparten- und übergreifende Rentabilität **Ziele von SED:** Produktivität Markttransparenz **Relevante Hebel:** Share Best Practices in Sales, Digitalisation, CRM and Sales Methods (n=74)
Verkaufsentwicklung in mehreren oder allen Ländern (n=228)	**Internationaler und globaler Verkauf** **Strategie:** Länderoptimierung und Rentabilität **Ziele von SED:** - **Relevante Hebel:** Global Account Management, Close to People and Customers (n=75) > Abschnitt 16.1	**Verkaufskomplexität in Multiunternehmen führen** **Strategie:** Länder- und Spartenportfolio optimieren **Ziele von SED:** Markttransparenz und übergreifende Qualität **Relevante Hebel:** Share Best Practices in Sales (n=153) > Abschnitt 16.2

Anmerkung: Alle Felder wurden jeweils miteinander verglichen und größere Unterschiede in der Rangfolge der Akzente erfasst.

Abbildung 16.3: Länder- und spartenübergreifende Verkaufsentwicklung (mit der Stichprobe n aus der Untersuchung)

Mit **Länderdifferenzen** befasst sich beispielsweise ein großer Teil der Literatur zum internationalen Marketing. Besonders Backhaus, Büschken und Voeth (2005) betonen die zunehmende Abhängigkeit von Ländern untereinander und leiten daraus die Erfordernis für eine wirksame Koordination zwischen den Ländern ab. So kann es beispielsweise in Italien eine Rolle spielen, was ein Unternehmen in Spanien tut. In diesem Zusammenhang sind beispielsweise Forderungen nach Preisharmonisierung verbreitet.

Mit den **Spartendifferenzen** befasst sich inbesondere das Cross-Selling (vgl. Belz/Lee 2017). Die zentrale Frage lautet hier: Wie lässt sich der Vertrieb dazu befähigen, die Leistungen aus mehreren Sparten zu verkaufen?

16.1 Länderübergreifende Professionalisierung

Länderunterschiede überbrücken

Wie gelingt es Unternehmen, mit verschiedenen Ländermärkten umzugehen? Die Unterschiede zwischen Vertriebsniederlassungen in verschiedenen Ländern betreffen Wettbewerbsbedingungen, ihre Größe und das Wachstum der Märkte sowie Kundenstrukturen, Größe und Professionalität der Vertriebseinheiten, Leiter der Vertriebseinheiten und Mitarbeitende, Sprachen, Zeitzonen, Kulturen. Manche Unterschiede im Vertriebsansatz generell, der Verkäuferführung, der Verkaufsentlohnung und des Marketing sind durchaus wichtig und professionell. Vertriebseinheiten sind zudem überschaubar und flexibel, es gelingt dort eher, ein Team zu bilden und die Beteiligten für ihre Einheit zu motivieren. Die Aufgabe des Sales Excellence Development ist, Gemeinsamkeiten vorwärts zu bringen, mit Unterschieden gekonnt umzugehen oder sie den Ländereinheiten zu überlassen sowie die eigenständige Motivation der Einheit eher zu fördern als zu stören. Der Fall ZEISS Microscopy (vgl. Abschnitt 2.1) zeigte eindrücklich, wie vielfältig die Märkte und Unternehmensvoraussetzungen je nach Land und Region ausfallen können.

Die klassische Matrix von Bartlett und Ghoshal (1990) bietet einen hilfreichen Orientierungsrahmen dafür, wie Unternehmen ein globales und lokales Vorgehen verbinden können (vgl. die Folgerungen in Abbildung 16.4).

Die Autoren räumen dem Typ des **transnationalen Unternehmens** die größten Chancen für die Zukunft ein. Das entspricht in der Regel auch einem Sales Excellence Development, welches besonders in Unternehmen eingesetzt wird, die mit der Spannung zwischen globaler und lokaler Ausrichtung subtil oder differenziert umgehen.

Internationales Vertriebsmanagement

Eine länderübergreifende Optimierung im Verkauf richtet sich stark auf ein permanentes Führungssystem im internationalen

Geschäft. Bewusst unterscheiden beispielsweise Belz und Reinhold (2012) in ihrem Ansatz für internationales Vertriebsmanagement das globale Vertriebssystem und die lokale Zusammenarbeit mit Niederlassungen. Abbildung 16.4 zeigt die groben Inhalte.

Ebene / Phase	Globales Vertriebssystem	Lokale Zusammenarbeit mit einzelnen Niederlassungen
Vertriebs-strategie	Konfiguration des internationalen Vertriebs • Länderdifferenzierung • Leistungsdifferenzierung • Vertriebsstrategie • Vertriebssystem	Vertriebsstrategie für Niederlassungen • Vertriebssituation einzelner Länder • Stop- and Go-Entscheide und Investitionsentscheide
Vertriebs-optimierung	Management des Vertriebssystems • Management und Umgang mit internationaler Vielfalt • Pilot- und Leadkonzepte • (Global) Key Account Management • Preisharmonisierung und Transferpreise • Vergütungssysteme und Vertragsmanagement • Vertriebsmethodik und Informationssystem/CRM	Management der Vertriebspartner • Suche und Selektion von Vertriebspartnern und Schlüsselpersonen • Mobilisierung neuer Vertriebspartner • Vertriebsfähigkeiten und Professionalisierung von Vertriebspartnern
Vertriebs-controlling	Länderübergreifendes Vertriebscockpit	Vertriebscockpit für Niederlassungen

Abbildung 16.4: Entscheidungen im internationalen Vertrieb (Belz/Reinhold 2012, S. 36)

Zu dieser länderübergreifenden Optimierung lieferten die befragten Praktiker zudem die folgenden, interessanten Aussagen. Danach formulieren wir noch wenige Fragen für die Praxis.

Aussagen der Praxis

Entscheidend ist das Verständnis für die Kultur in neuen Regionen. Unsere Leute müssen sich ein halbes Jahr im Land (z. B. in Indien) bewegen.

Sprach- und Kulturbarrieren stellen noch eine Hürde dar.

Jedes internationale Engagement ist ein ›New Venture‹. Es werden lokale, kundenspezifische Strategien entwickelt, die dann weltweit Bottom-up eingeführt werden.

Wir müssen von unserer Eurozentrizität wegkommen.

Weitere Aussagen der Praxis

We are implementing the Global Sales Strategy to tighten the sales networks in the various international locations and exploit more cross- and up-selling potential that we have not yet covered.

Auch bei großen mittelständischen Unternehmen ist oft der Heimmarkt im Lead.

Emerging Markets zeichnen sich durch hohe Wachstumsraten aus, sodass hier der Fokus vermehrt auf Akquisition gerichtet ist, um das Wachstumspotenzial dieser Märkte auszuschöpfen. In etablierten Märkten wie Europa stehen effiziente Prozesse und Kostenbewusstsein im Vordergrund.

Die Aufgaben jeder Länderniederlassung unterscheiden sich und es gilt, spezifisch vorzugehen. Im Emerging Marketing spielt eine Rolle, wie sich Kunden mit weniger Know-how unterstützen lassen. Notwendig sind beispielsweise Verkaufsgespräche, Vorführzentren, Produktionsunterstützung.

1% mehr Geschäft in den USA macht für uns das Wachstum in den Märkten der Südhalbkugel wett! Hohe Wachstumstraten sind nicht die ganze Miete.

Fragen für die Praxis:

1. **Welche Unterschiede herrschen im Verkauf in verschiedenen Ländern vor, welche Gemeinsamkeiten sind relevant?**
2. **Welche gemeinsamen Reserven im Vertrieb lassen sich mit Sales Excellence Development länderübergreifend wirksam ausschöpfen?**
3. **Wie gelingt es, einen gemeinsamen Prozess zwischen Zentrale und Ländern zu gestalten und das Vorgehen Bottom-up und Top-down effizient zu verbinden?**

16.2 Spartenübergreifende Professionalisierung

Produktunterschiede überbrücken

Zwischen Sparten und Ländern lassen sich (wie erwähnt) Analogien herstellen. Besonders ist im spartenübergreifenden Sales Excellence Development, dass die Gemeinsamkeiten zwischen spezifischen Produkteinheiten mit verschiedenem technologischem Know-how, unterschiedlichen Kundenlösungen sowie vielfältigen Produkten gesucht werden. Produktunterschiede und -gemeinsamkeiten und nicht Länder sollen geführt werden. Dem Verkauf stellt sich die Schlüsselfrage, welche Sparten er bei Kunden vertreten kann.

Ein Verkaufsmanager eines Unternehmens für Medizinaltechnik: »Wenn ich zu einem größeren Spital fahre, dann stehen oft bereits drei Fahrzeuge unseres Unternehmens auf dem Parkplatz.«

Genau dieses Anliegen verfolgen Ansätze des **Cross-Selling** in Unternehmen (umfassend Belz/Lee 2017). Verkäufer sollen in der Lage sein, nicht nur ein begrenztes Leistungsportfolio bei Kunden zu vertreten, sondern die gesamte Leistungsfähigkeit des Unternehmens bei Erfolg versprechenden Kunden anzubringen. Plakativ heißt das: Entwicklung vom Geschäft mit einer Sparte zum Mehrspartengeschäft mit einem Kunden. Ziele sind Wachstum, ein schlankerer Vertrieb und insgesamt sinkende Vertriebskosten.

Mit Cross-Selling überwinden Unternehmen bestehende Distanzen bei Kunden und im eigenen Unternehmen, wie es Abbildung 16.5 zeigt. Im Extremfall hat der Kunde einen neuen Mix der Beschaffung noch nie realisiert und sein Buying Center für diese spezielle Beschaffungssituation völlig neu zusammengesetzt. Und der Lieferant kombiniert neue Leistungsgruppen für den Kunden und verbindet dazu neue Leistungsträger und Abteilungen. Spartenoptimierung im Verkauf und Cross-Selling werden damit zum **Management von Distanzen.**

Management von Distanzen im Unternehmen und bei Kunden

Distanz beim Kunden zu überwinden, erfordert also beispielsweise, dass völlig neue Personen (in anderen Organisationseinheiten) des Kunden angesprochen und gewonnen werden müssen. In der Leistung kann beispielsweise die Distanz darin bestehen, dass der Kunde bisher bei einem anderen Lieferanten bestellt hat und den Lieferanten wechseln müsste. Die **Distanz im eigenen Unternehmen** besteht eventuell darin, dass der Verkauf mit ganz anderen Personen aus weiteren Sparten zusammenarbeiten soll, die er bisher kaum kennt und nicht einschätzen kann. Die zusätzliche Leistung fordert vom Verkauf eine tiefere und neue Fachkenntnis, die er zunächst aufbauen muss. Diese Kunden- und Unternehmensdistanzen lassen sich einschätzen und jeweils gezielt angehen, um den spartenübergreifenden Verkauf zu fördern. Maßnahmen reichen von Events für Kunden bis hin zu Produktschulungen der Verkaufsmannschaft durch eine Sparte.

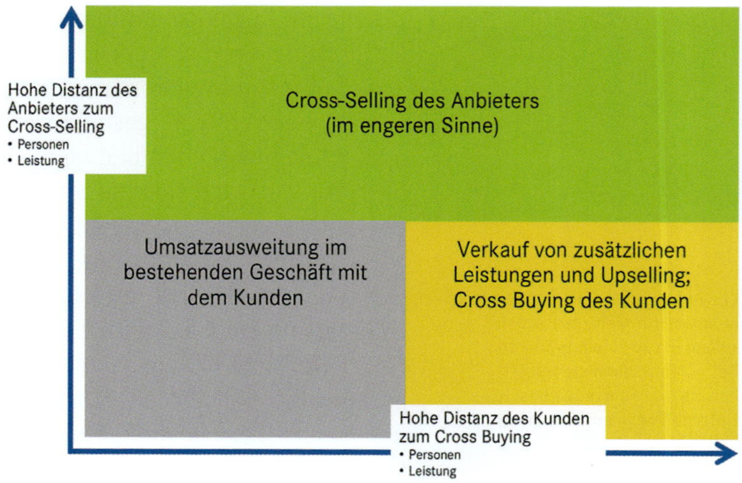

Abbildung 16.5: Distanz bei Kunden und im eigenen Unternehmen überwinden (Belz/Lee 2017)

Abbildung 16.6 zeigt zusammenfassend unsere Hebel für ein erfolgreiches Cross-Selling. Ohne sie im Detail zu vertiefen, bezeichnen sie die groben und spezifischen Inhalte eines spartenübergreifenden Sales Excellence Development.

Abbildung 16.6: Hebel für Cross-Selling (vgl. Belz/Lee 2017)

Die spartenübergreifende Optimierung richtet sich inhaltlich auf die Unterschiede und Gemeinsamkeiten in Leistungen, Märkten und Kunden jeder Geschäftseinheit.

Auch zur spartenübergreifenden Verkaufsoptimierung sind einige Aussagen der Praktiker ergiebig und es folgen die daran anschließend Fragen an die Praxis.

Aussagen der Praxis

The diversity and the scope of the offering is our competitive advantage. We cover multiple product services across multiple markets.

Der Erfolgsmotor unseres Unternehmens war immer die spezifische Kompetenz der einzelnen Sparten mit eigenem Außendienst. Der zusammengelegte Vertrieb stellt uns vor sehr große Herausforderungen.

Sechs Sparten stehen im Wettbewerb um das Engagement der internationalen Niederlassungen.

Die Synergien im Vertrieb zwischen den Produktbereichen haben wir überschätzt. Auch bei Kunden sind Personen und Entscheidungsprozesse je nach Bereich verschieden.

Nach der Übernahme des Unternehmens im letzten Jahr integrieren wir rasch den Vertrieb. Die Vertriebskompetenzen werden damit wesentlich erweitert.

Ab 2015 verfolgen wir eine Segmentstrategie, wir wollen die Leistung des gesamten Unternehmens in die Zusammenarbeit mit definierten Segmenten und Schlüsselkunden bringen.

In Großkonzernen wird Sales Excellence oft von Stabstheoretikern getrieben. Sie haben keine Ahnung von der Arbeit im Feld und deshalb gelingen die Projekte nicht.

Unser bestehendes Geschäft schrumpft stark. Es muss uns gelingen, neue Leistungen zu vermarkten und neue Märkte zu erschließen.

Die Integration von Telekom und Informatik fordert die Kunden und unser Unternehmen heraus. Die Produktpalette des Vertriebs wird laufend und stark erweitert.

Man muss mit dem Kunden ein extrem gutes Verhältnis haben, um mit Cross-Selling bei ihm zu landen.

Fragen für die Praxis:

1. Welche Unterschiede und Gemeinsamkeiten sind im Verkauf in den verschiedenen Sparten wichtig?
2. Welche gemeinsamen Reserven im Vertrieb lassen sich mit Sales Excellence Development zwischen den Sparten wirksam ausschöpfen?
3. Wie gelingt es, einen gemeinsamen Prozess zwischen Zentrale und Sparten zu gestalten und das Vorgehen Bottom-up und Top-down effizient zu verbinden?
4. Wie wird das Zusammenspiel von Sparten und Vertrieb (Spartenakzente und -unterstützung im generalistischen Vertrieb oder Cross-Selling) optimiert?

›Glokales‹ Vorgehen

Zusammenfassend bedeutet dies: In der Zusammenarbeit zwischen Zentrale und Vertriebseinheiten gilt es, sorgfältig abzuschätzen, welche Unterschiede notwendig sind sowie gepflegt werden müssen und wo ein gemeinsames und übergreifendes Vorgehen ergiebig ist. Diese Beurteilung schließt auch Werte, Befindlichkeiten und Gefühle der Beteiligten mit ein. Oft werden neue Initiativen dezentral abgelehnt, wobei damit eigentlich ganz andere Initiativen und Maßnahmen gemeint sind.

17. Wege zum Sales Excellence Development

Spezifische Roadmap für jedes Unternehmen

Es lässt sich keine allgemeingültige Roadmap für Sales Development entwickeln. Es handelt sich eher um eine Initiative mit offenen Zwischenschritten, die für jedes Unternehmen sehr spezifisch ausfallen. Wer glaubt, dass die nächsten zwei Jahre für Sales Excellence Development durchgeplant werden können, verfällt einer Illusion. Allerdings wollen wir auch vermeiden, dass nur Flickwerk entsteht.

17.1 Kritische Voraussetzungen und Roadmap für den Erfolg

Situatives Sales Excellence Development

Verschiedene Bedingungen in Unternehmen prägen beispielsweise, welche Schwerpunkte sinnvoll sind und welche nicht. Die Ziele des Sales Excellence Development (vgl. Abbildung 4.3) und thematische Schwerpunkte in den aufgezeigten Hebeln prägen das Vorgehen. Unternehmenskontext und Marktbedingungen beeinflussen, ob sich stärker zentralisieren lässt. Abbildung 17.1 zeigt einige Dimensionen, die das Sales Excellence Development situativ prägen. Für eine situative Forschung und Praxis im Sales Excellence Development gilt es aber, noch so manche Frage zu beantworten. Die aufgeführten Dimensionen bieten lediglich einen ersten Orientierungsrahmen.

Abbildung 17.1: Bedingungen für eine Zentralisierung

Auch sind die Möglichkeiten bei eigenen Tochtergesellschaften und Vertriebseinheiten oder Sparten anders als bei Händlern und Vertretungen.

Beispiel Zeiss Microscopy

Zeiss Microscopy startet den Arbeitsprozess für Sales Excellence Development grundsätzlich aus der Perspektive der Ländereinheiten. Im ersten Schritt werden spezifische Herausforderungen und Arbeitsgebiete aus dem Blickwinkel der beteiligten Einheiten erfasst und gesammelt. Erst später setzt der systematische Review-Prozess durch die Zentrale ein. Auf diese Weise kann die Bereitschaft der Einheiten, sich zu beteiligen, deutlich gesteigert werden. Außerdem wird gemeinsam ein realisierbares Vorgehen entwickelt, da Länder und Zentrale ein einheitliches Verständnis für Probleme und erforderliche Maßnahmen haben (vgl. dazu den Fall Zeiss Microscopy in Abschnitt 2.1).

Beispiel thyssenkrupp

thyssenkrupp greift neue Themen vorerst in Bereich Sales Excellence auf, führt dann Pilotprojekte in Teilen des Vertriebs durch und überträgt schließlich erfolgreiche Lösungen mit dem Sales Campus (Schulung) auf die Gesamtorganisation (vgl. auch Abbildung 3.3 und den Fall thyssenkrupp in Abschnitt 2.7).

Beispiel Festool

Festool und andere Unternehmen definieren die Sales-Excellence-Programme mit offenem Ende (zu Festool vgl. den Fall in

Abschnitt 2.2). Damit werden verbreitete kurzfristige Denkweisen durchbrochen, die höchstens ein Geschäftsjahr im Auge behalten und bei denen nur die einzelnen Maßnahmen im Vordergrund stehen, die sich in überschaubarer Frist abwickeln und beenden lassen.

Wichtig und erfüllt?

Die Schwerpunkte der Hebel oder Ansätze lassen sich im Unternehmen nach Wichtigkeit und Erfüllungsgrad bewerten und auswählen. Eine allgemeine Gewichtung der Hebel im Sales Excellence Development von 18 Unternehmen zeigt Abbildung 17.2. Die Hebel oberhalb der Diagonale (besonders die grün bezeichneten Hebel) sind wichtig, werden aber noch zu wenig genutzt.

Abbildung 17.2: Wichtigkeit und Erfüllungsgrad der Hebel im Sales Excellence Development (n=18)

Allerdings spielt es für die richtige Auswahl auch eine Rolle, wo das Sales Excellence Development mit gegebenen Ressourcen am meisten erreichen kann. Dabei ist eine Balance zwischen Quick Wins und langfristigem Aufbau anzustreben.

Ein langer Atem ist vonnöten.

Wer allerdings keinen langen Atem hat und nicht gründlich und fokussiert vorgeht, der verliert viel Zeit, Geld und erntet wahrscheinlich nur Frust. Verbreitet ist die Krankheit in Unternehmen, alles auf einmal tun zu wollen. Damit wird Vieles begonnen und Weniges tatsächlich bewegt. Gerade (neue) Verantwortliche für Sales Excellence Development wollen ihre Bedeutung im Unternehmensgeschehen verdeutlichen und ausbauen. Das tun sie häufig durch viele Projekte, unrealistische Zeitvorgaben, anspruchsvolle Ziele. Mehrfach wiesen wir bereits auf die Probleme einer solchen Zersplitterung hin.

Obwohl ein spezifisches Vorgehen erforderlich ist, gibt es doch auch einige allgemein gültige Schritte:

Grundsätzliches Vorgehen

1. **Verkaufsagenda:** Es gilt, die relevante Verkaufsagenda für das Unternehmen zu bestimmen. Die Strategie, die Ziele, der Fokus und Etappen begründen den Aufbau eines Sales Excellence Development oder sind bereits die ersten, wichtigen Aufgaben. Wichtig ist, festzulegen, was zuerst und was erst in späteren Schritten aufgegriffen werden soll. Mit gewissen Themen lassen sich für das Sales Excellence Development auch leichter Erfolge erreichen und belegen.

2. **Entwicklungsprojekte:** Gestützt auf die gewählten Themen werden Projekte mit Zielen, Zwischenschritten, Teilthemen, Teams und Kosten definiert und geführt.

3. **Integration in der Führung:** Neue Lösungen werden in die Führung integriert. Für die Umsetzung ist ein enger Führungsrhythmus wichtig. Für Neuerungen im Vertrieb gilt es zu kämpfen. Viele Menschen im Unternehmen und auf Kundenseite sind beteiligt, manche Neuerungen sind sehr qualitativ geprägt und eine große Zahl von Transaktionen wird gestaltet.

4. **Kommunikation:** Neuerungen im Verkauf brauchen umfassende Kommunikation, um Akzeptanz und Vertrauen aufzubauen. Flankierende Elemente sind Vertiefung, Training und Coaching.

Sales Excellence Development ist kein Spaziergang, eher eine Ochsentour.

Ein Sales Excellence Development einzurichten, ist nicht trivial. Die Kultur des Unternehmens verändert sich durch die Transparenz und die regelmäßige Suche nach Verbesserungen. Die unternehmerischen Freiräume des Vertriebs werden eingeschränkt. Indirekt sind damit auch die grundlegenden Probleme des Sales Excellence Development angeschnitten. Die Widerstände sind oft erheblich. Ein Veränderungsbedarf wird oft abgestritten, denn meist haben Vertriebseinheiten vermeintlich alles schon bestens im Griff.

Die Akzeptanz im eigenen Unternehmen zu gewinnen, fordert die Verkaufsentwickler permanent heraus. Sie brauchen das spürbare Engagement des Topmanagements und die klare Anbindung an die Vertriebsführung. Hilfreich ist es auch, die Vertriebseinheiten als interne Kunden zu behandeln (vgl. Schmitz 2006). Mit dieser Haltung lassen sich manche Konflikte zwischen Zentrale und Niederlassungen vermindern oder aber produktiv nutzen. Wesentliche Treiber für Erfolge sind gemeinsame Interessen von Zentrale und Vertriebseinheiten. Grundsätzlich wollen die Einheiten durch zentrale Initiativen gewinnen und nicht verlieren.

Die kritischen Erfolgsvariablen brauchen nicht mehr besonders erörtert zu werden. Abbildung 17.3 zeigt die Akzente auf, die in der Praxis gesetzt werden.

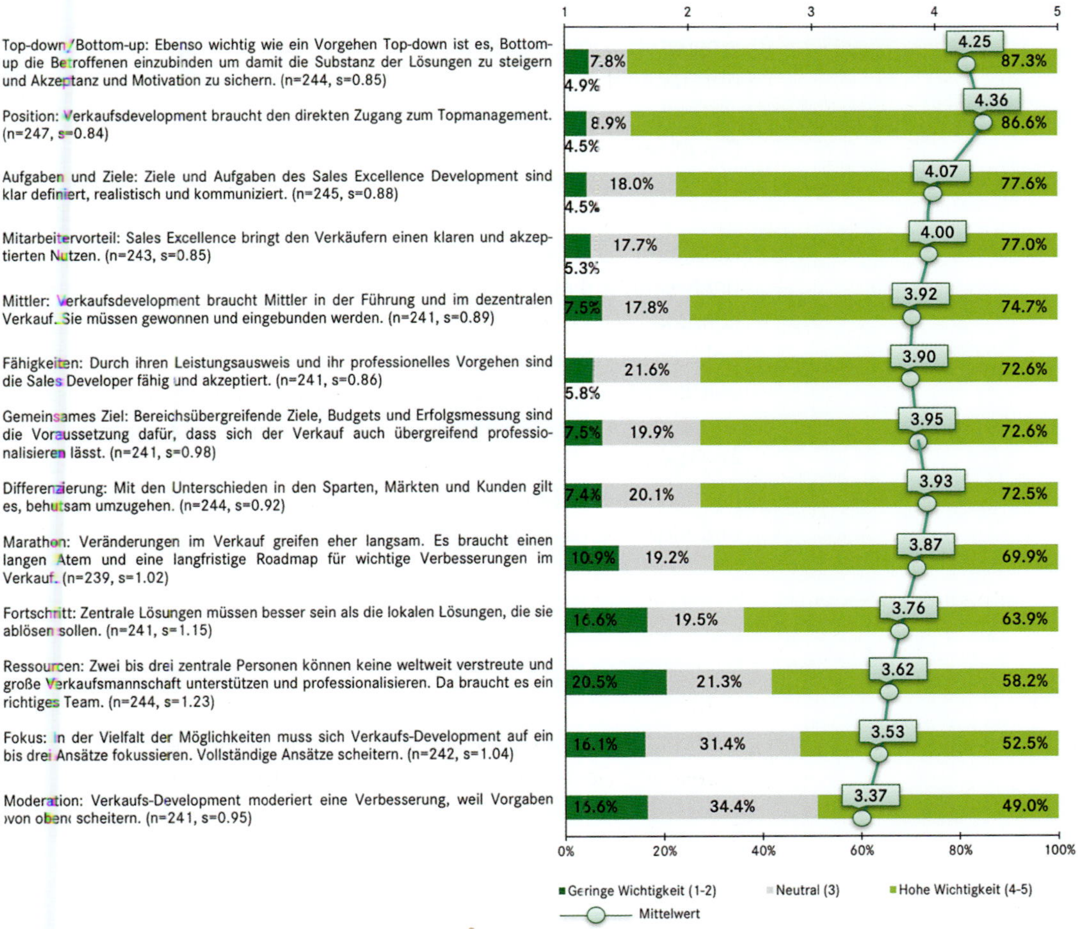

Abbildung 17.3: Kritische Erfolgsvoraussetzungen aus dem Blickwinkel der Praxis

Interpretation

Der Kern für Erfolg im Sales Excellence Development liegt für 87,3 % der Befragten darin, eine Brücke zwischen Verkäufern und Management zu bilden. Das verbindet sogleich mit zwei weiteren Punkten: Dazu zählt, Verkäufervorteile umzusetzen (77,0 %) und gleichzeitig die Unterstützung (Mittler) in der Führung zu gewinnen (74,7 %). Zu den Top 3 gehören eine starke Position des Sales Excellence Development im Unternehmen (86,6 %) und die eindeutige Definition und Kommunikation von Aufgaben und Zielen (77,6 %).

Sales Excellence Development muss sich noch etablieren.

Auch weitere Voraussetzungen für den Erfolg werden von rund 72 % der Befragten mit einer hohen Wichtigkeit eingestuft: Fähigkeiten, gemeinsame Ziele und Differenzierung. Die Hinweise zu Marathon, Fortschritt, Ressourcen, Fokus und Moderation bestimmen eher die Art der Arbeit und werden als weniger relevant eingestuft, wohl weil sich auch der Stil der Zusammenarbeit unterscheidet.

Die Akzente zeigen deutlich: Sales Excellence Development muss sich in den meisten Unternehmen zunächst noch etablieren.

Abbildung 17.4 zeigt, dass die kritischen Erfolgsvariablen spezifisch sind und sich je nach Situation des Unternehmens unterscheiden. Die ersten Differenzen aus Abbildung 17.4 sind plausibel. Unternehmen versuchen, sich geschickt im Spannungsfeld von dezentraler Initiative und einem klaren zentralen Vorgehen zu bewegen. Kleine und erfolglose Unternehmen sind eher vorsichtig darin, Sales Excellence Development einzurichten. Für das einzelne Unternehmen gilt es aber, den passenden, eigenen und situativen Ansatz zu entwickeln.

Ausprägung	Starker Einsatz	Starker Einsatz	Ausprägung	Hinweise
dezentrale Verkaufs-philosophie	Differenzie-rung nach Sparten und Ländern (6) Mittler in Führung und dezentralem Verkauf (4)	Fähigkeiten des Sales Developers (4) geklärte Auf-gaben und Ziele des Sales Excel-lence Deve-lopment (3)	zentrale Verkaufs-philosophie	Dezentrale Unterneh-men suchen die Einbettung, zentrale gewichten Kompe-tenz und klare Aufga-ben des Sales Excel-lence Development.
erfolgreiche Unternehmen	Umsatz: Dif-ferenzierung nach Sparten und Ländern (6) Gemeinsame Ziele für Spar-ten/Länder (3) Ertrag: –	Umsatz: geklärte Auf-gaben und Ziele des Sales Deve-lopers (3) Vorteile für Mitarbeiter/Verkäufer (3) Ertrag: –	erfolglose Unternehmen	Erfolgreiche Unter-nehmen suchen den Spagat zwischen Vielfalt und Gemein-samkeit. Erfolglose suchen zuerst den Einstieg.
kleiner Außendienst (kleines Unternehmen)	Fähigkeiten des Sales Developers (4) Differenzie-rung nach Sparten und Ländern (3)	Ressourcen/richtiges Team (3)	großer Außendienst (großes Unternehmen)	Kleine Unternehmen wollen über Fähig-keiten und den sorg-samen Umgang mit Unterschieden ihre Wirkung erzielen; große setzen auf starke Ressourcen.
Anmerkung: In Klammern wird jeweils der Unterschied der Rangreihenfolge berück-sichtigt (also z. B. 1. Platz und 4. Platz)				

Abbildung 17.4: Differenzierte kritische Erfolgsvariablen

17.2 Kritik der Verkäufer

Mitarbeitervorteile sind ein Schlüssel für die erfolgreiche Realisierung.

Bei den erfolgskritischen Voraussetzungen (vgl. Abbildung 17.3) standen die Mitarbeiter- und Verkäufervorteile an vierter Stelle (von 13 Vorschlägen). Eine Grunderkenntnis für die Realisierung von Konzepten ist: Unternehmensvorteile, Vorteile für die Zentrale und Vorteile der Kunden genügen nicht. Auch Mitarbeitende müssen Vorteile in einer Vertriebsinitiative erkennen und erreichen. Appelle genügen nicht und einfach mehr zu arbeiten, ist für wenige attraktiv.

Um nicht nur die Sicht der Manager einzubeziehen, befragten wir auch die Verkäufer, wie zentrale Initiativen bei ihnen ankommen. Abbildung 17.5 zeigt die Urteile für positive Aussagen und 17.6 diejenigen für negative.

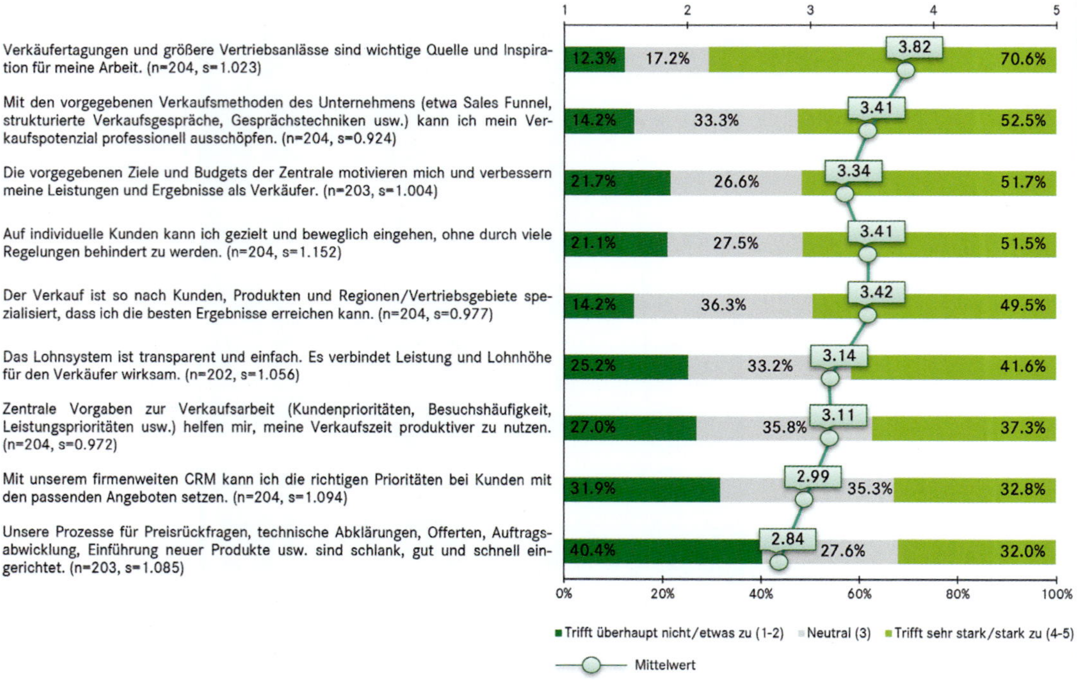

Abbildung 17.5: Rückmeldungen der Verkäufer zu positiven Wirkungen zentraler Eingriffe

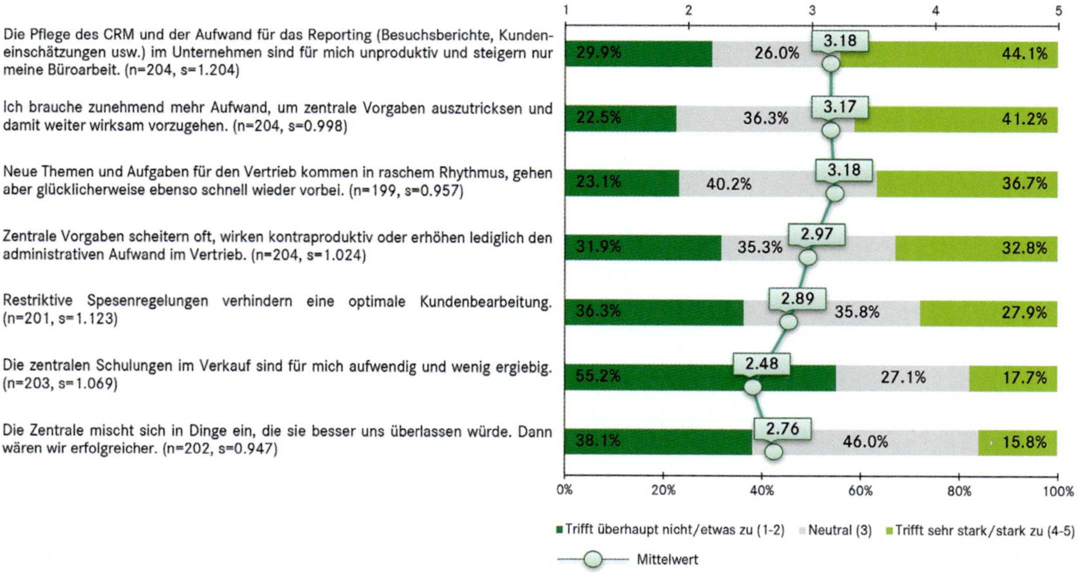

Abbildung 17.6: Rückmeldungen der Verkäufer zu negativen Aussagen zu den zentralen Eingriffen

Interpretation

Offenbar bewerten Verkäufer Tagungen und größere Vertriebsanlässe als inspirierend, besonders weil sie sich mit ihren Kollegen austauschen können. In der positiven und negativen Bewertung werden aber die meisten zentralen Initiativen recht kritisch beurteilt, im Fokus stehen dabei Pflege und Nutzung des CRM, unsinnige Vorgaben (die ausgetrickst werden), neue Themen im Verkauf, die kommen und gehen.

Wir müssen nicht alle Aussagen behandeln, der Leser zieht aus jeder Aussage mit den dazugehörigen Ergebnissen selbstständig seine Folgerungen. Ergänzt wird diese quantitative Auswertung durch die folgenden von Verkäufern angeführten Beispiele für nützliche und unsinnige zentrale Regelungen zur Vertriebsoptimierung.

Praxisbeispiele für eine nützliche (zentrale) Regelung im Verkauf des Unternehmens

Unterlagen zur Vertriebsunterstützung sowie Marketing- und Wettbewerbsinformationen sind in unserem Marktumfeld notwendig. Die Zentrale bietet uns dazu passende Materialien und Strategien an, die zum Erfolg führen.

Die globale Nutzung eines einheitlichen CRM, um Informationen miteinander zu teilen.

Professionellere Markteinführungen bei allen Produkten.

Die kontinuierliche Auffrischung meiner verkäuferischen Fähigkeiten erlaubt mir eine Erweiterung meiner Kompetenzen und eine dauerhafte Weiterentwicklung.

Ich kann meine Zeit flexibel einteilen und erhalte stets Unterstützung durch meinen Vorgesetzten und die Zentrale, um Projekte zu gewinnen.

Mein Vorgesetzter ist stets für gemeinsame Kundenbesuche verfügbar.

Die Zielkundenselektion erfolgt nur gemeinsam mit dem Außendienst. Dadurch werden Informationen berücksichtigt, die im CRM System fehlen oder nicht verfügbar sind.

Praxisbeispiele für eine unsinnige oder kontraproduktive (zentrale) Regelung im Verkauf des Unternehmens

Das CRM unterstützt mich allgemein nicht im Tagesgeschäft. Im Verlauf der letzten drei Jahre hat sich mein administrativer Aufwand erhöht und meine Zeit beim Kunden reduziert.

Kennzahlen, Berichte, Budgets etc. sind für die Zentrale wichtiger als für den Kunden!

Jeder möchte viele Informationen von mir – dabei kommt es oft vor, dass verschiedene Leute die gleichen Daten abfragen. Ich verbringe somit viel Zeit damit, die Zentrale mit Informationen zu versorgen.

Zu viele Vorgaben engen unnötig ein und lassen keinen Spielraum für spontane Aktivitäten.

Es ist sehr herausfordernd, Detailinformationen vom Produktmanagement zu erhalten. Die Beschreibungen in Broschüren sind daher oft alles, was wir haben.

Die individuelle Preisgestaltung ist mit einem hohen zeitlichen Aufwand verbunden.

Wir wissen relativ wenig über die Wettbewerbssituation und es gibt keine verkaufs- oder produktbezogenen Meetings.

Gefährliche Diskrepanz zwischen Managern und Verkäufern

Zusammenfassend lässt sich sagen, dass die Selbstwahrnehmung der Verkaufsmanager und -entwickler weit besser ist als das Bild der Verkäufer. Was in der Zentrale als professionelle Lösung gefeiert wird, kann im Arbeitsalltag der Verkäufer sehr kontrovers wirken. Es bleibt hier viel zu tun.

Fehlende Kundensicht

Diese differenzierte, aber rein interne Betrachtung von Managern und Verkäufern müsste zudem durch die Wirkung bei Kunden ergänzt werden. Nur was sich in der Zusammenarbeit und Interaktion mit Kunden verbessert, bringt auch bessere Ergebnisse für das Gesamtunternehmen.

Zum Abschluss erachten wir folgende übergeordnete Fragen als wichtig für die unternehmerische Praxis.

Fragen für die Praxis:

1. Wie gelingt es, Probleme und Verbesserungen gemeinsam mit dem dezentralen Vertrieb zu bestimmen und die Verkäufer zu Beteiligten zu machen?
2. Welche Widerstände und negativen Bewertungen zentraler Vertriebsinitiativen sind im Vertrieb festzustellen? Wie lassen sie sich überwinden?

18. Fazit

Trend: zentrales Sales Excellence Development

Dieses Buch greift einen wichtigen Trend auf: Unternehmen richten einen zentralen Bereich für Sales Excellence Development ein. Sparten- und länderübergreifend professionalisieren sie den Verkauf. Dieser Ansatz unterscheidet sich von den frei schwebenden Verbesserungen im Verkauf, die überall unter dem Oberbegriff Sales Excellence vorgeschlagen werden.

Nur ein konzertiertes Vorgehen führt zum Erfolg.

Vorerst gilt es, die Ziele zu konkretisieren (bezogen auf die Unternehmensstrategie) sowie die organisatorische Einbettung und Positionierung des Sales Excellence Development zu klären. Sales Excellence Development hat keine eigene Zukunft, sondern rechtfertigt seine Existenz nur, wenn Initiativen gemeinsam mit den Verkäufern, der Verkaufsführung und dem (Top-)Management realisiert werden und zu Erfolg führen. Auch darüber hinaus ist die Aufgabe im Unternehmen hochgradig vernetzt und es braucht Mediatoren mit Energie.

Erfolg hat drei Buchstaben: T.U.N.

Schließlich sind die richtigen Aufgaben für Sales Excellence Development zu wählen. Die zehn Hebel mit den einzelnen Vorschlägen geben dazu wichtige Hinweise. Abbildung 18.1 zeigt einen zusammenfassenden Check für Sales Excellence Development.

Hebel	Wichtigkeit					Erfüllung					Entscheide und Maßnahmen
	1	2	3	4	5	1	2	3	4	5	
1. Align Strategy and Sales											• Unternehmens- und Verkaufsstrategie verbinden und für Verkaufsansätze konkretisieren • Ziele und Aufgaben des Sales Excellence Development klären • Konsens und Engagement Bottom-up und Top-down erreichen; Ziele erreichen
2. Marketing and Sales Fit											• Kunden in frühen Phasen aktiv begleiten und Leads im Verkauf zum Kauf führen; Kundenabbrüche vermeiden helfen • Sales Excellence Development im Unternehmen vernetzen und grobe Rollen klären • Multichannel und vielfältige Instrumente wirksam kombinieren
3. Qualify Sales											• Aktuelle und zukünftige Aufgaben der erfolgreichen Verkäufer bestimmen • Verkaufsmannschaft prüfen • Attraktive Verkäufer anziehen, gewinnen und halten • Lernsystem Verkauf gestalten: Schulung, Meetings, Coaching und Transfer sichern • Führungskräfte und First Line Sales Manager qualifizieren
4. Share Best Practices in Sales											• Best Practices identifizieren (erfolgskritische Themen und höchste Leistungen im Unternehmen dazu) • Best Practice Sharing organisieren (Instrumente, Experimente, Form, Übertragung/Multiplikation)
5. Close to People and Customers											• Personen identifizieren • Präsenz, Dialog und Führung vor Ort (reisen, reisen, reisen) • Balance zwischen begleiten und kontrollieren finden • qualifiziertes Kunden-Feedback sichern
6. Digitalisation, CRM, Methods											• Möglichkeiten der professionellen Standardisierung nutzen • Digitalisierung im Verkauf konkret festmachen • Tools für Planung und Reporting optimieren • Verkaufsmethoden von Marktevaluation, Kundendiagnose, Kundenbearbeitung (z.B. Value Selling, Challenger Sale) bis Sales Funnel und Verhandlungsmethodik wählen und umsetzen • Customer Relationship Management einrichten und professionell nutzen
7. Sales Metrics and KPIs											• Zielklärung als Basis für Metrics • Markt- und Kundentransparenz sichern • Vertriebscockpit einrichten und dynamische Komponenten integrieren • Basis für Kundenrentabilität, Kostenteilung usw. schaffen • KPIs und Führungsrhythmus sowie Lohnsystem abstimmen • nicht verhandelbare Vorgaben für die Verkaufsarbeit und Sanktionen bestimmen

8. Sales Performance Management											• Vertriebsaudit durchführen und in Workstreams übersetzen • Sales Performance systematisch, qualitativ und quantitativ erfassen • Performance Lücken mit Betroffenen gezielt schließen
9. Global Acount Management											• Global Account Management systematisieren: Screening, Strategy, Solutions, Skills, Structure, Scorecard und auf Ebene Corporate und KAM klären • Global Accounts selektionieren und Kundenanforderungen in Prozess und Leistung erfassen (z.B. Business Canvas) • Global Accounts betreuen/erweitern und neu aufbauen • Kunden zentral und dezentral abgestimmt bearbeiten und Wertschöpfung für und mit Kunden steigern
10. Restructure Sale and Resources											• starke Positionierung des Vertriebs im Gesamtunternehmen (Sales Driven Company) • Ressourcen zentral und dezentral bestimmen • Hierarchie/Stufen von global, regional bis lokal klären • Organisation von Zentrale und Niederlassungen abstimmen • Organisation von Ländereinheiten sinnvoll standardisieren • dezentrale Einheiten mobilisieren • Verkaufskomplexität und Spezialisierung meistern • Vertriebsprozesse von Neuprodukteinführung, Markterschließung bis hin zu Auftragsabwicklung optimieren • Vertriebssystem mit Großhandel, Tochtergesellschaften, Vertretungen optimieren • Struktur, Prozesse, Projekte und Teams, Führung und Controlling abstimmen
1= unwichtig/erfüllt; 5=ausschlaggebend/bei weitem nicht erfüllt											

Abbildung 18.1: Check für Sales Excellence Development

Uns scheint es wichtig, nochmals Folgendes zu betonen: Bei allen Eingriffen Gas geben zu wollen, ist keine gute Lösung. Eine Roadmap kombiniert und etappiert die Aufgaben zweckmäßig.

Verkauf als ›heilige Kuh‹?

Der Widerstand der Verkäufer gegen zentrale Eingriffe ist wahrscheinlich. Sie wehren sich beispielsweise dagegen, potenzielle und aktuelle Kunden abzugeben, die bisher ihrem Vertriebsgebiet zugeordnet waren. So sperrten sich die Verkäufer von Sick (Hersteller von Sensoren) gegen ein Kleinkundenmanagement, obschon das Unternehmen sich auf Kunden konzentrierte, die nachweislich seit vier Jahren vom Außendienst nicht kontaktiert wurden. Verantwortliche behandeln den Verkauf oft als ›heilige Kuh‹, wie ein Praktiker meinte. Sein Besitzstand wird gewahrt, weil eine Revolte der Verkäufer als zu risikoreich und mühsam eingeschätzt wird.

Bedrohung der Verkaufsidentität

Es ist uns keine weitere Berufsgruppe bekannt, die einen ähnlichen Schutz beansprucht. In seinem Selbstverständnis ›gehören‹ die Kunden dem Verkäufer und er ist unabhängig und selbstständig. Maßnahmen des professionellen Verkaufsmanagements versteht er leicht als einen Angriff auf seine Identität. Damit werden sie als viel grundsätzlicher empfunden als kleinere, fachliche Eingriffe.

Gemeinsame Reise von Verkaufsmanagern und Verkäufern

Die Aufgaben der Verkäufer verändern sich selbstverständlich. Verkaufsmanagern muss es gelingen, ihre Mannschaft auf diese Reise mitzunehmen, sonst ersticken sie im Status quo und realisieren notwendige Anpassungen in der Organisation nie oder zu spät. Dazu gilt es, ein gemeinsames Verständnis von Problemen und Chancen im Verkauf zu erarbeiten. Veränderte und neue Aufgaben im Verkauf könnten auch Teil einer positiven, beruflichen Entwicklung des Verkäufers sein, also Teil der vielgeforderten Fachkarriere im Vertrieb, welche die Verkaufsaufgabe längerfristig attraktiv hält. Sales Excellence Development hat keine geringere Rolle als den gemeinsamen Weg im Vertrieb voranzutreiben.

Wechselspiel zwischen Forschung, Entwicklung und Praxis

Aus unserer Entwicklungsarbeit und der breiten empirischen Untersuchung lassen sich ergiebige Erkenntnisse für die Praxis ableiten. Ebenso wichtig sind jedoch spezifische Fälle der Unternehmenspraxis. Es ist deshalb wertvoll, dass sich im zweiten Kapitel verschiedene Unternehmen und Führungskräfte beteiligten, um ihre Ansätze für ein professionelles Sales Excellence Development zu veranschaulichen.

Grenzen

Die Möglichkeiten des Sales Excellence Development sind zweifach begrenzt. Erstens ist es bedeutend, mit den Freiräumen der Vertriebseinheiten sehr sorgsam umzugehen. Vieles lässt sich dezentral besser lösen. Zweitens mag ein Motiv des Managements sein, dass viele Verbesserungen im Verkauf schon jahrelang anstehen, ohne dass viel geschieht. Der Wunsch wäre es, durch das Sales Excellence Development endlich Dynamik in die Professionalisierung des Verkaufs zu bringen. Nur kompensieren weder starke Verkaufsführung noch -entwicklung maßgebliche Schwächen in den Vertriebseinheiten und bei den Verkäufern. Entscheidend sind Fähigkeiten und Verhalten vor Ort. Der Verkauf lässt sich nicht nur anbieterorientiert gestalten, ähnlich wie das perfekte Produkt hergestellt wird. Die optimierte Verkaufsmaschine funktioniert nicht, weil der Verkäufer die eigene Welt des Unternehmens mit der unabhängigen Welt des Kunden verbindet.

Fortschritte

Fortschritte in diesem Thema liegen für Praxis und Forschung im situativen Sales Excellence Development, in einem verstärkten Verkäufer- und vor allem Kundenbezug, im ausdrücklichen Ausweis von erzielten Erfolgen für Sales Excellence Development und vor allem im Tiefgang. Es ist leicht, neue Verkaufsaufgaben zu benennen, aber schwierig, diese konkret und einschließlich aller Anknüpfungspunkte zu verwandten Themen umzusetzen. Dabei wünschen wir unseren Lesern viel Erfolg.

Zwischen Zentrale und Vertriebseinheiten muss ein Schwungrad entstehen. Themen mit beiderseitigem Vorteil aufzugreifen, ist dabei entscheidend. Letztlich ist der Kunde der zentrale Bezugspunkt, um den Erfolg zu steigern.

Quellen

Akzoy, L./Keiningham, J. (2016): The most accurate success metric isn't what you think. Chicago: American Marketing Association. https://www.ama.org/publications/Marketing-News/Pages/most-accurate-success-metric.aspx (Abrufdatum: 22.11.2017).

Arnett, D. B./Wittmann C. M. (2014): Improving marketing success: the role of tacit knowledge exchange between sales and marketing. In: Journal of Busines Research, 67. Jg., H. 2, S. 324-331.

Backhaus, K./Büschken, J./Voeth, M. (2005): International marketing. London: McMillan Education.

Bartlett, Ch. A./Ghoshal, S. (1990): Internationale Unternehmensführung. Frankfurt a. M.: Campus.

Belz, Ch. (2004): Gefahren der Marketing Metrics. In: Thexis, 21. Jg., Nr. 3, S. 60-63.

Belz, Ch. (2013): Stark im Vertrieb. Stuttgart: Schäffer-Poeschel.

Belz, Ch. (2014): Verbreiterung der Verkaufsaufgabe verunsichert die Kunden. In: Sales Management Review, Nr. 1/2014, S. 18-24.

Belz, Ch. (2015a). Mehrwertanbieter im Massengeschäft. In: Marketing Review St.Gallen, 32. Jg., Nr. 5, S. 12-24.

Belz, Ch. (2015b): Entwicklung einer kundenbezogenen Wertschöpfung. In: Sales Management Review, Nr. 1/2015, S. 44-50.

Belz, Ch. (2015c): Neue Formen der Zusammenarbeit mit Kunden in der Industrie - Wann lohnt sich eine intensive Zusammenarbeit mit Kunden? In: Hoffmann, C. P./Lennerts, S./Schmitz, C./Stoelzle, W./Uebernickel, F. (Hrsg.): Business Innovation: Das St.Galler Modell. Wiesbaden: Springer Gabler, S. 105-121.

Belz, Ch. (2015d): Raus aus der engen Schublade beim Kunden! In: Sales Management Review, Nr. 5/2015, S. 44-47.

Belz, Ch. (2015e): Versteckspiele zwischen Lieferanten und Kunden. In: Sales Management Review, Nr. 2/2015, S. 56-62.

Belz, Ch. (2016a): Customer Journey - Qualifikation für Kundenprozesse. In: Marketing Review St.Gallen, Nr. 3/2016, S. 60-67.

Belz, Ch. (2016b): Höhere Trefferquote auch bei schwieriger Marktlage. In: Sales Management Review, Nr. 4/2016, S. 52-60.

Belz, Ch. (2016c): Kundenzugang im Verkauf. In: Marke41, Nr. 6/2016, S. 8-11.

Belz, Ch. (2016d): Lead Management. In: Marke41, Nr. 4/2016, S. 8-13. www.marke41.de/sites/default/files/media/marke41_04-2016.pdf (Abrufdatum 22.11.2017).

Belz, Ch. (2016e): Offerten und Kundenpräsentationen optimieren. In: Sales Management Review, Nr. 2/2016, S. 86-93.

Belz, Ch. (2016f): Sales Heatmap I und II. In: Swiss Marketing Review, Nr. 3/2016 (S. 12-18) und Nr. 4/2016 (S. 18-25).

Belz, Ch. (2017a): Momente der Wahrheit im Verkauf, Reader. St.Gallen: Institut für Marketing.

Belz, Ch. (2017b): Erfolge für Kundenprojekte steuern - Gewinner sein und nicht der Preis. In: Marketing Review St.Gallen, Nr. 6, S. 10-23.

Belz, Ch. (2017c): Kundenverluste angehen. In: Marke41, Nr. 3/2017, S. 8-12.

Belz, Ch. (2017d): Time to money: Rascher verkaufen im B-to-B-Geschäft. In: Marke 41, Nr. 4/2017, S. 8-11. www.marke41.de/sites/default/files/media/marke41_04-2017.pdf (Abrufdatum 22.11.2017).
Belz, Ch. (in Vorbereitung): Verkaufsspezialisierung. In: Marketing Review St.Gallen.
Belz, Ch./Betz, M. (2012): Zwölf Mythen der Inhouse-Weiterbildung im Marketing. In: Marketing Review St.Gallen, 29. Jg., Nr. 6, S. 38–44.
Belz, Ch./Betz, M. (2015): Know-how im Vertrieb teilen. In: Marke41, Nr. 4/2015, S. 8–13.
Belz, Ch./Bieger, T. et al. (2011): Customer Value (3. Aufl.). Landsberg am Lech: Moderne Industrie.
Belz, Ch./Brademann, E./Fuchs H. J. (1999): Management von Geschäftsbeziehungen. Konzepte - integrierte Ansätze - Anwendungen in der Praxis. St.Gallen: Thexis.
Belz, Ch./Bußmann, W. (2002): Performance Selling. St.Gallen: Thexis.
Belz, Ch./Bußmann, W. /Lee, Y.-Ch. (2013): Global Sales - zentrale Eingriffe im internationalen Vertrieb. In: Marke41, Nr. 4/2014, S. 8–15.
Belz, Ch./Dannenberg, H./Redemann, M./Weibel, M. (2016): Value Selling. Stuttgart: Schaeffer-Poeschel.
Belz, Ch./Huckemann, M./ Schmitz, Ch. (2017): First-Line-Sales-Manager: Die letzte Meile zum Vertriebserfolg gestalten. In: Marketing Review St.Gallen, Nr. 2/2017, S. 82–93.
Belz, Ch./Lee, Y.-Ch. (2014a): Kundenvorteile durch Nachhaltigkeit für Basic Materials, interne und elektronisch publizierte Dokumentation. St.Gallen: Universität St.Gallen (interne Unterlage).
Belz, Ch./Lee Y.-Ch. (2014b): Getriebene oder Gestalter in Marketing und Vertrieb? In: Marke41, Nr. 1/2014, S. 8–15.
Belz, Ch./Lee, Y.-Ch. (2017): Cross-Selling überwindet Distanz. St.Gallen: Thexis.
Belz, Ch./Mühlmeyer, J. (2001): Internationale Märkte - Wie sich die Preise harmonisieren lassen. In: Harvard Business Manager, Nr. 4/2001, S. 74–84.
Belz, Ch./Müllner, M./Zupancic, D. (2015): Spitzenleistungen im Key Account Management. Das St.Galler KAM-Konzept (3. völlig überarbeitete und erneuerte Aufl.). München: Vahlen.
Belz, Ch./Mussak, P. (2016): Den Nutzen des CRM-Systems im Vertrieb steigern. In: Sales Management Review, Nr. 1/2016, S. 64–68.
Belz, Ch./Reinhold, M. (2012): Internationaler Industrievertrieb. In: Binckebanck, L./Belz, Ch. (Hrsg.): Internationaler Vertrieb. Wiesbaden: Gabler, S. 3-222.
Belz, Ch./Reinhold, M. (2014): Ausschreibungen im Vertrieb gewinnen. In: Marke41, Nr. 4/2014, S. 8-13. http://www.marke41.de/content/ausschreibungen-im-vertrieb-gewinnen (Abrufdatum 28.11.2017).
Belz, Ch./Schmitz, Ch. (2008): Business-to-Business-Marketing. Erfolg mit kleinen Geschäften - Smart Account Management im Business-to-Business Marketing, St.Gallen: Thexis.
Belz, Ch./Schmitz, Ch. (2011): Verkaufskomplexität: Leistungsfähigkeit des Unternehmens in die Interaktion mit dem Kunden übertragen. In: Homburg, Ch./Wieseke, J. (Hrsg.): Handbuch Vertriebsmanagement. Wiesbaden: Gabler, S. 179–206.
Belz, Ch./Schmitz, Ch. (2017): Sales Driven Company: Entwicklung zum exzellenten Vertrieb. Programm 2017. St.Gallen/Bochum: Universität St.Gallen/Ruhr Universität Bochum.
Belz, Ch./Wortmann, Ch. (2017): Herausforderungen von Big Data in Marketing und Verkauf, in: Marketing Review St.Gallen, Nr. 2, S. 94–100.

Belz, O. (2015): Die Gnome aus dem Konzern – wie ein blühendes Unternehmen verwelkt. http://www.persens.com/qg/uploads/article_pdfs/218_1426072166.pdf (Abrufdatum 28.11.2017).

Biemans, W. G./Brencic, M. M./Malshe, A. (2010): Marketing-sales interface configurations in B2B firms. In: Industrial Marketing Management, 39. Jg., Nr. 2, S. 183–194.

Carlsson, B. (2004): The digital economy: What is new and what is not? In: Structural Change and Economic Dynamics, 15. Jg., Nr. 3, S. 245–264.

Catlin, T./Segev, I./Singer, M. (2016): Digital Quotient ®, McKinsey, http://www.mckinsey.com/business-functions/digital-mckinsey/how-we-help-clients/digital-quotient#Link (Abrufdatum 28.11.2017).

Cespedes, F. V. (2014a): Putting sales at the center of strategy. In: Harvard Business Review, Oktober 2014.

Cespedes, F. V. (2014b): Aligning strategy and sales: the choices, systems, and behaviors that drive effective selling. Boston (MA): Harvard Business Review Press.

Dannenberg, H. (2017): Licht und Schatten beim Vertriebsimage. In: Sales Management Review, Nr. 3/2017, S. 20–26.

Dixon, M./Adamson, B. (2016): The Challenger Sale: Kunden herausfordern und erfolgreich überzeugen (2. aktualisierte Aufl.). München: Redline.

Edinger, S. (2013): The metrics sales leaders should be tracking. In: Harvard Business Review, November 2013.

Ernst, H./Hoyer W. D./Rübsaamen, C. (2010): Sales, marketing, and research-and-development cooperation across new product development stages: implications for success. In: Journal of Marketing, 74. Jg, Nr. 5, S. 80–92.

Goll, H./Mörgeli, B. (2017): AXA: Transaktionaler Omni-Kanal-Vertrieb. In: Marketing Review St. Gallen, Nr. 4/2017, S. 56–63.

Guenzi, P./Storbacka K. (2015): The organizational implications of implementing key account management: a case-based examination. In: Industrial Marketing Management, 45. Jg., Februar 2014, S. 84–97.

Huckemann, M./Krug, T. (2013): Umsetzungsmanagement von Preisstrategien: Wie Sie Ihre Preise erfolgreich und nachhaltig zum Laufen bringen. Wiesbaden: Gabler.

Huckemann, M./Schmitz, Ch. (2014): Key Performance Indicators (KPI): Steuerung und Messung von Leistung im Vertrieb. Studienergebnisse. Meerbusch und St. Gallen.

Jackson, D. W./Schlacter, J. L./Bridges, C./Gallan, A. (2010): A comparison and expansion of the bases used for evaluating salespeople's performance. In: Journal of Marketing Theory and Practice, 18. Jg., Nr. 4, S. 393–404.

Kotler, P./Gregor, W. T./Rodgers, W. H. (1977): The marketing audit comes out of age. In: Sloan Management Review, 18. Jg., Nr. 2, S. 25–43.

Kovac, M. (2016): Using digital exhaust to improve sales. In: Harvard Business Review, July 2016.
Kunisch S./Müller-Stewens, G./Collis, D. J. (2012): Housekeeping at corporate headquarters. International trends in optimizing the size and scope of corporate headquarters. Survey Report. St.Gallen/Boston (MA): University of St.Gallen/Harvard Business School.

Lai, Ch. J. (2016): The effect of individual market orientation on sales performance: an integrated framework for assessing the role of formal and informal communications. In: Journal of Marketing Theory and Practice, 24. Jg., Nr. 3, S. 328–343.
Loss, Ch. (1996): Systemverkauf. Dissertation, Universität St.Gallen.

Malms, O. (2012): Realizing cross selling potential in business-to-business-markets. Dissertation, Universität St.Gallen.
Martin, S. W. (2012): What's wrong with your sales training program. In: Harvard Business Review, July 2012.
Mercuri International (2017): Sales Excellence Survey 2017. http://de.mercuri.net/media/contenttype/public-attachments/Mercuri_International_-_Sales_Excellence_Survey_2017_Report.pdf (Abrufdatum 28.11.2017).
Minsky, L./Quesenberry, K. A. (2016): How B2B sales can benefit from social selling. In: Harvard Business Review, November 2016.
Morgan, N. A./Clark, B. H./Gooner, R. (2002): Marketing productivity, marketing audits, and systems for marketing performance assessment: integrating multiple perspectives. In: Journal of Busines Research, 55. Jg., Nr. 5, S. 363–375.
Mussak, P. (2016): Einsatz von Customer Relationship Management im Vertrieb – Eine Untersuchung am Beispiel der Assekuranz Schweiz. Dissertation, Universität St.Gallen.

Osterwalder, A./Pigneur, Y. (2011): Business Model Generation. Ein Handbuch für Visionäre, Spielveränderer und Herausforderer. Frankfurt a. M.: Campus.

Paulus, C. (2018): Marketing communication performance management in industrial project business. Dissertation 2018 (im Druck).
Peterson, E./Riesterer, T. (2011): Conversations that win the complex sale: using power messaging to create more opportunities, differentiate your solutions, and close more deals. New York: McGraw Hill.

Rutschmann, M. (in Vorbereitung): Stop Branding, Start Selling! Wiesbaden: Springer Gabler.
Rutschmann, M./Belz, Ch. (2014): Reales Marketing. Stuttgart: Schäffer Poeschel.

Schön, S./Schögel, M. (2017): Sales Excellence durch Organisationale Multichannel-Integration. In: Marketing Review St.Gallen, Nr. 4/2017, S. 104–113.
Schmidt, K./Adamson, B./Bird, A. (2015): Making the consensus sale. In: Harvard Business Review, März 2015. https://hbr.org/2015/03/making-the-consensus-sale (Abrufdatum 28.11.2017).

Schmitz, Ch. (2006): Internationales Vertriebsmanagement für Industriegüter: Handlungsimplikationen aus dem Blickwinkel internationaler Tochtergesellschaften und Vertretungen. Wiesbaden: Gabler Edition Wissenschaft.

Schmitz, Ch./Belz, Ch./Huckemann, M. (2016): First-Line Sales Manager: Wachstums- und Umsetzungsimpulse auf der letzten Meile der Vertriebsführung. Ergebnisse der Studie. Bochum/St.Gallen/Meerbusch: Ruhr Universität/Universität St.Gallen/Mercuri International.

Schwarz, M./Deschwanden, A. von (2016): Praxisbeispiel Swisscom: vom Produktmarketing zum B-to-B Lead Management: Praxis-Erfahrungen von Swisscom auf dem Weg zu Marketing Automation. In: Marketing Review St.Gallen, Nr. 4/2016, S. 46–55.

Stern, R. (2016): Die Erneuerung des Vertriebs. In: Harvard Business Manager, Februar 2016, S. 63–69.

Toman, N./Adamson, B./Gomez, C. (2017): The new sales imperative – B2B purchasing has become too complicated, you need to make it easy for your customers to buy. In: Harvard Business Review, März/April 2017, S. 119–123.

Wang, S./Noe R. A./Wang, Z.-M. (2014): Motivating knowledge sharing in knowledge management systems: a quasi-field experiment. In: Journal of Management, 40. Jg., Nr. 4, S. 978–1009.

Weibel, M. (2014): Vertrieb im Industriegütergeschäft aus Anbietersicht: Untersuchung erfolgskritischer Faktoren nach Geschäftstypen. Wiesbaden: Gabler.

Weibel, M./Lindenau, A. (2017): Digitalisierung im Business-to-Business-Marketing und Vertrieb erfolgreich realisieren. In: Marketing Review St.Gallen, 34. Jg., Nr. 4, S. 84–93.

Workman, J. P./Homburg, Ch./Jensen, O. (2003): Intraorganisational determinants of key account management effectiveness. In: Journal of the Academy of Marketing Science, 31. Jg., Nr. 1, S. 3–21.

Wünsche, M. (2010): Performance Contracting: Effiziente Kooperations- und Leistungsanreize in der Outsourcing-Beziehung. Dissertation, Universität St.Gallen.

Yip, G. S./Bink. A. J. M. (2007): Managing global accounts. In: Harvard Business Review, September 2007.

Zoltners, A. A./Sinha P. K./Lorimer, S. E. (2006): Match your sales force structure to your business life cycle. In: Harvard Business Review, July/August 2006.

Zoltners, A. A./Sinha P. K./Lorimer, S. E. (2015): Why sales teams should reexamine territory design. In: Harvard Business Review, August 2015.

Stichwortverzeichnis

V

W

Z

Verkaufscheck

Fragen für den Verkaufscheck im eigenen Unternehmen

Prof. Dr. Christian Belz, Ordinarius für Marketing an der Universität St. Gallen und Direktor am Institut für Marketing (christian.belz@unisg.ch)

Dieser Check ist firmenübergreifend ausgerichtet. Es gilt, ihn zu prüfen und einige Fragen zu streichen, andere zu ergänzen. Manche Fragen gilt es, auch für das besondere Unternehmen anzupassen.

Die Fragen sind auf eine interne Analyse durch die verantwortlichen Verkaufsmanager im Business-to-Business-Geschäft gerichtet. Sie lassen sich nutzen, um den persönlichen Standort im Vertrieb zu prüfen oder die Sichtweise der verschiedenen Verantwortlichen im Verkauf des Unternehmens abzustimmen. Eine eigene Beurteilung bleibt dabei auch immer kritisch.

Mit unterschiedlichen Farben lassen sich **Ist** und **Soll** in den Profilen eintragen. Im Nachgang ist es sinnvoll, rund fünf Schwerpunkte direkt zu bezeichnen, an denen das Unternehmen ansetzen muss.

Dieser Verkaufscheck ist nicht an den zehn Hebeln des Sales Excellence Development orientiert (und allenfalls Teil des Hebels Sales Performance Management). Sales Excellence Development kann aber eine Lösung sein, um festgestellte Probleme und Entwicklungsbedarf anzugehen.

Inhalt:

Drei Fragen

1. Ergebnisse
2. Fit zwischen Unternehmens- und Verkaufsstrategie
3. Leistungsprioritäten
4. Kundenprioritäten
5. Verkaufsorganisation
6. Kundeninformation und CRM
7. Verkaufssupport
8. Flankierende Marktbearbeitung zum Verkauf
9. Selektion der Verkäufer
10. Lernprozesse und Schulung der Verkäufer
11. Führung und Coaching der Verkäufer
12. Verkaufs- und Kundenprozesse
13. Interaktion mit dem Kunden
14. Key Performance Indicators im Verkauf

Drei Fragen

- Auf welche drei Dinge in Ihrem Verkaufsmanagement sind Sie besonders stolz?
- Wo können Sie ansetzen, um den Verkauf in Zukunft noch erfolgreicher zu gestalten?
- Welche Tätigkeiten des Verkaufsmanagement und der Verkäufer beurteilen Sie als produktiv und welche als unproduktiv?

1 Erreichte Ergebnisse im Vertrieb	**Performance des Verkaufs (Ist/Soll)** (1 = sehr schlecht/ nicht existent; 5 = sehr gut)	**Nicht relevant** X	**Hier müssen wir ansetzen** X
1.1 erreichte Umsatzziele	1 ☐ 2 ☐ 3 ☐ 4 ☐ 5 ☐		
1.2 erreichte Ertragsziele/Kostenziele	1 ☐ 2 ☐ 3 ☐ 4 ☐ 5 ☐		
1.3 erreichte Verkaufsprofessionalität	1 ☐ 2 ☐ 3 ☐ 4 ☐ 5 ☐		

Die konkreten und differenzierten Ziele des Unternehmens mit dem Vertrieb sind der Bezug. Stichworte sind neben Umsatz und Ertrag auch Kundenpräsenz, Kundenentwicklung, Kunden-Mix, Leistungs-Mix, Regionen-Mix.

2 Fit zwischen Unternehmens- und Verkaufsstrategie im Vertrieb	**Performance des Verkaufs (Ist/Soll)** (1 = sehr schlecht/ nicht existent; 5 = sehr gut)	**Nicht relevant** **X**	**Hier müssen wir ansetzen** **X**
2.1 Trends im Markt: Relevante Trends in den definierten Märkten für das Unternehmen (z. B. Marktentwicklung, Technologie, Kunden, Absatzmittler, Wettbewerber) sind zuverlässig erfasst und für das Unternehmen gültig interpretiert.	1 ☐ 2 ☐ 3 ☐ 4 ☐ 5 ☐		
2.2 Vorgaben: Die Unternehmensstrategie lässt sich wirksam in relevante Vorgaben und Vorgehen des Vertriebs umsetzen.	1 ☐ 2 ☐ 3 ☐ 4 ☐ 5 ☐		
2.3 Umsetzung: Verkäufer verstehen und akzeptieren die Strategie und mobilisieren ihre Kreativität und Kraft für eine Realisierung.	1 ☐ 2 ☐ 3 ☐ 4 ☐ 5 ☐		
2.4 situative Bedingungen: Das Verkaufssystem ist auf die wichtigen Bedingungen des Unternehmens angepasst (z. B. Internationalität, Zahl der Kunden, Komplexität der Leistungen, Produktionsvoraussetzungen).	1 ☐ 2 ☐ 3 ☐ 4 ☐ 5 ☐		
2.5 Verkaufskomplexität: Ressourcen und Aufgaben des Verkaufs sind abgestimmt, um die angestrebten Kunden optimal zu bearbeiten. Kundenzahl, Kundenbesuche, Verkaufsaufgabe und Distanzen usw. sind mit Verkäuferzahl, Gebietsgrößen, Leistungsbreite und -tiefe abgestimmt. Verkäufer bringen die Leistungsfähigkeit des Unternehmens in die Interaktion mit Kunden.	1 ☐ 2 ☐ 3 ☐ 4 ☐ 5 ☐		
2.6 Verkaufsziele: Wenige Verkaufsziele (Umsätze und Erträge, Kunden, Leistungen, Preisqualität, Schlagzahl, Customer Face Time) prägen den Verkauf, führen aber nicht zu kontraproduktiven Verzerrungen.	1 ☐ 2 ☐ 3 ☐ 4 ☐ 5 ☐		
2.7 Distributionswege: Die Distributionskanäle (z. B. direkt, indirekt, Kooperationen, Großhandel, persönlicher Verkauf, Online) werden richtig gewichtet und geeignet differenziert sowie verbunden. Der Verkauf spielt wirksam mit dem E-Business zusammen.	1 ☐ 2 ☐ 3 ☐ 4 ☐ 5 ☐		
2.8 Positionierung des Verkaufs: Der Verkauf ist im Unternehmen wirksam und positiv positioniert und überzeugt durch Leistung.	1 ☐ 2 ☐ 3 ☐ 4 ☐ 5 ☐		
2.9 Verkaufsentwicklung: Eine zentrale Stelle befasst sich damit, den Verkauf sparten- und länderübergreifend zu professionalisieren.	1 ☐ 2 ☐ 3 ☐ 4 ☐ 5 ☐		
2.10 Verkaufsinnovation: Der Verkauf prägt die Produkt- und Serviceinnovationen im Unternehmen, innoviert aber auch im eigenen Verkaufsbereich.	1 ☐ 2 ☐ 3 ☐ 4 ☐ 5 ☐		
2.11 Experimente: Mit Pilotprojekten und Experimenten erproben wir laufend neue Lösungen im Verkauf.	1 ☐ 2 ☐ 3 ☐ 4 ☐ 5 ☐		
2.12	1 ☐ 2 ☐ 3 ☐ 4 ☐ 5 ☐		

3 Leistungsprioritäten	**Performance des Verkaufs (Ist/Soll)** (1 = sehr schlecht/ nicht existent; 5 = sehr gut)	**Nicht relevant** X	**Hier müssen wir ansetzen** X
3.1 Leistungsprioritäten: Der Verkauf konzentriert sich auf umsatzstarke und ertragreiche Leistungen.	1 ☐ 2 ☐ 3 ☐ 4 ☐ 5 ☐		
3.2 New Business: Neue Leistungen für neue Kunden sind eine wichtige Teilaufgabe des Verkaufs.	1 ☐ 2 ☐ 3 ☐ 4 ☐ 5 ☐		
3.3 Einführung neuer Leistungen: Neue Leistungen bereiten das Unternehmen wirksam auf die Zukunft vor und werden aktiv im Verkauf gefördert.	1 ☐ 2 ☐ 3 ☐ 4 ☐ 5 ☐		
3.4 Verkauf von Services: Services werden gezielt genutzt und verkauft statt verschenkt.	1 ☐ 2 ☐ 3 ☐ 4 ☐ 5 ☐		
3.5 Verkauf von Lösungen: Lösungen des Unternehmens treffen auf die Situation und den Bedarf des Kunden und der Mehrwert wird aktiv verkauft.	1 ☐ 2 ☐ 3 ☐ 4 ☐ 5 ☐		
3.6 differenzierte Zusammenarbeit: Unternehmen und Verkäufer sind in der Lage, mit den Kunden je nach Bedarf schlank bis extensiv und immer rentabel zusammenzuarbeiten.	1 ☐ 2 ☐ 3 ☐ 4 ☐ 5 ☐		
3.7 Upselling: Dem Verkauf gelingt es, die Kunden systematisch auf höherwertige Leistungen zu führen.	1 ☐ 2 ☐ 3 ☐ 4 ☐ 5 ☐		
3.8 Cross-Selling: Der Verkauf bezieht bei Kunden nicht nur die direkt verantworteten Leistungen mit ein, sondern verkauft auch die Produkte und Services von weiteren Sparten des Unternehmens.	1 ☐ 2 ☐ 3 ☐ 4 ☐ 5 ☐		
3.9 Leistungskompetenz im ›Generalistenverkauf‹: Der Verkauf ist befähigt, die Leistungen bei Kunden nicht nur bei direkt verantworteten Leistungen einzubringen. Er verkauft auch die Produkte und Services von weiteren Sparten des Unternehmens.	1 ☐ 2 ☐ 3 ☐ 4 ☐ 5 ☐		
3.10 Leistungskompetenz nach Reorganisationen: Der Verkauf ist kompetent für breitere Sortimente und Services nach Reorganisationen (z.B. Segmentorientierung des Verkaufs) und Übernahmen (z.B. Integration übernommener Sortimente im Verkauf).	1 ☐ 2 ☐ 3 ☐ 4 ☐ 5 ☐		
3.11	1 ☐ 2 ☐ 3 ☐ 4 ☐ 5 ☐		

4 Kundenprioritäten	**Performance des Verkaufs (Ist/Soll)** (1 = sehr schlecht/ nicht existent; 5 = sehr gut)	**Nicht relevant** **X**	**Hier müssen wir ansetzen** **X**
4.1 Segmentierung: Die Segmentierung unterstützt den gezielten Verkauf und das langfristig angestrebte Kundenportfolio ist definiert.	1 ☐ 2 ☐ 3 ☐ 4 ☐ 5 ☐		
4.2 Kundenbewertung: Kunden werden systematisch bewertet (z. B. Umsatz(-potenzial), Ertrag(-potenzial), Wachstum, Referenz, Erfolgschancen).	1 ☐ 2 ☐ 3 ☐ 4 ☐ 5 ☐		
4.3 Kundenprioritäten: Der Verkauf selektioniert und bearbeitet die Kunden mit den größten Chancen für Unternehmenserfolge.	1 ☐ 2 ☐ 3 ☐ 4 ☐ 5 ☐		
4.4 Kundenportfolio: Das Kundenportfolio ist ausgeglichen, es erlaubt dem Unternehmen ›abzuschöpfen‹, ist aber auch zukunftsfähig.	1 ☐ 2 ☐ 3 ☐ 4 ☐ 5 ☐		
4.5 schlechte Geschäfte: Verkäufer realisieren keine schlechten Geschäfte für das Unternehmen.	1 ☐ 2 ☐ 3 ☐ 4 ☐ 5 ☐		
4.6 Kundenakquisition: Der Verkauf bearbeitet neue Kunden ausgewogen im Verhältnis zur Kundenpflege und positioniert das Unternehmen als Anbieter anspruchsvoll/breit. Langfristig baut der Verkauf neue Kunden (z. B. mit Wettbewerbern als Lieferanten) auf.	1 ☐ 2 ☐ 3 ☐ 4 ☐ 5 ☐		
4.7 Kundenpflege: Der Verkauf pflegt bestehende Kunden im ausgewogenen Verhältnis zur Kundenakquisition und erweitert die Geschäftsbasis mit bestehenden Kunden (größerer Anteil am Share of Wallet).	1 ☐ 2 ☐ 3 ☐ 4 ☐ 5 ☐		
4.8 Key Account Management: Für Schlüsselkunden betreiben wir ein professionelles Management mit spezifischen Verantwortlichkeiten.	1 ☐ 2 ☐ 3 ☐ 4 ☐ 5 ☐		
4.9 Small Account Management: Mit Kleinkunden arbeiten wir rentabel zusammen.	1 ☐ 2 ☐ 3 ☐ 4 ☐ 5 ☐		
4.10	1 ☐ 2 ☐ 3 ☐ 4 ☐ 5 ☐		

5 Verkaufsorganisation	**Performance des Verkaufs (Ist/Soll)** (1 = sehr schlecht/ nicht existent; 5 = sehr gut)	**Nicht relevant** **X**	**Hier müssen wir ansetzen** **X**
5.1 Zusammenarbeit für Kunden: Die Zusammenarbeit mit unserem Unternehmen ist für Kunden einfach und schnell.	1 ☐ 2 ☐ 3 ☐ 4 ☐ 5 ☐		
5.2 Topmanagement: Der Verkauf hat einen guten Zugang zum Topmanagement.	1 ☐ 2 ☐ 3 ☐ 4 ☐ 5 ☐		
5.3 Kundenorganisation: Neben Produkt-, Länder-, Kanal- und Funktionenorientierung wird die Kundenorganisation verstärkt und der Anteil, der nach Kunden differenzierten Wertschöpfung gesteigert.	1 ☐ 2 ☐ 3 ☐ 4 ☐ 5 ☐		
5.4 internationaler Vertrieb: Das internationale Zusammenspiel der ›Marketing-‹ und ›Verkaufsarena‹ ist ›glokal‹ optimiert.	1 ☐ 2 ☐ 3 ☐ 4 ☐ 5 ☐		
5.5 Spezialisierung: Die Verkaufsspezialisierung (z.B. nach Produkten und Services, nach Ländern und Gebieten oder nach Bearbeitungstiefe (vom Erstkontakt bis zum Projektmanagement für Kunden)) unterstützt den optimalen Erfolg des Verkaufs.	1 ☐ 2 ☐ 3 ☐ 4 ☐ 5 ☐		
5.6 Arbeitsbereiche: Die Arbeitsbereiche (z.B. Gebiete) der Verkäufer sind optimal definiert, sodass sie der Verkäufer auch abdecken kann.	1 ☐ 2 ☐ 3 ☐ 4 ☐ 5 ☐		
5.7 Schnittstellen: Das Zusammenspiel zwischen Verkauf und internen Stellen (Produktmanagement, Kundendienst, Logistik, Informatik, Marketing usw.) ist optimiert. Dies besonders, wenn der Verkauf nicht nach dem gleichen Prinzip wie das übrige Unternehmen organisiert ist (z.B. Unternehmensorganisation nach Produkten und Verkaufsorganisation nach Ländern oder Kundensegmenten).	1 ☐ 2 ☐ 3 ☐ 4 ☐ 5 ☐		
5.8 Cross-Selling: Mit organisatorischen Maßnahmen fördern wir den Verkauf des ›Gesamtunternehmens‹ bei Kunden. Verkäufer bringen auch Leistungen außerhalb ihres ›ersten‹ Verantwortungsbereiches ein und ihre Initiativen für andere Sparten oder Regionen werden im Unternehmen professionell weiterverfolgt.	1 ☐ 2 ☐ 3 ☐ 4 ☐ 5 ☐		
5.9 Prozesse: Wichtige Prozesse mit einem Zusammenspiel von Verkauf und internen Stellen sind für Kundenakquisition, Ausschreibungen, Kundenpflege, Auftragsabwicklung oder Produkteinführungen optimiert.	1 ☐ 2 ☐ 3 ☐ 4 ☐ 5 ☐		
5.10 Mobilisierung: Dem Verkauf gelingt es, die internen Abteilungen und Personen für attraktive Kunden zu mobilisieren.	1 ☐ 2 ☐ 3 ☐ 4 ☐ 5 ☐		
5.11 Innendienst: Innendienst und Außendienst spielen optimal zusammen.	1 ☐ 2 ☐ 3 ☐ 4 ☐ 5 ☐		
5.12 Vertriebskooperationen: Sinnvolle Vertriebskooperationen mit Ergänzungsanbietern werden genutzt.	1 ☐ 2 ☐ 3 ☐ 4 ☐ 5 ☐		
5.13	1 ☐ 2 ☐ 3 ☐ 4 ☐ 5 ☐		

6 Kundeninformation und CRM	Performance des Verkaufs (Ist/Soll) (1 = sehr schlecht/ nicht existent; 5 = sehr gut)	Nicht relevant X	Hier müssen wir ansetzen X
6.1 Offer Screening: Potenzielle Aufträge werden systematisch auf ihre Attraktivität überprüft.	1 ☐ 2 ☐ 3 ☐ 4 ☐ 5 ☐		
6.2 Beschaffungsstrategie der Kunden: Beschaffungstrends und -strategien (z. B. Lieferantenkonzentration, Ausschreibungen, Global Sourcing, Out- und Insourcing, E-Sourcing) analysieren wir gründlich und gehen im Verkauf gezielt darauf ein.	1 ☐ 2 ☐ 3 ☐ 4 ☐ 5 ☐		
6.3 Kundenbedarf: Wir gehen im Verkauf professionell vor, um den Bedarf des Kunden zu erfassen und unsere Lösung darauf abzustimmen.	1 ☐ 2 ☐ 3 ☐ 4 ☐ 5 ☐		
6.4 Buying Center: Unsere Verkäufer erkennen die wichtigen Entscheider, Beeinflusser, Gegner usw. einer Beschaffung und sind in der Lage, mit (Top-)Managern, Technikern und Einkäufern wirksam zusammenzuarbeiten sowie an Gremien zu verkaufen.	1 ☐ 2 ☐ 3 ☐ 4 ☐ 5 ☐		
6.5 Kundeninformationen/CRM: Relevante Kundeninformationen sind systematisch und aktuell erfasst und stehen dem Verkauf einfach zur Verfügung.	1 ☐ 2 ☐ 3 ☐ 4 ☐ 5 ☐		
6.6 Customer Analytics: Muster des Kundenbedarfs und der Kundenprozesse werden durch Datenanalysen erhoben und genutzt.	1 ☐ 2 ☐ 3 ☐ 4 ☐ 5 ☐		
6.7 potenzielle Kunden: Potenzielle Kunden sind gezielt erfasst und die Chancen kategorisiert.	1 ☐ 2 ☐ 3 ☐ 4 ☐ 5 ☐		
6.8 Nutzung des CRM im Vertrieb: Unser CRM wird vom Vertrieb aktiv genutzt, um Kunden zu priorisieren und Kontakte systematisch vorzubereiten.	1 ☐ 2 ☐ 3 ☐ 4 ☐ 5 ☐		
6.9 begrenzte Kostentransparenz des Verkaufs: Der Verkauf stützt sich auf die richtigen Preisinformationen, beschränkte Informationen hemmen seine Bereitschaft zu Preiszugeständnissen. Differenzierte Herstellkosten sind dem Verkauf nicht bekannt.	1 ☐ 2 ☐ 3 ☐ 4 ☐ 5 ☐		
6.10	1 ☐ 2 ☐ 3 ☐ 4 ☐ 5 ☐		

7 Verkaufssupport	Performance des Verkaufs (Ist/Soll) (1 = sehr schlecht/ nicht existent; 5 = sehr gut)	Nicht relevant X	Hier müssen wir ansetzen X
7.1 Marketing als Verkaufsunterstützung: Das Marketing unterstützt den Verkauf wirksam – Marketing- und Verkaufsaktivitäten sind abgestimmt.	1 ☐ 2 ☐ 3 ☐ 4 ☐ 5 ☐		
7.2 Verkaufs-Tools: Wirksame und brauchbare Verkaufs-Tools (z.B. Sales Funnel, Gesprächsstrukturierung, Verkaufsargumente und -appelle).	1 ☐ 2 ☐ 3 ☐ 4 ☐ 5 ☐		
7.3 Digital Sale: Wirksame elektronische Unterstützung des Verkaufs mit elektronischen Präsentationen, Evaluatoren, Modellrechnungen, Verfügbarkeiten, Preisberechnungen usw. auf mobilen Geräten (z.B. Tablets). Chancen der Sales Force Automation werden genutzt.	1 ☐ 2 ☐ 3 ☐ 4 ☐ 5 ☐		
7.4 Servicecenter: Der persönliche Verkauf wird wirksam durch Inbound- und Outbound-Calls sowie Internet-Interaktion (Beratung, Services, Fehlerbehebung, Questions & Answers, Chats usw.) unterstützt und entlastet.	1 ☐ 2 ☐ 3 ☐ 4 ☐ 5 ☐		
7.5 Support Ausschreibungen: Für aufwendige Ausschreibungen werden interne Spezialisten eingesetzt, die den Verkauf flankieren und entlasten.	1 ☐ 2 ☐ 3 ☐ 4 ☐ 5 ☐		
7.6	1 ☐ 2 ☐ 3 ☐ 4 ☐ 5 ☐		

8 Flankierende Marktbearbeitung zum Verkauf	Performance des Verkaufs (Ist/Soll) (1 = sehr schlecht/ nicht existent; 5 = sehr gut)	Nicht relevant X	Hier müssen wir ansetzen X
8.1 Markenführung: Die Marke des Unternehmens fördert die Bekanntheit, den Einstieg des Verkaufs bei Kunden und vermittelt die Kompetenz.	1 ☐ 2 ☐ 3 ☐ 4 ☐ 5 ☐		
8.2 Customer Centricity: Kundenorientierung ist eine gelebte Prämisse des Gesamtunternehmens und seiner Funktionen.	1 ☐ 2 ☐ 3 ☐ 4 ☐ 5 ☐		
8.3 Dialogmarketing: Direct Marketing, Social Media, YouTube usw. bereiten Kunden wirksam auf den Kauf vor.	1 ☐ 2 ☐ 3 ☐ 4 ☐ 5 ☐		
8.4 Sales Funnel und Customer Journey: Kunden werden schrittweise zum Kauf geführt. Dabei teilen sich Marketing und Vertrieb die Aufgaben. Die Zusammenarbeit ist von gegenseitiger Wertschätzung geprägt. Die Touchpoints mit Kunden werden ganzheitlich optimiert.	1 ☐ 2 ☐ 3 ☐ 4 ☐ 5 ☐		
8.5 Leads: Leads des Marketings für den Vertrieb sind qualifiziert und unterstützen den Vertrieb darin, seine Ressourcen gezielt zu nutzen. Laufende Verkaufsaufgaben und neue Leads sind ausbalanciert, sodass der Verkauf rasch an Aktionen anknüpfen kann.	1 ☐ 2 ☐ 3 ☐ 4 ☐ 5 ☐		
8.6 Kundenevents: Anlässe von Messen, Social Events bis hin zu Kundenschulungen flankieren den Verkauf wirksam und integrieren ihn, soweit sinnvoll. Teilnehmende von Anlässen werden vom Verkauf wirksam vor- und nachbearbeitet.	1 ☐ 2 ☐ 3 ☐ 4 ☐ 5 ☐		
8.7 Cases: Kundenfälle mit vielfältigen Aufträgen werden aufbereitet und wirksam kommuniziert (Ausgangslage, Arbeitsprozess, Leistung, Ergebnisse und Rückmeldung des Kunden, Learnings). Sie stehen dem Verkauf als wirksame Referenzen zur Verfügung und werden von ihm mitgestaltet.	1 ☐ 2 ☐ 3 ☐ 4 ☐ 5 ☐		
8.8 Dokumentationen: Dokumentationen, Prospekte und Standardpräsentationen des Unternehmens unterstützen spannende Verkaufsgespräche und ziehen sich nicht in eine abgehobene Marketingwelt zurück.	1 ☐ 2 ☐ 3 ☐ 4 ☐ 5 ☐		
8.9 qualifizierte Kunden: Kunden werden systematisch qualifiziert, damit sie das besondere Leistungsvermögen des Unternehmens honorieren können.	1 ☐ 2 ☐ 3 ☐ 4 ☐ 5 ☐		
8.10	1 ☐ 2 ☐ 3 ☐ 4 ☐ 5 ☐		

9 Selektion der Verkäufer	Performance des Verkaufs (Ist/Soll) (1 = sehr schlecht/ nicht existent; 5 = sehr gut)	Nicht relevant X	Hier müssen wir ansetzen X
9.1 attraktiver Arbeitgeber: Unser Unternehmen ist für qualifizierte Bewerber (allgemein und für Verkaufsstellen) attraktiv.	1 ☐ 2 ☐ 3 ☐ 4 ☐ 5 ☐		
9.2 Förderung geeigneter Mitarbeiter: Bestehende Mitarbeitende mit den Fähigkeiten und internen Erfahrungen für den Verkauf erkennen wir gezielt und motivieren sie für diese wichtige Aufgabe.	1 ☐ 2 ☐ 3 ☐ 4 ☐ 5 ☐		
9.3 Aufgaben als Selektionskriterium: Klar präzisierte Aufgaben des Verkaufs erlauben zu prüfen, welche Bewerber sie erfüllen können. Wir verzichten auf immer längere Anforderungsprofile für Superverkäufer.	1 ☐ 2 ☐ 3 ☐ 4 ☐ 5 ☐		
9.4 ausgewogene Selektion: Branchen-Know-how, Kundenbeziehungen, Technik, Verkaufskenntnisse, Fähigkeiten zur internen und externen Zusammenarbeit, Projektmanagement und Sozialkompetenz berücksichtigen wir ausgewogen. Unsere Verkäufer sprechen auf Augenhöhe mit den Kunden.	1 ☐ 2 ☐ 3 ☐ 4 ☐ 5 ☐		
9.5 Einführung: Neue Verkäufer führen wir sorgfältig ein. Die Probezeit nehmen wir gleichzeitig ernst, um allenfalls Fehlurteile zu korrigieren. Neue Verkäufer haben intern einen ›Tandem-Partner‹.	1 ☐ 2 ☐ 3 ☐ 4 ☐ 5 ☐		
9.6 Vertriebsprofile: Vertriebsprofile für Junior- und Senior-Verkäufer oder verschiedene Märkte sowie Leistungen differenzieren wir.	1 ☐ 2 ☐ 3 ☐ 4 ☐ 5 ☐		
9.7	1 ☐ 2 ☐ 3 ☐ 4 ☐ 5 ☐		

10 Lernprozesse und Schulung der Verkäufer	Performance des Verkaufs (Ist/Soll) (1 = sehr schlecht/ nicht existent; 5 = sehr gut)	Nicht relevant X	Hier müssen wir ansetzen X
10.1 Leistungslevel: Der Level von Fähigkeiten und Leistungen ist bei unseren Verkäufern durchgängig hoch.	1 ☐ 2 ☐ 3 ☐ 4 ☐ 5 ☐		
10.2 Verkaufsrolle: Zukunftsfähige Verkaufsrollen sind klar definiert.	1 ☐ 2 ☐ 3 ☐ 4 ☐ 5 ☐		
10.3 Schulungsprogramm: Die Verkäufer werden systematisch und differenziert intern und extern trainiert. Investierte Schulungstage stehen im vernünftigen Verhältnis zu den angestrebten Schulungszielen. Die angestrebten Trainingstage pro Verkäufer werden durchgeführt.	1 ☐ 2 ☐ 3 ☐ 4 ☐ 5 ☐		
10.4 Akzeptanz der Schulung im Verkauf: Unsere Verkäufer akzeptieren, dass sie sich laufend verbessern und verändern müssen. Schulungen sind für sie wertvoll.	1 ☐ 2 ☐ 3 ☐ 4 ☐ 5 ☐		
10.5 Ziele und Inhalte: Inhaltlich konzentrieren sich die Schulungen darauf, die Strategien und Verkaufsziele umzusetzen.	1 ☐ 2 ☐ 3 ☐ 4 ☐ 5 ☐		
10.6 E-Learning: E-Learning, Filme, Dokumentationen usw. nutzen wir, um den Verkauf zeitlich flexibel und dezentral zu trainieren. E-Learning und klassische Lernprogramme verbinden wir geschickt.	1 ☐ 2 ☐ 3 ☐ 4 ☐ 5 ☐		
10.7 Best Practices: Den Austausch zwischen Verkäufern fördern wir auf einem hohen Niveau und behalten ein Momentum für das wirksame ›Best Practice Sharing‹.	1 ☐ 2 ☐ 3 ☐ 4 ☐ 5 ☐		
10.8 Fachkarriere: Ohne die Stelle als Verkäufer zu wechseln, können sich unsere Verkäufer in ihrer Aufgabe stetig weiterentwickeln.	1 ☐ 2 ☐ 3 ☐ 4 ☐ 5 ☐		
10.9 Top Performer: Wir diagnostizieren, was Top Performer im Verkauf besonders gut machen und übertragen auf andere Verkäufer, was nicht nur spezifisch ist.	1 ☐ 2 ☐ 3 ☐ 4 ☐ 5 ☐		
10.10 eigene Verantwortung: Unsere Verkäufer erkennen ihre Selbstverantwortung für die eigene Entwicklung und können sie auch wahrnehmen.	1 ☐ 2 ☐ 3 ☐ 4 ☐ 5 ☐		
10.11	1 ☐ 2 ☐ 3 ☐ 4 ☐ 5 ☐		

11 Führung und Coaching der Verkäufer	Performance des Verkaufs (Ist/Soll) (1 = sehr schlecht/ nicht existent; 5 = sehr gut)	Nicht relevant X	Hier müssen wir ansetzen X
11.1 **ergebnisorientierte Führung:** Unser Verkauf wird ergebnisorientiert nach Umsatz und Ertrag geführt.	1 ☐ 2 ☐ 3 ☐ 4 ☐ 5 ☐		
11.2 **Kultur:** Unsere offene Kultur fördert den Austausch ›von oben nach unten‹ und umgekehrt. Mitarbeitende scheuen sich nicht, die Probleme anzusprechen oder Lösungen vorzuschlagen.	1 ☐ 2 ☐ 3 ☐ 4 ☐ 5 ☐		
11.3 **Lohn und Incentives:** Unser System für Lohn und Incentives im Verkauf steuert Kosten und Erfolg und die Verzerrungen sind marginal. Team- und Einzelleistung werden berücksichtigt. Führung und Lohnsystem sind gut aufeinander abgestimmt (tranformationale Führung mit Fixlohn; transaktionale Führung mit hohem Provisionsanteil).	1 ☐ 2 ☐ 3 ☐ 4 ☐ 5 ☐		
11.4 **Wahlmöglichkeiten:** Im Lohnsystem des Verkaufs gibt es verschiedene Stellgrößen, um die persönliche Ausrichtung der Verkäufer mit dem Lohnsystem abzustimmen.	1 ☐ 2 ☐ 3 ☐ 4 ☐ 5 ☐		
11.5 **Teamselling:** Für Selling Teams sind gute Voraussetzungen geschaffen (virtuell/persönlich; temporär/kontinuierlich).	1 ☐ 2 ☐ 3 ☐ 4 ☐ 5 ☐		
11.6 **Führungsstärke:** Unser Verkauf wird stark begleitet, unterstützt und geführt.	1 ☐ 2 ☐ 3 ☐ 4 ☐ 5 ☐		
11.7 **Coaching:** Verkäufer werden individuell ›on the job‹ angeleitet und entwickelt. Verkäufer werden häufig begleitet. Coaching in begleiteten Kundenbesuchen wird gewichtet.	1 ☐ 2 ☐ 3 ☐ 4 ☐ 5 ☐		
11.8 **Top Performer:** Für Top Performer machen wir den Weg frei, auch wenn sie nicht überall nach den Vorgaben vorgehen.	1 ☐ 2 ☐ 3 ☐ 4 ☐ 5 ☐		
11.9 **Cross-funktionale Teams:** Verkäufer führen cross-funktionale Teams auch ohne direkte Weisungsbefugnis erfolgreich.	1 ☐ 2 ☐ 3 ☐ 4 ☐ 5 ☐		
11.10	1 ☐ 2 ☐ 3 ☐ 4 ☐ 5 ☐		

12 Verkaufs- und Kundenprozesse	Performance des Verkaufs (Ist/Soll) (1 = sehr schlecht/ nicht existent; 5 = sehr gut)	Nicht relevant X	Hier müssen wir ansetzen X
12.1 **reale Kundenprozesse:** Reale Kundenprozesse werden aus Anbieter- und Kundensicht detailliert analysiert und die Hebel bestimmt, die Prozesse effizient weiterführen. Dabei spielen gewonnene und verlorene Aufträge eine wichtige Rolle.	1 ☐ 2 ☐ 3 ☐ 4 ☐ 5 ☐		
12.2 **Customer Life Cycle:** Kunden werden über ihren gesamten Lebenszyklus mit unseren Leistungen systematisch bearbeitet.	1 ☐ 2 ☐ 3 ☐ 4 ☐ 5 ☐		
12.3 **Engagement der Kunden:** Unsere Verkäufer fördern das Engagement der Kunden und gestalten besonders für größere Beschaffungen einen gemeinsamen (gegenseitigen) Prozess.	1 ☐ 2 ☐ 3 ☐ 4 ☐ 5 ☐		
12.4 **Sales Funnel:** Unsere Pipeline ist genügend gefüllt, um kurz bis langfristige Umsatz- und Ertragsziele des Unternehmens umzusetzen. Wir steigen bereits früh im Prozess des Kunden ein (‚Business Initiation').	1 ☐ 2 ☐ 3 ☐ 4 ☐ 5 ☐		
12.5 **Schlagzahl und Präsenz:** Die Besuchsfrequenz bei Kunden und Präsenz für ‚ungeplante' Käufe haben wir definiert, geben sie dem Verkauf vor und kontrollieren sie.	1 ☐ 2 ☐ 3 ☐ 4 ☐ 5 ☐		
12.6 **Kosten der Akquisition:** Kosten der Akquisition werden erfolgsbezogen gesteuert. Dazu dienen definierte Meilensteine im Auftragsprozess und Zuschlagswahrscheinlichkeiten bei Kunden.	1 ☐ 2 ☐ 3 ☐ 4 ☐ 5 ☐		
12.7 **Opportunities:** Die erkannten und großen Opportunities bei Kunden werden sorgfältig beurteilt und im Team regelmäßig kritisch erörtert.	1 ☐ 2 ☐ 3 ☐ 4 ☐ 5 ☐		
12.8 **Kosten der Akquisition:** Kosten der Akquisition werden erfolgsbezogen gesteuert. Dazu dienen definierte Meilensteine im Auftragsprozess.	1 ☐ 2 ☐ 3 ☐ 4 ☐ 5 ☐		
12.9 **Chance für positive Überraschungen:** Unsere Verkäufer haben den Freiraum, dass sie auch zufällige oder unerwartete Erfolge bei Kunden realisieren können.	1 ☐ 2 ☐ 3 ☐ 4 ☐ 5 ☐		
12.10 **Selling through:** Unabhängige Vertretungen und Handelspartner werden dazu motiviert und befähigt, unsere Leistungen durchzuverkaufen.	1 ☐ 2 ☐ 3 ☐ 4 ☐ 5 ☐		
12.11 **Ausschreibungen:** Das Unternehmen selektioniert Ausschreibungen systematisch und beteiligt sich professionell, um den Zuschlag zu den richtigen Konditionen zu erhalten.	1 ☐ 2 ☐ 3 ☐ 4 ☐ 5 ☐		
12.12 **Danach:** Nach Absagen von Kunden verfolgen wir systematisch verschiedene Optionen für eine zukünftige Zusammenarbeit. Generell kümmern sich unsere Verkäufer auch nach dem Kaufentscheid um ihre Kunden.	1 ☐ 2 ☐ 3 ☐ 4 ☐ 5 ☐		
12.13	1 ☐ 2 ☐ 3 ☐ 4 ☐ 5 ☐		

13 Interaktion mit dem Kunden	**Performance des Verkaufs (Ist/Soll)** (1 = sehr schlecht/ nicht existent; 5 = sehr gut)	**Nicht relevant** **X**	**Hier müssen wir ansetzen** **X**
13.1 Verkaufstechnik: Unsere Verkäufer beherrschen die wirksamen Verkaufstechniken (Abschlusstechnik bis Storytelling). Sie gehen damit persönlich und souverän um und fördern das Vertrauen der Kunden (›Trusted Advisers‹).	1 ☐ 2 ☐ 3 ☐ 4 ☐ 5 ☐		
13.2 Fragen: Unsere Verkäufer stellen geschickte Fragen, um den Kunden zu verstehen. Sie hören zu und nutzen die Sprache des Kunden.	1 ☐ 2 ☐ 3 ☐ 4 ☐ 5 ☐		
13.3 Kundenutzen: Unsere Verkäufer übersetzen die Leistung unseres Unternehmens wirksam in Kundennutzen.	1 ☐ 2 ☐ 3 ☐ 4 ☐ 5 ☐		
13.4 Verhandlungen: Unsere Verkäufer führen auch schwierige Verhandlungen professionell.	1 ☐ 2 ☐ 3 ☐ 4 ☐ 5 ☐		
13.5 Pluralität der Rollen: Unsere Verkäufer können je nach Situation bei Kunden sehr verschiedene Rollen professionell wahrnehmen.	1 ☐ 2 ☐ 3 ☐ 4 ☐ 5 ☐		
13.6 Value Selling: Unsere Verkäufer verkaufen unsere Leistungen nach ihrem Wert und konzentrieren sich im Value Selling auf wichtige, angestrebte Mehrwerte (für neue Entscheider bei Kunden, für Lösungen statt Produkte, für einen frühen Einstieg bei Kunden usw.).	1 ☐ 2 ☐ 3 ☐ 4 ☐ 5 ☐		
13.7 Präsentationen bei Kunden: Unsere Präsentationen transportieren die Leistungsfähigkeit und Motivation des Unternehmens für Kunden(situationen) wirksam.	1 ☐ 2 ☐ 3 ☐ 4 ☐ 5 ☐		
13.8 Offerten: Unsere Offerten transportieren die Leistungsfähigkeit und Motivation des Unternehmens für Kunden(situationen) wirksam.	1 ☐ 2 ☐ 3 ☐ 4 ☐ 5 ☐		
13.9 Rechnungen: Unsere Rechnungen transportieren die Leistungsfähigkeit des Unternehmens für Kunden(situationen) wirksam.	1 ☐ 2 ☐ 3 ☐ 4 ☐ 5 ☐		
13.10 soziale Kompetenz: Unsere Verkäufer stützen sich auf eine hohe emotionale und soziale Kompetenz. Der Funke springt zum Kunden. Wir erarbeiten uns das Vertrauen des Kunden und sind verlässlich.	1 ☐ 2 ☐ 3 ☐ 4 ☐ 5 ☐		
13.11 Zusammenarbeit: Intern und bei Kunden leiten oder moderieren unsere Verkäufer die Teams mit den Beteiligten. Sie verstehen es, die Zusammenarbeit mit mehreren und wechselnden Teams positiv zu guten Ergebnissen zu führen.	1 ☐ 2 ☐ 3 ☐ 4 ☐ 5 ☐		
13.12 persönliche Beziehungen: Verkäufer pflegen persönliche Geschäftsbeziehungen systematisch und wirksam. Sie bauen das Vertrauen des Kunden durch ihre Kompetenz und Sympathie auf.	1 ☐ 2 ☐ 3 ☐ 4 ☐ 5 ☐		
13.13	1 ☐ 2 ☐ 3 ☐ 4 ☐ 5 ☐		

14 Key Performance Indicators im Verkauf	Performance des Verkaufs (Ist/Soll) (1 = sehr schlecht/ nicht existent; 5 = sehr gut)	Nicht relevant X	Hier müssen wir ansetzen X
14.1 **Auswahl:** Unsere Key Performance Indicators (KPIs) sind konsequent auf die Verbesserungen und Veränderungen gerichtet, die wir im Verkauf erreichen wollen. Wir führen mit wenigen Kerngrößen.	1 ☐ 2 ☐ 3 ☐ 4 ☐ 5 ☐		
14.2 **Durchgängigkeit:** Unsere KPIs entsprechen sich für verschiedene Stufen von Verkaufsleitung, Verkaufsgruppenleitern bis hin zu Verkäufern und sind stufengerecht.	1 ☐ 2 ☐ 3 ☐ 4 ☐ 5 ☐		
14.3 **Aktualität:** Die KPIs handhaben wir bezogen auf die aktuelle Situation im Markt und interpretieren sie mit den Verkäufern bezogen auf aktuelle Entwicklungen (im positiven und negativen Fall).	1 ☐ 2 ☐ 3 ☐ 4 ☐ 5 ☐		
14.4 **Situationsbezug:** Unsere KPIs lassen sich auf Verkäufer und ihren besonderen Arbeitsbereich situationsgerecht herunterbrechen.	1 ☐ 2 ☐ 3 ☐ 4 ☐ 5 ☐		
14.5 **Verständlichkeit:** Unsere Verkäufer verstehen die Vorgaben, leiten geeignete Maßnahmen ein und engagieren sich.	1 ☐ 2 ☐ 3 ☐ 4 ☐ 5 ☐		
14.6 **aktive Führung mit KPIs:** Die KPIs sind in den Führungsprozess eingebettet und für den Verkäufer laufend präsent. Qualifikationsgespräche, Verkäuferentwicklung usw. richten sich danach aus.	1 ☐ 2 ☐ 3 ☐ 4 ☐ 5 ☐		
14.7	1 ☐ 2 ☐ 3 ☐ 4 ☐ 5 ☐		

Viel Erfolg bei Ihren identifizierten Prioritäten!

Autoren von Sales Excellence Development

Prof. Dr. oec. Christian Belz ist Ordinarius für Marketing an der Universität St. Gallen (HSG) und Direktor am Institut für Marketing mit 35 Mitarbeitenden, welches er von 1991 bis 2014 leitete. Seine wichtigsten Themen der Forschung und Entwicklung sind Innovatives Marketing, B-to-B-Marketing, Kunden- und Leistungsmanagement sowie Verkauf und Dialogmarketing. Projekte mit Unternehmen und Mandate in Aufsichtsräten sind eine wichtige Basis für seine praxisorientierte Forschung. Christian Belz ist Mitgründer und -herausgeber der Marketing Review St. Gallen (ursprünglich Thexis).

Er ist Autor von rund 400 Fachartikeln und 40 Büchern zu Marketing und Vertrieb. Dazu gehören u. a. (oft in Zusammenarbeit mit weiteren Autoren): Cross Selling (2017), Value Selling (2016), Key Account Management (2015), Reales Marketing (2014), Stark im Vertrieb (2013), Marketing gegen den Strom (2012), Internationales Vertriebsmanagement in der Industrie (2012), Innovationen im Kundendialog (2011).

Kontakt: christian.belz@unisg.ch

Dr. Matthias Huckemann ist Geschäftsführer von Mercuri International, der führenden internationalen Beratung für Vertrieb. Seine Schwerpunkte sind Sales-Excellence-Projekte, das Umsetzen von strategischen Initiativen durch den Vertrieb sowie die Steuerung und das Managen des Vertriebs. Er ist Autor von Büchern und zahlreichen Artikeln, u. a. zu den Themen Verkaufs-Prozess-Management, Umsetzung von Preisstrategien.

Kontakt: matthias.huckemann@mercuri.de

Dr. You-Cheong Lee doktorierte am Institut für Marketing der Universität St. Gallen zum Thema Cross-Selling in Business-to-Business-Märkten bei den Professoren Belz und Schmitz. Zudem engagierte sie sich in verschiedenen Projekten zu Global Sales, Verkaufsmanagement und nachhaltigem Management in Zusammenarbeit mit Unternehmen. Sie forscht zu relevanten Themen des Verkaufs und wird gegenwärtig im International Postdoctoral Fellowship durch den Grundlagenforschungsfonds der Universität St. Gallen gefördert.

Kontakt: you-cheong.lee@unisg.ch

Dr. Michael Weibel hat nach einer technischen Grundausbildung auf dem zweiten Bildungsweg an der Universität St. Gallen (HSG) Betriebswirtschaftslehre mit Schwerpunkt Strategie und Organisation mit Zusatzabschluss in Pädagogik und Bildungsmanagement studiert. Zum Thema Industriegütervertrieb promovierte er bei den Professoren Belz und Backhaus. Seine Erfahrungen in Marketing und Vertrieb sammelte er in verschiedenen Unternehmen als Projekt- und Divisionsleiter in der IT-Beratung. Im Institut für Marketing leitet er den Bereich der überbetrieblichen Weiterbindung. Als selbstständiger Berater ist er heute mit dem Center for Industrial Marketing St. Gallen AG in zahlreichen Vertriebs- und Marketingprojekten engagiert.

Kontakt: michael.weibel@industrialmarketing.ch

Autoren der Praxisfälle (Kapitel 2)

Sebastian Azza verantwortet in seiner Rolle im Customers & Markets Team das Themenfeld Customer Intelligence und Sales Analytics von thyssenkrupp. Zuvor war er bei einer führenden Strategieberatung tätig.

Kontakt: sebastian.azza@thyssenkrupp.com

Tobias Beck leitet Business Development und OEM-Geschäft bei Geberit und berichtet an den Vorstand Verkauf. In den letzten 13 Jahren war er bei Geberit Produktmanager global, Leiter des Produktmanagement global und Vertriebsleiter OEM. Er kennt also das Geschäft aus unterschiedlichen Perspektiven. Tobias Beck ist ausgebildeter Wirtschaftsingenieur.

Kontakt: tobias.beck@geberit.com

Daniel Gäßler verantwortet in seiner Rolle als Sales-Excellence-Projektleiter im Bereich Customers & Markets die Themen Kunden- und Vertriebsstrategie von thyssenkrupp. Zuvor war er im Konzern für thyssenkrupp Management Consulting, den Bereich Automobilstrategie sowie das strategische Business Development in Nordamerika tätig.

Kontakt: Daniel.gaessler@thyssenkrupp.com

Herbert Goll ist Leiter Transactional Business & Distribution Transformation bei der AXA Schweiz. Der Betriebswirt und HSG-Alumni des Executive MBE in Business Engineering ist seit zehn Jahren bei der AXA in verschiedenen leitenden Rollen tätig. Zuvor konnte er relevante Marketing- und Vertriebserfahrung in der Beratung sammeln. Heute verantwortet er den Direktvertrieb und die Vertriebsentwicklung in Personalunion. »Einfache Transaktionen« und »Vertriebsentwicklung« stehen für ihn im Zentrum seiner Tätigkeit.

Kontakt: herbert.goll@axa-winterthur.ch

Stephan Haus verantwortet den Bereich Customers & Markets des thyssenkrupp Konzerns, in dem neben der Entwicklung von Sales Excellence die Themen Sales Architecture, Customer Relationship Management, Digital Sales und Sales Transformation zusammenlaufen. Zuvor war er bei thyssenkrupp und verschiedenen anderen Unternehmen in leitenden Vertriebs- und Business-Development-Funktionen tätig.

Kontakt: stephan.haus@thyssenkrupp.com

Axel Klarmeyer, ist seit 1995 bei der BEGO in Bremen tätig und verantwortet im Unternehmen global den Geschäftsführungsbereich Vertrieb. Bereits seit 2010 beschäftigt sich die BEGO mit dem Thema Sales Excellence und seit dieser Zeit wurde eine Reihe von Vertriebsprozessen eingeführt, die zu einer erheblichen Professionalisierung der operativen Vertriebsarbeit geführt haben.

Kontakt: Klarmeyer@BEGO.com

Kalina Kümmerle verantwortet bei Festool seit 2015 als Programm-Managerin das Thema Sales Excellence und dessen operative Umsetzung. Zuvor war sie bei Festool als CRM-Projektmanagerin tätig und führte international das CRM-System ein.

Kontakt: Kalina.Kuemmerle@festool.com

Herwig Mehrwald war in den vergangenen 20 Jahren in Unternehmen unterschiedlicher Branchen in leitenden Funktionen in Vertrieb und Marketing tätig. Bei Festool verantwortet er seit 2012 den weltweiten Vertrieb.

Kontakt: Herwig.Mehrwald@festool.com

Stephanie Mey ist seit April 2000 bei der BEGO in Bremen in verschiedenen Positionen im Vertrieb tätig. Seit vier Jahren ist sie in der Funktion als Vertriebsmanagement unter anderem für die Implementierung, den Ausbau und das Controlling von Vertriebsprozessen und deren Einbindung im CRM-System zuständig. Darüber hinaus koordiniert sie Vertriebsprojekte und deren Integration ins Tagesgeschäft mit den beteiligten Stakeholdern.

Kontakt: Mey@BEGO.com

Barbara Mörgeli, Strategie Distribution, AXA Schweiz. Die HSG-Alumna ist seit drei Jahren bei der AXA in der Strategieentwicklung und -umsetzung tätig und arbeitet in verschiedenen Projekten und Initiativen rund um das Thema Vertriebstransformation. Zuvor absolvierte sie an der Universität St. Gallen ein Bachelorstudium in Betriebswirtschaftslehre sowie ein Masterstudium in Unternehmensführung.

Kontakt: Barbara.Moergeli@axa-winterthur.ch

Peter Schäffer ist seit mehr als 20 Jahren bei ZEISS in verschiedenen Geschäftsbereichen und unterschiedlichen Funktionen in Entwicklung, Marketing und Vertrieb tätig. In der jetzigen Position verantwortet er Sales-Excellence-Projekte im Bereich Mikroskopie und berichtet an den Leiter Global Sales & Service.

Kontakt: peter.schaeffer@zeiss.com